職业院校机电类专业中高职衔接系列教材（中职）

电子技术基础与技能

主　编　毕红林　　李运芳　　徐自远

副主编　程立群　　田时珍　　李　俭

　　　　张道平　　叶慧敏　　任　欢

　　　　邹雄杰

西安电子科技大学出版社

内 容 简 介

本书主要内容包括模拟电子技术和数字电子技术两大部分。全书共 9 章，具体内容为：晶体二极管及其应用、晶体三极管及其基本放大电路、常用放大器、调谐放大器和正弦波振荡器、数字电路基础知识、组合逻辑电路、集成触发器、时序逻辑电路、脉冲波形的产生与变换。除技能实训外，书中每节后均附有思考与练习，每章后均附有自我测评，方便学生对所学知识点进行检测。

本书可作为中职职业院校机电一体化、电子技术应用、工业机器人技术、汽车电气设备与维修、数控机床电气控制与维修等工程类和电类专业电子技术基础与操作技能的教学用书，亦可作为相关弱电类专业人员自学的参考用书。

图书在版编目(CIP)数据

电子技术基础与技能/毕红林，李运芳，徐自远主编. —西安：
西安电子科技大学出版社，2019.3(2022.3 重印)
ISBN 978 - 7 - 5606 - 5237 - 5

Ⅰ. ① 电… Ⅱ. ① 毕… ② 李… ③ 徐… Ⅲ. ① 电子技术—高等学校—教材
Ⅳ. ① TN

中国版本图书馆 CIP 数据核字(2019)第 025180 号

策划编辑 秦志峰 杨丕勇
责任编辑 武翠琴
出版发行 西安电子科技大学出版社(西安市太白南路 2 号)
电 话 (029)88202421 88201467 邮 编 710071
网 址 www.xduph.com 电子邮箱 xdupfxb001@163.com
经 销 新华书店
印刷单位 陕西天意印务有限责任公司
版 次 2019 年 3 月第 1 版 2022 年 3 月第 3 次印刷
开 本 787 毫米×1092 毫米 1/16 印张 18.75
字 数 440 千字
印 数 2501~4500 册
定 价 46.00 元
ISBN 978 - 7 - 5606 - 5237 - 5/TN

XDUP 5539001 - 3

前　言

电子产品无处不在，小到手机、电子表、U盘，大到电脑、电视、汽车、航天飞机的控制系统，可以说在我们的生活、学习和工作中已经离不开电子产品。

本书依据教育部颁布的《中等职业学校电子技术基础与技能教学大纲》，参照《机电一体化技术（机电技术应用）专业中高职衔接教学标准》，同时参考电子设备装接工、无线电调试工等工种的职业资格标准，由长期从事中职电子产品装配与调试赛项的辅导老师，结合近几年职业教育的实际教学情况编写而成。

本书内容包括模拟电子技术和数字电子技术两大部分，主要特点如下：

（1）主要介绍电子技术的基本理论知识，将教学大纲在教学内容和教学模式上的改革思路体现到具体章节之中，精简电路的工作原理介绍，避免繁杂的数学推导和理论分析，力求用通俗易懂的语言，深入浅出地进行讲述，以期读者更容易掌握从事电类岗位所必需的理论知识。

（2）为增强学生对电子技术的感性认识和培养学生的动手操作能力，本书还设置了技能实训环节。在每个技能实训中，给出了明确而详细的评价标准，从而体现出对学生专业技能和综合素养的培养。

（3）本书对教学大纲中的选修模块做了合理取舍，对中职学生认知水平来说偏难的内容，进行了适当删减，如复式滤波电路、高频电路、数模转换等。

（4）为便于师生学习，本书配备了教案和多媒体课件，为教师授课提供方便，需要者可在出版社网站（www.xduph.com）自行下载。

（5）每一章都有自我测评，方便学生对所学知识点进行检测。

本书将理论知识和技能实训融为一体，建议教学学时为96～136，各章学时具体分配如下：

序号	教学内容	参考学时
第1章	晶体二极管及其应用	10~15
第2章	晶体三极管及其基本放大电路	16~20
第3章	常用放大器	18~24
第4章	调谐放大器和正弦波振荡器	8~12
第5章	数字电路基础知识	6~10
第6章	组合逻辑电路	8~12
第7章	集成触发器	10~14
第8章	时序逻辑电路	9~13
第9章	脉冲波形的产生与变换	11~16
	学时总计	96~136

本书由毕红林、李运芳、徐自远担任主编，有9个学校10位教师参加了本书的编写工作，具体分工如下：建始县中等职业技术学校李运芳编写第1章并协助统稿，武汉市电子信息职业技术学校程立群编写第2章，武汉市东西湖职业技术学校毕红林编写第3章并负责全书统稿，武汉工业科技学校任欢编写第4章，恩施市中等职业技术学校田时珍编写第5章，武汉市石牌岭高级职业中学李俭编写第6章，无锡机电高等职业技术学校徐自远编写第7章，鹤峰县中等职业技术学校叶慧敏编写第8章，湖北信息工程学校张道平和武汉市东西湖职业技术学校邹雄杰编写第9章。

本书由武汉船舶职业技术学院王明蕙教授主审。本书在编写过程中还得到了湖北省电子电气教学指导委员会及武汉莱斯特电子科技有限公司的大力支持和帮助，在此表示衷心的感谢！

由于编者水平有限，书中不当之处在所难免，恳请广大读者提出宝贵意见，以使本书能够逐步完善。

编　者

2018年11月

目　录

第 1 章　晶体二极管及其应用 ……………… 1

1.1　晶体二极管 …………………………… 1

　1.1.1　半导体及其主要特性 ………… 1

　1.1.2　P 型半导体和 N 型半导体 …… 2

　1.1.3　PN 结及其单向导电性 ……… 2

　1.1.4　二极管的结构、电路符号和导电特性
　　　　 ……………………………… 3

　1.1.5　二极管的伏安特性 …………… 4

　1.1.6　常见二极管及其应用 ………… 5

　1.1.7　二极管的主要参数和检测 …… 7

　思考与练习 ………………………… 7

1.2　单相整流电路 ………………………… 8

　1.2.1　单相半波整流电路 …………… 8

　1.2.2　单相桥式整流电路 …………… 9

　思考与练习 ………………………… 11

1.3　滤波电路 ……………………………… 11

　1.3.1　电容滤波器 …………………… 12

　1.3.2　电感滤波器 …………………… 12

　1.3.3　复式滤波器 …………………… 13

　思考与练习 ………………………… 14

1.4　直流稳压电源 ………………………… 14

　1.4.1　稳压电路基本原理 …………… 14

　1.4.2　三端集成稳压器 ……………… 15

　思考与练习 ………………………… 18

1.5　技能实训 ……………………………… 18

　技能实训 1　二极管的检测 ……… 18

　技能实训 2　单相桥式整流滤波电路的
　　　　　　　 波形测量 …………… 21

　技能实训 3　集成稳压直流电源的制作 … 24

本章小结 …………………………………… 28

自我测评 …………………………………… 28

第 2 章　晶体三极管及其基本放大电路 …… 32

2.1　晶体三极管 …………………………… 32

　2.1.1　三极管的结构、分类和符号 …… 32

　2.1.2　三极管的工作电压和基本连接方式
　　　　 ……………………………… 34

　2.1.3　三极管的电流放大作用 ……… 34

　2.1.4　三极管的特性曲线 …………… 36

　2.1.5　三极管的使用常识 …………… 39

　思考与练习 ………………………… 41

2.2　三极管基本放大电路 ………………… 41

　2.2.1　放大器概述 …………………… 41

　2.2.2　三极管基本放大电路的组成
　　　　 ……………………………… 42

　2.2.3　放大器中电流和电压符号的规定
　　　　 ……………………………… 43

　2.2.4　直流通路与交流通路 ………… 44

　2.2.5　放大器的静态工作点 ………… 44

　2.2.6　放大器的放大原理 …………… 46

　2.2.7　放大电路的分析方法 ………… 47

　思考与练习 ………………………… 55

2.3　具有稳定工作点的放大电路 ………… 55

　2.3.1　分压式偏置放大电路的结构
　　　　 ……………………………… 55

　2.3.2　分压式偏置放大电路的工作原理
　　　　 ……………………………… 55

　思考与练习 ………………………… 57

*2.4　场效应晶体管及其放大电路 ………… 57

　2.4.1　结型场效应晶体管 …………… 57

　2.4.2　绝缘栅场效应晶体管 ………… 59

　2.4.3　场效应晶体管的放大电路 …… 60

　2.4.4　场效应晶体管的主要参数 …… 61

　思考与练习 ………………………… 61

2.5　技能实训 ……………………………… 62

　技能实训 1　三极管的检测与判别 … 62

　技能实训 2　共发射极分压式偏置放大

　　　　电路的搭建与测试 ………… 65
　本章小结 ……………………… 70
　自我测评 ……………………… 71

第3章　常用放大器 ……………… 75
　3.1　多级放大器 ………………… 75
　　3.1.1　多级放大器的耦合方式 … 76
　　3.1.2　多级放大器的分析 …… 76
　　思考与练习 …………………… 77
　3.2　负反馈放大器 ……………… 77
　　3.2.1　反馈的概念 …………… 77
　　3.2.2　反馈的基本类型 ……… 78
　　3.2.3　负反馈电路实例分析 … 80
　　3.2.4　四种负反馈电路的特点 … 82
　　3.2.5　负反馈对放大器性能的影响 … 84
　　思考与练习 …………………… 87
　3.3　放大器的三种组态与性能比较 … 87
　　3.3.1　共集电极放大电路 …… 88
　　3.3.2　共基极放大电路 ……… 89
　　3.3.3　三种组态放大电路的性能比较 … 90
　　思考与练习 …………………… 90
　3.4　集成运算放大器 …………… 91
　　3.4.1　直流放大器 …………… 91
　　3.4.2　集成运算放大器的基础知识 … 94
　　3.4.3　集成运算放大器的应用 … 97
　　3.4.4　集成运算放大器使用常识 … 100
　　思考与练习 …………………… 101
　3.5　低频功率放大器 …………… 102
　　3.5.1　功率放大电路的基本要求 … 102
　　3.5.2　功率放大器的分类 …… 103
　　3.5.3　OCL功率放大器 ……… 104
　　3.5.4　OTL功率放大器 ……… 106
　　3.5.5　集成功率放大器 ……… 108
　　思考与练习 …………………… 110
　3.6　技能实训 …………………… 111
　　技能实训1　反相、同相比例运算放大
　　　　电路的搭建与测试 ……… 111
　　技能实训2　OTL功率放大电路的搭建与
　　　　测试 ………………………… 115
　本章小结 ……………………… 120
　自我测评 ……………………… 121

第4章　调谐放大器和正弦波振荡器 … 124
　4.1　调谐放大器 ………………… 124
　　4.1.1　调谐放大器的工作原理 … 124
　　4.1.2　单回路调谐放大器 …… 125
　　思考与练习 …………………… 126
　4.2　正弦波振荡器 ……………… 126
　　4.2.1　自激振荡的原理 ……… 126
　　*4.2.2　LC振荡器 …………… 129
　　*4.2.3　RC振荡器 …………… 132
　　4.2.4　石英晶体振荡器 ……… 134
　　思考与练习 …………………… 137
　4.3　技能实训 …………………… 137
　　技能实训1　RC正弦波振荡电路的
　　　　搭建与测试 ………………… 137
　　技能实训2　RC桥式信号发生器的
　　　　搭建与测试 ………………… 140
　本章小结 ……………………… 144
　自我测评 ……………………… 145

第5章　数字电路基础知识 ……… 148
　5.1　脉冲与数字信号 …………… 148
　　5.1.1　脉冲的基本概念 ……… 148
　　5.1.2　矩形波脉冲 …………… 149
　　5.1.3　数字电路及其特点 …… 149
　　5.1.4　数字电路的发展及应用 … 150
　　思考与练习 …………………… 150
　5.2　晶体管的开关特性与反相器 … 150
　　5.2.1　二极管的开关特性 …… 150
　　5.2.2　三极管的开关特性 …… 151
　　5.2.3　晶体管反相器 ………… 151
　　思考与练习 …………………… 152
　5.3　基本逻辑门电路 …………… 152
　　5.3.1　基本逻辑运算 ………… 152
　　5.3.2　关于逻辑电路的几个规定 … 152
　　5.3.3　与门电路 ……………… 152
　　5.3.4　或门电路 ……………… 153
　　5.3.5　非门电路 ……………… 154
　　思考与练习 …………………… 155
　5.4　组合逻辑门电路 …………… 155
　　5.4.1　与非门电路 …………… 155
　　5.4.2　或非门电路 …………… 155

5.4.3　与或非门电路 ·············· 156

5.4.4　异或门电路 ················ 156

5.4.5　同或门电路 ················ 157

思考与练习 ····················· 157

*　5.5　逻辑代数及其应用 ········· 157

5.5.1　逻辑代数的基本公式 ········ 157

5.5.2　逻辑函数的化简 ············ 158

5.5.3　逻辑代数在逻辑电路中的应用 ··· 159

思考与练习 ····················· 159

5.6　技能实训　基本逻辑门电路的搭建与

测试 ················ 159

本章小结 ····················· 164

自我测评 ····················· 164

第6章　组合逻辑电路 ·········· 166

6.1　组合逻辑电路的基础知识 ······· 166

6.1.1　组合逻辑电路的结构和特点 ··· 166

6.1.2　组合逻辑电路的分析 ········ 167

6.1.3　组合逻辑电路的设计 ········ 168

思考与练习 ····················· 169

6.2　数制与编码 ················ 170

6.2.1　十数制数 ················ 170

6.2.2　二进制数 ················ 170

6.2.3　十六进制数 ··············· 171

6.2.4　二-十进制数之间的相互转换 ··· 171

6.2.5　二进制编码 ··············· 171

思考与练习 ····················· 172

6.3　编码器 ··················· 172

6.3.1　二进制编码器 ············· 173

6.3.2　二-十进制编码器 ··········· 174

6.3.3　优先编码器 ··············· 175

思考与练习 ····················· 176

6.4　译码器 ··················· 176

6.4.1　二进制译码器 ············· 177

6.4.2　二-十进制译码器（BCD译码器）

····················· 178

思考与练习 ····················· 180

6.5　显示器 ··················· 180

6.5.1　半导体数码管 ············· 180

6.5.2　分段数码管的译码原理 ······ 181

思考与练习 ····················· 183

6.6　技能实训 ················· 183

技能实训1　译码显示电路的搭建与测试

····················· 183

技能实训2　三人表决器的搭建与调试 ··· 187

本章小结 ····················· 191

自我测评 ····················· 192

第7章　集成触发器 ············ 194

7.1　集成触发器概述 ············· 194

7.2　RS触发器 ················· 195

7.2.1　基本RS触发器 ············ 195

7.2.2　同步RS触发器 ············ 198

7.2.3　计数型同步RS触发器及其

空翻现象 ·············· 201

7.2.4　触发器的几种触发方式 ······ 202

思考与练习 ····················· 204

7.3　几种逻辑功能不同的触发器 ······ 205

7.3.1　电平触发JK触发器 ········· 205

7.3.2　主从JK触发器（边沿触发JK

触发器） ·············· 207

7.3.3　D触发器 ················ 211

7.3.4　T触发器 ················ 212

思考与练习 ····················· 214

7.4　技能实训 ················· 215

技能实训1　基本RS触发器的搭建

与调试 ·············· 215

技能实训2　用JK触发器搭建多路控制

开关电路 ·············· 219

技能实训3　四人抢答器的搭建与调试 ··· 223

本章小结 ····················· 227

自我测评 ····················· 228

第8章　时序逻辑电路 ·········· 230

8.1　时序逻辑电路概述 ··········· 230

8.2　寄存器 ··················· 231

8.2.1　数码寄存器 ··············· 231

8.2.2　移位寄存器 ··············· 232

思考与练习 ····················· 234

8.3　计数器 ··················· 234

8.3.1　二进制计数器 ············· 234

8.3.2　十进制计数器 ············· 236

思考与练习 ····················· 238

8.4　技能实训 ················· 239
　　技能实训 1　寄存器控制彩灯电路的
　　　　搭建与测试 ··········· 239
　　技能实训 2　数码显示计数器的搭建与测试
　　　　··························· 243
　　技能实训 3　秒计数器的搭建与测试 ··· 247
本章小结 ······················· 251
自我测评 ······················· 251
第 9 章　脉冲波形的产生与变换 254
9.1　常见的脉冲产生电路 254
　　9.1.1　锯齿波发生器 254
　　*9.1.2　RC 波形变换电路 ········· 257
　　思考与练习 ··················· 259
9.2　555 时基电路 ················· 259
　　9.2.1　555 时基电路的组成 ········· 259
　　9.2.2　555 时基电路的功能 ········· 261
　　思考与练习 ··················· 262
9.3　单稳态触发器 ··············· 262
　　9.3.1　门电路组成的单稳态触发器 ····· 262
　　9.3.2　555 时基电路组成的单稳态
　　　　触发器 ············· 263
　　9.3.3　单稳态触发器的应用 ········· 264

　　思考与练习 ··················· 265
9.4　多谐振荡器 ·················· 265
　　9.4.1　门电路组成的多谐振荡器 ········· 265
　　9.4.2　555 时基电路组成的多谐振荡器
　　　　··························· 267
　　思考与练习 ··················· 268
9.5　施密特触发器 ··············· 268
　　9.5.1　门电路组成的施密特触发器 ········· 268
　　9.5.2　555 时基电路组成的施密特触
　　　　发器 ············· 269
　　9.5.3　施密特触发器的应用 ········· 270
　　思考与练习 ··················· 272
9.6　技能实训 ··················· 273
　　技能实训 1　单稳态触发器的搭建与
　　　　测试 ············· 273
　　技能实训 2　多谐振荡器的搭建与测试 ··· 276
　　技能实训 3　施密特触发器的搭建与测试
　　　　··························· 281
本章小结 ······················· 286
自我测评 ······················· 287
参考文献 ······················· 289

第 1 章　晶体二极管及其应用

 知识目标

（1）了解半导体的基本概念。

（2）理解 PN 结的单向导电性。

（3）熟悉二极管的外形、图形符号和文字符号。

（4）理解二极管的伏安特性曲线。

（5）理解二极管的整流原理。

（6）了解滤波电路的组成和作用。

（7）了解直流稳压电路的组成。

（8）了解三端集成稳压器的特性。

 技能目标

（1）会识别、检测二极管。

（2）会识别三端集成稳压器的引脚，能安装与调试可调直流稳压电源。

（3）会使用万用表和示波器测量电路中相关电量的参数和波形。

1.1　晶体二极管

1.1.1　半导体及其主要特性

1. 半导体

半导体是导电能力介于导体和绝缘体之间的一类材料。半导体材料的种类很多，我们把纯净的、不含任何杂质的半导体材料称为本征半导体。纯净的硅和锗就是常见的本征半导体。纯净的硅、锗等物质是由原子组成的晶体，在使用时，需要先将它们加工成晶片，然后再进行加工改造，制成所需要的电子元器件。

2. 半导体的掺杂与载流子

本征半导体的导电能力差，接近于绝缘体，且外加的强制力（如电场）作用并不能改变它的导电性能。但由于它特殊的晶格结构，像"加调料"一样在晶片中添加一些特殊的杂质，它的导电状态和性能就随外加强制力的作用而改变，非常有利于电路中电流和电压的控制。这种改造方法就是掺杂。把本征半导体的这种特性称为掺杂性。

在半导体掺杂中，最重要的两种杂质是硼和磷。当晶片掺杂硼和磷后，其导电特性就

1

会发生戏剧性的变化。以硅晶片为例，由于硅原子间的共价键作用，硅晶体中几乎没有自由电子，若在硅晶片中掺杂磷（5 价元素），则磷原子和硅原子形成共价键后，将有多余的电子不能被束缚而成为自由电子，如图 1.1.1（a）所示。这种掺杂半导体（以下简称半导体）在电场作用下，其中的自由电子向高电位端定向移动，形成电流。掺杂越多，电流越大。若在硅晶片中掺杂硼（3 价元素），则一个硼原子和周围的硅原子形成共价键，但缺少一个电子，将出现一个空位，如图 1.1.1（b）所示。这个空位是一个单位的正电（即一个质子的电荷量），把它称之为空穴。这种半导体在电场作用下，将有电子被激发，跃迁填入到空穴，使带正电的空穴向低电位端定向移动，形成电流。同样，掺杂越多，空穴越多。

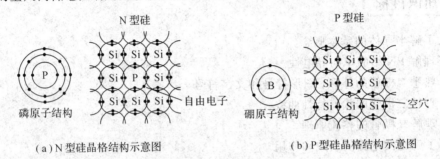

（a）N 型硅晶格结构示意图　　　　　　（b）P 型硅晶格结构示意图

图 1.1.1　N 型硅和 P 型硅晶格结构示意图

为和金属导体中的电子与质子加以区别，把半导体中的电子和空穴统称为载流子。

1.1.2　P 型半导体和 N 型半导体

本征半导体掺杂不同元素的物质后，在导电时，将由不同的载流子形成电流。

像掺杂磷的半导体，其中的载流子以电子为主，把这种半导体称为 N 型半导体，即 N 型半导体主要通过电子导电。

像掺杂硼的半导体，其中的载流子以空穴为主，把这种半导体称为 P 型半导体，即 P 型半导体主要通过空穴导电。

1.1.3　PN 结及其单向导电性

1. PN 结

通过特殊制作工艺将 P 型半导体和 N 型半导体紧密结合在一起，在这两个半导体的交界处就会形成一个具有特殊性质的薄层，这个薄层被称为 PN 结，如图 1.1.2 所示。PN 结的显著特性就是单向导电性。

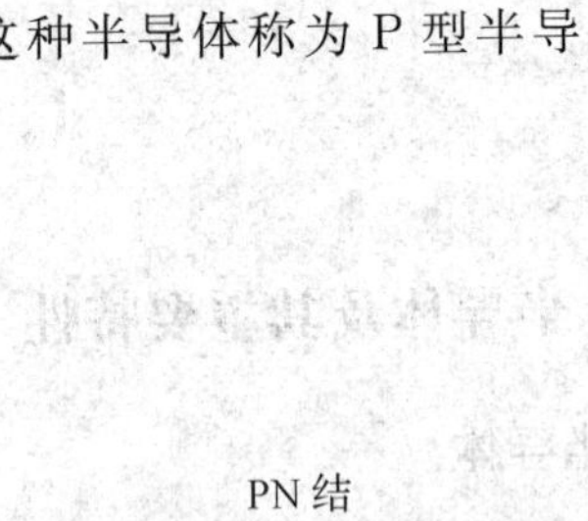

PN 结

P 型 半导体	N 型 半导体

图 1.1.2　PN 结

2. 单向导电性

给 PN 结的 P 型半导体加上高电位，N 型半导体加上低电位，当 PN 结两端的电压（即电位差）达到一定值，PN 结就会导通，产生电流；反之，即给 PN 结的 P 型半导体加上低电位，N 型半导体加上高电位，PN 结中仅有可忽略不计的极微弱电流，PN 结相当于截止不通。PN 结的这种导电现象被称为单向导电性。

为表述方便，把 PN 结 P 型半导体加上高电位、N 型半导体加上低电位而形成的电压称为正向电压；把 PN 结在正向电压作用下导通所产生的电流称为正向电流；把 PN 结 P 型半导体加上低电位、N 型半导体加上高电位而形成的电压称为反向电压。这样，PN 结的单向导电性可表述为：在 PN 结上加上一定的正向电压，PN 结就导通，产生正向电流；在 PN 结上加反向电压，PN 结就截止。

1.1.4 二极管的结构、电路符号和导电特性

1. 二极管的结构与电路符号

从 PN 结的 P 区和 N 区各引出一个电极，并用玻璃或塑料等绝缘材料将半导体封装起来，在封装体表面上靠近 N 型半导体的那一端涂上标记，就制成一个二极管，如图 1.1.3 (a)和(b)所示。由 P 区引出的电极规定为正极，也称阳极；由 N 区引出的电极规定为负极，也称阴极。普通二极管的文字符号是"VD"，电路图形符号如图 1.1.3(c)所示。常见二极管实物图如图 1.1.4 所示。

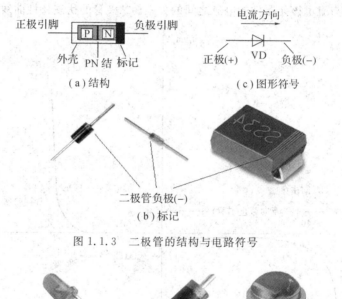

图 1.1.3 二极管的结构与电路符号

（a）贴片稳压二极管 （b）发光二极管 （c）整流二极管 （d）光电二极管 （e）稳压二极管

图 1.1.4 常见二极管实物图

利用硅本征半导体制造的二极管称为硅二极管，利用锗本征半导体制造的二极管称为锗二极管。在本书中出现的二极管，若没有特别说明，都是指硅二极管。

2. 二极管的导电特性

由于二极管实际上就是一个 PN 结，因此二极管具有单向导电性。这个特性可用图 1.1.5所示的实验来验证。在图 1.1.5(a)中，闭合开关后，指示灯 HL 发光，直流电流表显示出电路中的电流由 VD 的正极流向负极。在图 1.1.5(b)中，闭合开关后，指示灯 HL 不发光，直流电流表中没有电流显示，表明电路中的 VD 截止不导通。这一对比实验，证明了

二极管具有单向导电的特性。

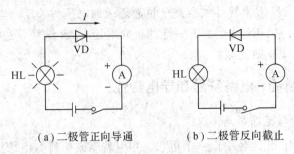

（a）二极管正向导通　　　　（b）二极管反向截止

图1.1.5　证明二极管具有单向导电性的实验

1.1.5　二极管的伏安特性

二极管的单向导电特性常用其伏安特性曲线来描述。所谓伏安特性，就是指加在被测元器件两端的电压与流过该元器件的电流之间的关系。二极管的伏安特性曲线如图1.1.6所示。

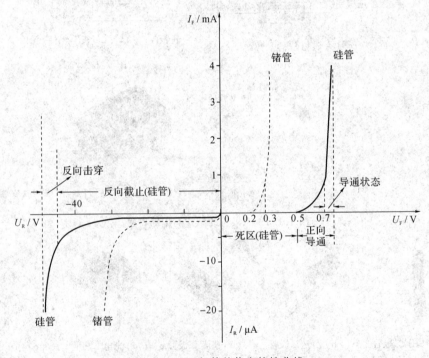

图1.1.6　二极管的伏安特性曲线

1. 正向特性

正向特性是指二极管加正向电压时的伏安特性，如图1.1.6中第一象限内的曲线所示。当二极管两端的正向电压U_F较小时，正向电流I_F极小（近似为0），二极管像绝缘体一样呈现出截止状态。当正向电压U_F超过一定数值（此电压称为门槛电压，或截止电压，或阈值电压）时，正向电流开始出现。随着二极管两端电压的升高，开始时电流增加较为缓慢，再以后急剧增大，二极管像导体一样呈现出电阻很小的导通状态。当二极管处于导通状态以后，它两端的电压几乎不随正向导通电流的变化而变化，近于定值，把这个电压称为二极管的导通电压。

实验研究发现,硅二极管和锗二极管的伏安特性相似,只是门槛电压和导通电压不一样。普通硅二极管的门槛电压约为 0.5 V,导通电压约为 0.7 V;普通锗二极管的门槛电压约为 0.2 V,导通电压约为 0.3 V。正向电压从 0 V 至门槛电压的范围通常称为二极管的“死区”。

2. 反向特性

反向特性是指二极管加反向电压时的伏安特性,如图 1.1.6 中第三象限的曲线所示。在起始的一定范围内,反向电流很小,几乎不随反向电压的变化而变化,把这个电流称为反向饱和电流。当反向电压增加到某一数值(此电压值称为反向击穿电压)时,反向电流会急剧增大,这种现象称为反向电击穿,简称反向击穿。反向击穿后可能产生的大电流会使 PN 结温度迅速升高而烧毁,这样,电击穿转化为热击穿,使二极管彻底损毁。如果限制电击穿后的反向电流,使它和反向电压的乘积(瞬时功率)不超过 PN 结允许的耗散功率,就不会导致二极管热击穿,二极管还能恢复正常。稳压二极管就是利用这一特性工作的。

1.1.6　常见二极管及其应用

1. 二极管的种类

1) 按制造工艺分类

(1) 点接触型:PN 结面积较小,工作电流小,常用于高频小信号电路。

(2) 面接触型:PN 结面积较大,工作电流大,多用于整流电路。

2) 按制造材料分类

二极管按其制造材料分类,可分为硅二极管和锗二极管。硅二极管的热稳定性较好,锗二极管的热稳定性相对较差。

3) 按用途分类

二极管按其用途分类,可分为普通二极管和特殊二极管。整流二极管和开关二极管被称为普通二极管,其他用途的二极管被称为特殊二极管。常见的特殊二极管有:稳压二极管、发光二极管、光电二极管、变容二极管等。常见的不同用途二极管的电路符号如图 1.1.7 所示。

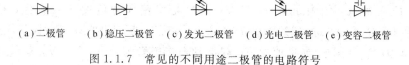

(a) 二极管　　(b) 稳压二极管　　(c) 发光二极管　　(d) 光电二极管　　(e) 变容二极管

图 1.1.7　常见的不同用途二极管的电路符号

2. 特殊二极管简介

1) 稳压二极管

稳压二极管简称稳压管,它是利用 PN 结在反向击穿时两端电压随电流的变化微小的特性来工作的。稳压二极管的特点就是反向击穿后,其两端的电压几乎不变。稳压二极管工作在电击穿状态,和普通二极管相比,它能承受较大的反向击穿电流。

稳压二极管的伏安特性曲线如图 1.1.8 所示。

使用稳压二极管时应注意以下事项:① 稳压二极管要反向接入电路(正极接低电位,

负极接高电位）；② 要给稳压二极管串接合适的分压限流电阻，以防电路中的电流超过稳压管的最大稳定电流而损毁稳压管；③ 稳压二极管不能并联使用。

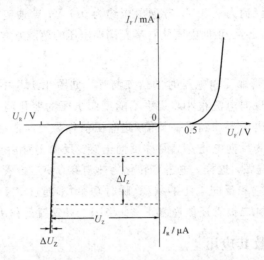

图 1.1.8　稳压二极管的伏安特性曲线

稳压二极管在稳压设备和一些电子电路中获得了广泛的应用，主要被用作调压元件或电压基准元件。

2）发光二极管

发光二极管(英文缩写为 LED)通常由砷化镓、磷化镓等材料制成，材料决定二极管的发光颜色。常见的发光颜色有红、绿、黄、蓝、白等。

发光二极管可分为普通单色发光二极管、高亮二极管、超高亮二极管、变色发光二极管、闪烁发光二极管、电压控制型发光二极管、红外发光二极管等。发光二极管通常用来作显示器件，如指示灯(单个用)、七段数码显示器、矩阵显示器等。利用发光二极管也可将电信号转换为光信号，然后由光缆传输到终端，再由光电二极管接收，将光信号转换成电信号，这就是光纤传输信号的基本原理。当前，已研发成功的高亮二极管，其电能转化率很高，亮度高，寿命长，是节能的理想照明光源，已逐渐取代不节能的照明灯具。

不同颜色发光二极管发光所需的工作电压不一样。在普通发光二极管中，红色发光二极管的工作电压最低，约为 1.5～1.7 V；其次是绿色和黄色发光二极管，约为 1.7～1.8 V；蓝色和白色发光二极管约为 2.5～3.2 V。高亮二极管主要有三种颜色，三种发光二极管的工作电压都不相同，参考值如下：红色发光二极管为 1.9～2.2 V，黄色发光二极管为 1.8～2.1 V，绿色发光二极管为 3.0～3.2 V。

发光二极管的发光强度由正向工作电流决定，一般为几毫安到几十毫安。发光二极管不能直接接在电源上，需要给它串联一个合适的分压限流保护电阻，才能使它长时间正常工作。保持发光二极管工作电流的稳定，可以延长它的使用寿命。

在发光二极管中，还有一种能发出红外光的二极管，称为红外发射管。这种二极管的工作电压和电流与红色发光二极管的相近。

3）光电二极管

光电二极管的结构与普通二极管的结构相似，但在它的 PN 结处，通过管壳上的玻璃窗口能接收外部的光线。在实际应用中,光电二极管需要反向接入电路。没有光照时,反向电阻很大,反向电流最小;有光照时,反向电阻变小,反向电流变大,光照强度越大,反向电流也越大。

4)变容二极管

变容二极管是一种利用反向电压改变 PN 结结电容大小的特殊二极管。在实际应用中,需要将它反向接入电路,改变反向电压,使它的结电容随之而变。反向电压升高,结电容变小;反向电压降低,结电容变大。变容二极管常用于电视机、收音机等电器的调谐电路中,实现选台的目的。

1.1.7 二极管的主要参数和检测

1. 二极管的主要参数

(1)最大整流电流 I_{FM}:指二极管长时间工作时允许通过的最大正向电流的平均值。使用时,二极管的工作电流应小于最大整流电流。

(2)最高反向工作电压 U_{RM}:指允许二极管承受的最大反向工作电压。标定的最高反向工作电压通常是该二极管反向击穿电压的 1/2 或 1/3。

(3)反向饱和电流 I_R:简称反向电流,又叫反向漏电流,是指在规定的反向电压和环境温度下测得的二极管反向电流值。这个电流值越小,表明二极管的单向导电性能越好。

(4)最高工作频率 f_M:指二极管能承受的最高频率。通过 PN 结的交流电频率高于此值,二极管将不能正常工作。

2. 二极管的检测

在实际应用中,常用指针式万用表的电阻挡来检测二极管。检测普通二极管时,选用万用表的"R×100"或"R×1 k"挡,将万用表的红、黑表笔分别接二极管的两端测量一次,对调表笔再测量一次,依据两次测量中万用表指针的偏转情况,可以得出以下结论:

(1)若两次测量中,一次测量的电阻较小(指针偏摆角大),另一次测量的电阻很大(指针几乎不偏摆),则说明该二极管正常可用。在阻值较小的那次测量中,黑表笔所接的引脚是二极管的正极(+),红表笔所接的引脚是二极管的负极(-),此时测得的阻值称为二极管的正向电阻,一般为几百欧至几千欧;在阻值很大的那次测量中,黑表笔所接的引脚是二极管的负极(-),红表笔所接的引脚是二极管的正极(+),此时测得的阻值称为二极管的反向电阻。

(2)若两次测量的阻值都很小,则表明该二极管内部已短路,不可用。

(3)若两次测量的阻值都很大,则表明该二极管内部已开路,不可用。

对于发光二极管的检测,必须选用万用表的"R×10k"挡。当测得的正向电阻小于 50 kΩ,反向电阻大于 200 kΩ 时,可判定二极管正常可用。

【思考与练习】

1. 简述二极管的伏安特性。

2. 常用二极管中,有哪些二极管需要反向接入电路使用?

3. 为检验一只红色 LED 的好坏,能不能把这只 LED 直接接到一节干电池的两端,通过观察它是否发光来判断？为什么？

4. 用指针式万用表检测一只整流二极管，用不同倍率挡测量这只二极管的正向电阻，测量结果明显不一样。据此能不能判定这只二极管已经损坏？为什么？

1.2 单相整流电路

将交流电变换为脉动直流电的过程称为整流，利用二极管的单向导电性可以实现整流。整流电路的种类较多，其中最常见、最基础的是单相半波整流电路和单相桥式整流电路。

1.2.1 单相半波整流电路

1. 电路结构和工作原理

单相半波整流电路如图 1.2.1(a)所示。由于二极管的单向导电性，交流电源 u_2 中的正半周(变压器二次侧的上端为正，下端为负)电流能通过整流二极管而被负载利用，负半周时电流被二极管截止而不能被利用，故称为半波整流电路。半波整流电路的输出波形如图 1.2.1(b)所示。这种大小波动、方向不变的电压或电流叫脉动直流电。半波整流电路的优点是结构简单，缺点是电源利用率低。

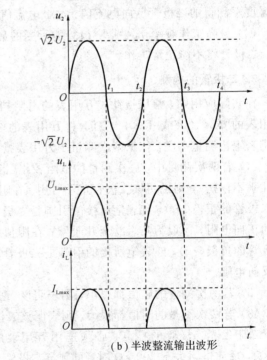

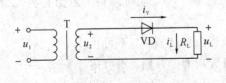

（a）半波整流电路　　　　　　　　（b）半波整流输出波形

图 1.2.1　单相半波整流电路及输出波形

2. 负载和整流二极管上的电压与电流

整流输出电压是用输出的脉动直流电压的平均值表示的。设被整流的交流电压有效值为 U_2，负载两端电压的平均值为 U_L，由理论和实验可得

$$U_L = 0.45 U_2$$

流过负载的电流平均值 I_L 为

$$I_L = \frac{U_L}{R_L} = 0.45 \frac{U_2}{R_L}$$

由电路可知，流过二极管的正向工作电流 I_V 等于负载电流 I_L，即

$$I_V = I_L = 0.45 \frac{U_2}{R_L}$$

当二极管截止时，它承受的最高反向电压 U_{RM} 就是 u_2 的峰值电压，即

$$U_{RM} = \sqrt{2} U_2 \approx 1.41 U_2$$

根据以上结论，选用半波整流二极管时应满足以下条件：① 二极管的最高反向工作电压 U_{RM} 应大于被整流交流电的峰值电压；② 二极管的最大整流电流 I_{FM} 应大于流过它的实际工作电流。

1.2.2　单相桥式整流电路

1. 电路结构

单相桥式整流电路如图 1.2.2 所示。在电路中，4 只整流二极管连接成电桥形式，称为桥式整流电路。单相桥式整流电路有多种形式的画法，其中图(c)为单相桥式整流电路的简化画法。

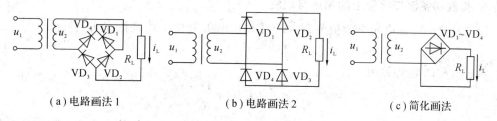

（a）电路画法1　　　　　（b）电路画法2　　　　　（c）简化画法

图 1.2.2　单相桥式整流电路

2. 工作原理

交流电压 u_1 经过电源变压器变换为交流电压 u_2。在 u_2 的正半周（即 $O \sim t_1$ 时），整流二极管 VD_1、VD_3 正向导通，VD_2、VD_4 反向截止，产生的电流 i_L 从上到下通过负载电阻 R_L，在 R_L 两端产生上正（＋）下负（－）的电压 u_L，如图 1.2.3(a)所示，R_L 两端的电压 u_L 和通过 R_L 的电流 i_L 的波形如图 1.2.3(c)所示；在 u_2 的负半周（即 $t_1 \sim t_2$ 时），整流二极管 VD_2、VD_4 正向导通，VD_1、VD_3 反向截止，R_L 两端的电压和通过 R_L 的电流的方向与上述正半周中的一样，如图 1.2.3(b)所示。R_L 两端的电压 u_L 和通过 R_L 的电流 i_L 的波形如图 1.2.3(c)所示。当交流电压 u_2 进入下一个周期（即 t_2 以后）时，电路的工作状态将重复上述过程。

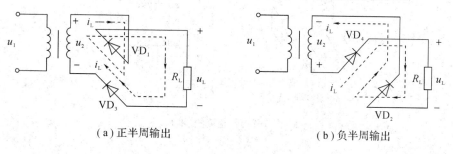

（a）正半周输出　　　　　　　　　　　（b）负半周输出

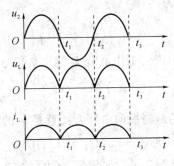

（c）输出波形

图 1.2.3　单相桥式整流电路工作原理

由此可见，在交流电压 u_2 的一个周期（正、负各半周）内，流过 R_L 的电流方向都相同。在 4 只整流二极管中，两只导通时另两只截止，随 u_2 的变化而交替导通，周期性地重复该工作过程。在整个工作过程中，负载 R_L 中的电流和两端电压的大小随时间 t 的改变而周期性变化，但方向始终不变。在这种电路中，交流电的每个半波都得到利用，故称为全波整流电路，它输出的是全波脉动直流电，如图 1.2.3（c）所示。单相桥式整流电路的整流效率高，因此应用最为广泛。

3. 负载和整流二极管上的电压与电流

设被整流的交流电压有效值为 U_2，整流输出电压为 U_L，由理论和实验可得

$$U_L = 0.9U_2$$

流过负载的电流 I_L 为

$$I_L = \frac{U_L}{R_L} = 0.9\frac{U_2}{R_L}$$

由电路可知，每个二极管在交流电源的一个周期内只有半个周期导通，所以，流过每个二极管的平均电流 I_V 是负载电流 I_L 的一半，即

$$I_V = \frac{1}{2}I_L$$

每个二极管截止时所承受的最高反向电压 U_{RM} 等于 u_2 的峰值电压，即

$$U_{RM} = U_{2\,max} = \sqrt{2}U_2 \approx 1.41U_2$$

实际应用中的全桥整流块（堆）就是将 4 只整流二极管连接成桥式整流电路后封装而成的，其内部电路和外形示意图如图 1.2.4 所示。

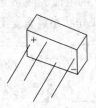

（a）整流堆示意图

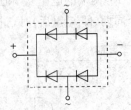

（b）内部电路

图 1.2.4　整流块（堆）

4. 中心抽头变压器全波整流电路

单相全波整流电路除桥式整流电路外，还有一种利用中心抽头变压器和两只二极管组成的整流电路，其电路和输出波形如图 1.2.5 所示。

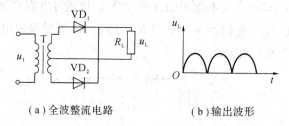

（a）全波整流电路　　　　　（b）输出波形

图 1.2.5　中心抽头变压器全波整流电路及输出波形

中心抽头变压器利用具有中心抽头的次级线圈输出两组对称的交流电，这两组交流电使两只二极管交替导通，从而实现了整流的目的。这种整流电路的整流效果和桥式整流电路的完全相同。

【思考与练习】

1. 在图 1.2.1 中，若变压器输出电压为 9 V，$R_L = 100\ \Omega$，则流经二极管中的电流是多少？二极管所承受的最高反向电压是多少？

2. 在图 1.2.2 中，若变压器输出电压为 9 V，$R_L = 100\ \Omega$，则流经二极管中的电流是多少？每只二极管所承受的最高反向电压是多少？

3. 在单相全桥整流电路中，若有一只二极管的引脚在装接中被装反了，会产生什么后果？

1.3　滤 波 电 路

整流电路将交流电整流后，输出的是脉动直流电，含有纹波成分，并不是理想的直流电。要获得理想的直流电，还需滤除脉动直流电中的纹波成分，使输出电压的波形尽量平坦，这个过程就是滤波，如图 1.3.1 所示。

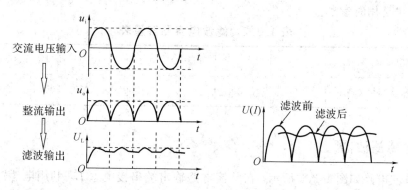

图 1.3.1　滤波前后的波形

具有滤波作用的电路称为滤波电路或滤波器。常见的滤波器有：电容滤波器、电感滤波器和复式滤波器等。

1.3.1 电容滤波器

电容滤波电路如图 1.3.2 所示。在整流电路的输出端并接电容 C，利用电容"通交阻直"的特点，整流输出的脉动直流电流中的纹波成分 i_C 将通过电容 C 短路到"地"而被滤除，直流成分 I_L 被电容阻隔，只能流经负载电阻 R_L，通过 R_L 形成输出电压 U_L。输出电压 U_L 的波形因纹波大幅减少而接近直线。

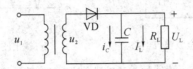

图 1.3.2　电容滤波电路

电容滤波电路的特点是：纹波成分大大减少，电路简单，但只适合小功率且负载变化较小的场合。

电容滤波整流电路的输出电压如表 1.3.1 所示。

表 1.3.1　电容滤波整流电路的输出电压

整流电路类型	输入交流电压（有效值）	整流电路的输出电压		二极管的电压和电流	
		无滤波时的电压	有滤波时的电压（估算值）	最大反向电压	通过的电流
半波整流电路	U_2	$0.45U_2$	U_2	$\sqrt{2}U_2$	I_L
桥式整流电路	U_2	$0.9U_2$	$1.2U_2$	$\sqrt{2}U_2$	$\frac{1}{2}I_L$

在电容滤波电路中，对滤波电容的选择要从耐压和容量两个方面考虑：

（1）耐压：滤波电容耐压值要大于交流电源的峰值电压。

（2）容量：滤波电容器 C 的容量选择与电路中的负载电流 I_L 有关，当负载电流加大时，要相应地增大电容量。表 1.3.2 列出了输出电压 U_L 在 12～36 V 时滤波电容所需容量的参考值，供选用时参考。

表 1.3.2　滤波电容器容量表

输出电流 I_L/A	2	1	0.5～1	0.1～0.5	0.05～0.14	0.05 以下
电容器容量 C/μF	4000	2000	1000	500	200～500	200

1.3.2 电感滤波器

电感滤波电路如图 1.3.3 所示。在整流电路输出端串接电感 L，利用电感"通直阻交"的特点，使整流输出的脉动直流电中的纹波成分受到电感 L 的阻碍而削弱，这样，脉动直流电中的直流成分 I_L 可顺利通过电感 L 输出到负载电阻 R_L 上。因此，负载电阻的电压 U_L 和电流 I_L 的波形变得较为平滑，接近理想直流电的要求。

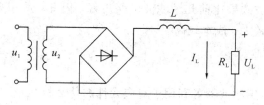

图 1.3.3　电感滤波电路

电感滤波电路的特点是：纹波成分大大减少，输出的直流电比较平滑，滤波效果比较好；但损耗将增加，成本上升。因此，电感滤波电路适用于大功率、大电流而且负载变化较大的场合。

1.3.3　复式滤波器

复式滤波电路是由电容、电感和电阻组合而成的，其滤波效果比单一的电容或电感的滤波效果要好，因此应用更为广泛。常见的复式滤波器有以下几种。

1. π 型 RC 滤波电路

如图 1.3.4 所示，电路在滤波电容 C_1 之后再加上 R 和 C_2 滤波，使纹波成分进一步减少，输出的直流波形更加平滑。但电阻 R 将消耗一些电能，使损耗增大。

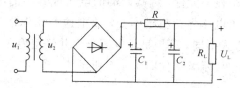

图 1.3.4　π 型 RC 滤波电路

2. LC 型滤波电路

将电容和电感都接入滤波电路，就形成了 LC 型滤波电路，如图 1.3.5 所示。通过电感 L 和电容 C 的双重滤波，其滤波效果比 π 型 RC 滤波效果更好。

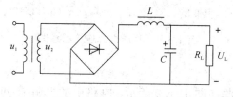

图 1.3.5　LC 型滤波电路

3. π 型 LC 滤波电路

用电感 L 代替 π 型 RC 滤波电路中的电阻 R 就构成了 π 型 LC 滤波电路，如图 1.3.6

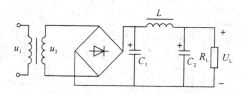

图 1.3.6　π 型 LC 滤波电路

所示。这种滤波器的滤波效果比前几种滤波电路更好，因此，适用于滤波要求较高的电子设备。但滤波元件体积较大，成本较高。

【思考与练习】

1. 电容滤波器和电感滤波器各利用了对应元件的什么特性？
2. 在图 1.3.2 中，若变压器输出电压为 9 V，$R_L = 100\ \Omega$，则流经二极管中的电流是多少？二极管所承受的最大反向电压是多少？
3. 为什么 π 型 LC 滤波电路的滤波效果要比 π 型 RC 滤波电路的效果要好？

1.4 直流稳压电源

1.4.1 稳压电路基本原理

由于电网电压或负载的变动，交流电经过整流滤波后输出的直流电仍然不够稳定。为适用于精密设备和自动化控制等，有必要在整流滤波之后再加入稳压电路，以确保输出的直流电压稳定不变，这就是稳压作用。具有稳压作用的电路称为稳压电路或稳压器。

在稳压电路中，有一个核心元件，因其两端的电压或其中的电流能随电路中的电压变化而自动调节，从而使输出电压保持稳定不变，故把这个元件称为调压元件。依据调压元件与外接负载 R_L 的连接方式不同，可把稳压电源分为并联型稳压电源和串联型稳压电源两种类型。两种稳压电源的连接示意图如图 1.4.1 所示。

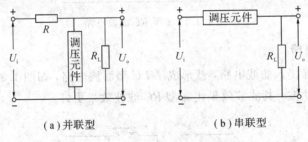

（a）并联型　　　　　　　　　　（b）串联型

图 1.4.1　稳压电源连接示意图

1. 并联型稳压电路

最简单的直流稳压电源如图 1.4.2 所示。电路中的电阻 R 和稳压二极管 VZ 构成稳压电路，VZ 是调压元件。VZ 与负载 R_L 并联，构成了并联型稳压电路。

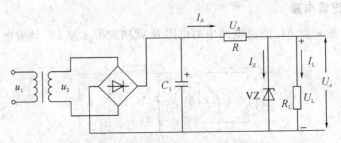

图 1.4.2　由稳压二极管组成的稳压电源

当电网电压 u_i 或负载 R_L 发生变化时，R_L 两端的电压即输出电压 U_o 将跟随变化，假设其变小，则稳压管内的反向电流 I_Z 也减小；限流电阻 R 中的电流随之减小，致使 R 两端的电压 U_R 下降，根据 $U_o = U_i - U_R$（因 $U_i = U_R + U_o$）的关系，U_o 的下降受到限制。上述过程可用符号式表达为

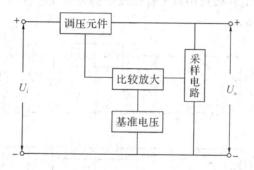

利用稳压二极管构成的并联型稳压电路结构简单，调试方便，但输出电流较小（仅几十毫安），输出电压不可调，稳压性能也较差，只适用于要求不高的小型电子产品上。

2. 串联型稳压电路

广泛使用的稳压电路是以三极管为调压元件的串联型晶体管稳压电路。这种电路的负载能力强，输出电压稳定度高，且可在一定范围内调节输出大小。作为调压元件的三极管被称为调整管，它与电源的负载构成串联关系，所以称这种稳压电路为串联型晶体管稳压电路，简称串联型稳压电路。常用串联型稳压电路的结构方框图如图 1.4.3 所示。

图 1.4.3　串联型稳压电路的结构方框图

在串联型稳压电路中，调压元件的调压功能和比较放大电路的放大功能都是利用三极管的放大作用来实现的；基准电压一般由稳压二极管提供；采样电路的采样利用了串联电路的分压原理。稳压过程是：当输入电压 U_i 或负载发生变化使负载两端电压 U_o 随之变化时，假设其上升，则采样电压增大，因基准电压保持不变，比较放大电路输出的控制电压将减小，调整管（调压元件）两端的电压 U_{CE} 因控制电压减小而增大，根据 $U_o = U_i - U_{CE}$ 的关系，U_o 的上升受到限制，于是 U_o 保持稳定不变。

1.4.2　三端集成稳压器

在直流稳压电源中，用得最多的是集成稳压器。集成稳压器是用集成电路的形式制造的稳压电路，它给稳压电源的制作带来了很多方便。集成稳压器有多种，其中有一类因为只有三只引脚，故称为三端集成稳压器，简称三端稳压器，这类稳压器应用最广。根据输出电压是否可调，三端稳压器分为固定式和可调式两类；根据输出电压的正、负极性，三端稳压器又分为正电压输出稳压器和负电压输出稳压器。

1. 三端固定稳压器

三端固定稳压器有三个引出端，即电源输入端、外接负载输出端和公共接地端，其外形和电路符号如图 1.4.4 所示。三端固定稳压器有 78XX 和 79XX 两大系列，78XX 输出正

电压，79XX 输出负电压。型号中的"XX"表示输出电压的高低，例如，"05"表示输出电压为 5 V，"12"表示输出电压为 12 V 等，常见三端固定稳压器的输出电压值有 5 V、6 V、9 V、12 V、15 V、18 V、24 V。

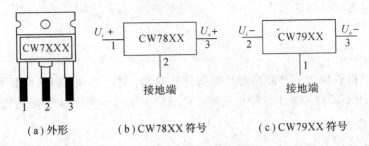

（a）外形　　　（b）CW78XX 符号　　　（c）CW79XX 符号

图 1.4.4　78XX 和 79XX 外形和电路符号

为抑制电路中的高频（$f > 200$ Hz）干扰，在实际应用中，还需要在三端稳压器的输入端并接一只高频滤波电容，在输出端并接一只消振电容（用来消除稳压电路在工作时可能产生的自激振荡）。这两个电容要选用频率特性较好的无极性电容。三端固定稳压器在电路中的基本接法如图 1.4.5 所示。

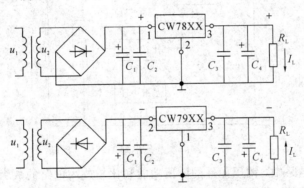

图 1.4.5　三端固定稳压器应用电路

国产三端稳压器的型号由五个部分组成，其含义如图 1.4.6 所示。

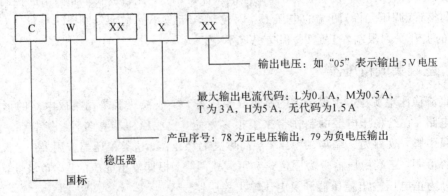

输出电压：如"05"表示输出 5 V 电压

最大输出电流代码：L 为 0.1 A，M 为 0.5 A，T 为 3 A，H 为 5 A，无代码为 1.5 A

产品序号：78 为正电压输出，79 为负电压输出

稳压器

国标

图 1.4.6　国产三端稳压器型号的含义

2. 可调三端集成稳压器

可调三端集成稳压器也有正电压输出和负电压输出两个系列：CW117X、CW217X 和

CW317X 系列为正电压输出，CW137X、CW237X 和 CW337X 系列为负电压输出。它们的外形和引脚排列如图 1.4.7 所示。

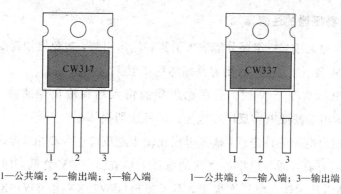

1—公共端；2—输出端；3—输入端　　　1—公共端；2—输入端；3—输出端

图 1.4.7　三端可调稳压器的外形和引脚排列

国产可调三端集成稳压器的型号也是由五个部分组成的，其含义如图 1.4.8 所示。

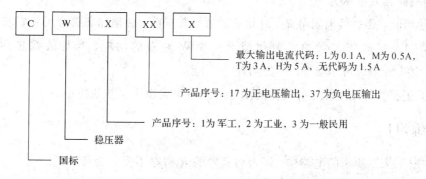

图 1.4.8　国产可调三端集成稳压器型号的含义

三端可调稳压集成块在电路中的基本接法如图 1.4.9 所示。图中电位器 R_P 和电阻 R_1 组成电阻分压器，实现取样作用，接稳压器的调整端（公共端）1 脚，调节 R_P 可改变输出电压 U_o 的大小，使 U_o 在 1.25～37 V 范围内连续可调；稳压器公共端和输出端之间的电位差保持 1.25 V 不变，为基准电压。为保证稳压器的输出性能，R_1 应小于 240 Ω。输出电压 U_o 的大小与 R_P 和电阻 R_1 的关系是：

$$U_o \approx 1.25\left(1+\frac{R_P}{R_1}\right)$$

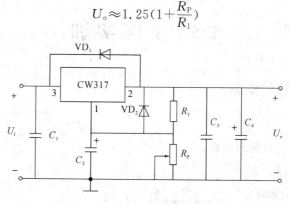

图 1.4.9　三端可调稳压器应用电路

并联在输入端的电容 C_1 能滤除输入电压中的高频干扰信号；电容 C_2 可以消除 R_P 上的纹波电压，使取样电压稳定；电容 C_3 起消振作用。

3. 使用三端稳压器的注意事项

（1）在接入电路之前，一定要分清输入引脚和输出引脚，避免接错而烧毁稳压器。三端可调稳压器的接地端不能悬空，否则容易损坏稳压器。

（2）当输出电压大于 6 V 时，应在稳压器的输入端和输出端跨接一只保护二极管（VD_1），以防止输出端滤波电容反向放电导致的稳压器损坏。

（3）为确保输出电压的稳定性，输入电压比输出电压应至少高出 3 V；为减小稳压器的功耗，三端稳压器的输入端与输出端之间的电压差应在 3～5 V 之间，即 $3\ V \leqslant U_i - U_o \leqslant 5\ V$。三端稳压器的最大输入电压有极限，不可超出（CW78XX 和 CW79XX 系列的最高输入电压为 35 V，CW78MXX 和 CW79MXX 系列的最高输入电压为 40 V，CW317 和 CW337 的最高输入电压为 40 V）。

（4）使用时，要焊接牢固可靠。对要求加散热装置的，必须加装符合尺寸要求的散热装置。例如，CW317 在不加散热片时仅能承受 1 W 左右的功耗，当加装散热片（面积为 200 mm×200 mm）时可承受 20 W 的功耗。

（5）为了扩大输出电流，可将相同型号的三端集成稳压器并联使用。

【思考与练习】

1. 在图 1.4.2 所示的电路中，可否将其中的 R 省略不要？为什么？

2. 串联型晶体管稳压电路由哪几部分组成？

3. 有一个电子器件上标注的符号是 LM7812，这个器件是什么？标注符号的含义是什么？

4. 在图 1.4.9 所示电路中，VD_1 的作用是什么？

5. 用图 1.4.5 所示电路制作一个 9 V 直流稳压电源，图中变压器的输出电压最好是多少？变压器的最低输出电压和最高输出电压各是多少？

1.5 技能实训

技能实训 1 二极管的检测

【实训目的】

掌握二极管的识别与检测方法。

【实训工具及器材】

（1）MF47 型万用表。

（2）所需元器件清单如表 1.5.1 所示。

表 1.5.1 二极管的检测所需元器件清单

序号	名称	型号	数量	序号	名称	型号	数量
1	直插二极管	1N4007	1	7	发光二极管	φ5 红色	1
2		1N5392	1	8		φ5 绿色	1
3		1N4148	1	9		φ5 黄色	1
4		1N5404	1	10	直插电阻	470 kΩ	1
5		2CP29	1	11		10 kΩ	1
6		RU2	1	12		680 Ω	1

【实训内容】

（1）用万用表按要求测量所给元件的电阻，填写好表 1.5.2 所示二极管和电阻对比检测表。

（2）分析测量的数据，总结归纳二极管的特性。

表 1.5.2 二极管和电阻对比检测表

序号	元器件名称	标注型号	万用表测量挡位	测量结果		结论	
				正向测量	反向测量	是否有极性	元器件质量
示例	二极管	1N4001	×1k	6.5 kΩ	∞	有	可用
			×100	900 Ω	∞		
1							
2							
3							
4							
5							
6							
7							

序号	元器件名称	标注型号	万用表测量挡位	测量结果		结论	
				正向测量	反向测量	是否有极性	元器件质量
8							
9							
10							
11							
12							

【实训操作步骤】

1. 清点元器件

按表1.5.1所示清点元器件。

2. 检测元器件

按表1.5.2中的要求检测各元器件,将测量结果填写在表1.5.2对应空格中。

3. 分析测量的数据

分析表1.5.2中记录的测量数据,可以得出以下结论:

(1) 在使二极管导通的测量中,万用表黑表笔接二极管的_____极,红表笔接二极管的_____极;在使二极管截止的测量中,万用表黑表笔接二极管的_____极,红表笔接二极管的_____极。

(2) 在万用表检测二极管时,要用它的_____挡。检测普通二极管时,应选用的倍率挡是_____或_____;检测发光二极管(LED)时,必须选用_____挡。

(3) 二极管正向测量时_____(导通/截止),反向测量时_____(导通/截止),说明二极管具有_____性。电阻在正反两次测量中,阻值_____(相同/不相同),说明电阻_____(有/没有)极性。

(4) 用万用表不同倍率挡正向测量同一二极管,导通电阻_____(相同/不同),但电阻用不同倍率挡测量的结果都_____(相同/不同)。这说明,二极管是_____(非线性元件/线性元件),电阻是_____(非线性元件/线性元件)。

【实训评价】

"二极管的检测"实训评价如表1.5.3所示。

表 1.5.3　"二极管的检测"实训评价表

评价项目	评价内容及评分标准	评价结果	得分小计	总分
二极管和电阻对比检测	每空填写正确得 0.5 分；否则，不得分			
测量数据分析	每空填写正确得 1 分；否则，不得分			
安全文明操作	在操作过程中，能正确使用万用表得 15 分；否则，出现一次错误扣 1 分，扣分不限量			
	操作结束后能将元器件和仪表整理到位，摆放整齐。有这方面的操作，得 3 分；效果好，得 5 分			
实训体会	学到的知识			
	学到的技能			
	收获			

技能实训 2　单相桥式整流滤波电路的波形测量

【实训目的】

（1）通过测量、绘制单相桥式整流滤波电路的波形，进一步理解整流、滤波的作用，理解整流滤波电路中各处电位的大小关系和波形变化规律。

（2）练习示波器的使用并描画所测波形。

（3）掌握电路测试的操作规程，能正确连接测试电路。

（4）学会在电路模块中正确选择测试点。

【实训工具及器材】

（1）仪器：万用表、数字示波器。

（2）模块：电源模块、整流滤波电路模块。

【实训内容】

（1）按照图 1.5.1 所示电路选择合适的电源模块和整流滤波电路模块，搭建整流滤波电路。

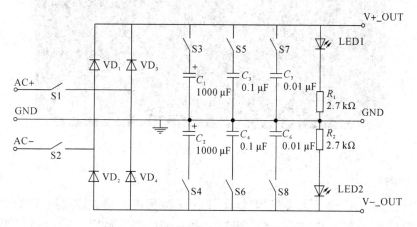

图 1.5.1　整流滤波电路模块电路原理图

（2）对搭建好的电路板进行输入电压、输出电压波形的测量。

（3）结合前面所学理论知识分析相关问题。

【实训操作步骤】

1. 认识电路模块

电源模块如图 1.5.2 所示。电源模块能输出±5 V、±9 V 两组稳定的直流电压和一组 10 V 交流电压。

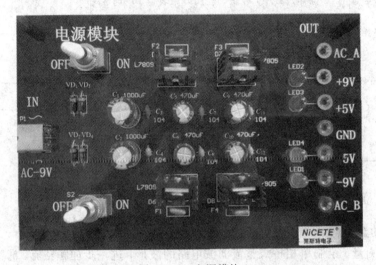

图 1.5.2　电源模块

整流滤波电路模块如图 1.5.3 所示。整流滤波电路模块由桥式整流电路和电容滤波电路两部分组成。每个滤波电容均通过开关接入电路，可调节滤波电容的容量。

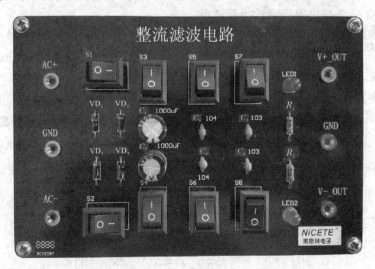

图 1.5.3　整流滤波电路模块

2. 模块搭接

将电源模块上的两个开关都拨到"OFF"位置，然后将整流滤波电路模块的"AC＋"和"AC－"分别与电源模块的"AC_A"和"GND"用插接线接通，如图 1.5.4 所示；将电源适配器插头插入电源模块的"AC-9 V"的"IN"插孔,将适配器插入到 220 V 交流插座上。

图 1.5.4　整流滤波电路模块通电测试接线图

3. 电路通电

检查线路连接。检查无误后,将电源模块中上面那个开关拨到"ON"位置,对电路通电。通电后,观察电路有无冒烟、异味等异常现象。若有,应立即断电,对电路进行检查。

4. 电路参数测试

(1)通电正常后,将整流滤波电路模块的开关 S1 和 S2 闭合,其他开关断开。此时 LED1、LED2 指示灯点亮。用万用表测出输入电压和输出电压的数值,用示波器测出输入电压和输出电压的波形,将测量结果记录在表 1.5.4 中的对应位置。

表 1.5.4　整流滤波电路测试结果记录表

整流滤波电路开关选择			
测量内容	波形记录	示波器挡位及测量结果	电压测量
输入电压		扫描挡位:＿＿＿＿＿ 频率测量值:＿＿＿＿＿ 衰减挡位:＿＿＿＿＿ 峰值测量值:＿＿＿＿＿	测量挡位:＿＿＿＿＿ 测量结果:＿＿＿＿＿
输出电压		扫描挡位:＿＿＿＿＿ 频率测量值:＿＿＿＿＿ 衰减挡位:＿＿＿＿＿ 峰值测量值:＿＿＿＿＿	测量挡位:＿＿＿＿＿ 测量结果:＿＿＿＿＿

（2）在闭合开关 S1 和 S2 的基础上，闭合开关 S3 和 S4（其他开关断开），用万用表测出输入电压和输出电压的数值，用示波器测出输入电压和输出电压的波形，将测量结果记录在表 1.5.4 所示的表中。

（3）按照上述步骤（2）的方法，依次测量闭合开关 S5 和 S6、闭合开关 S7 和 S8 两种状态下的波形、频率、峰值和电压。

（4）比较上述测量结果，可得出输出波形与滤波电容大小的关系是：＿＿＿＿＿＿＿＿；输出电压与输入电压的关系是：＿＿＿＿＿＿＿＿。

【实训评价】

"单相桥式整流滤波电路的波形测量"实训评价如表 1.5.5 所示。

表 1.5.5　"单相桥式整流滤波电路的波形测量"实训评价表

评价项目	评价内容及评分标准	评价结果	得分小计	总分
测试结果记录	波形描绘正确，每个得 5 分			
	数值记录正确，每个得 1 分			
测量数据分析	输出波形与滤波电容大小关系的结论正确，得 2 分			
	输出电压与输入电压关系的结论正确，得 2 分			
安全文明操作	在操作过程中，能按规程正确操作，得 15 分；每错一次，扣 2 分，扣分不限量			
	能正确使用示波器，得 10 分；每错一次，扣 2 分，扣分不限量			
	操作结束后能将仪器仪表整理到位，摆放整齐，得 5 分，否则扣 5 分			
实训体会	学到的知识			
	学到的技能			
	收获			

技能实训 3　集成稳压直流电源的制作

【实训目的】

（1）初步学会电子电路的组装方法。

（2）学会三端集成稳压器的应用方法。

【实训工具及器材】

（1）焊接工具、交流可调电源、万用表、起子（改锥）等电工工具。

（2）固定三端集成稳压电源散装套件，其元器件清单如表 1.5.6 所示。

表 1.5.6　元器件清单

序号	名称	位号	规格	数量
1	电阻	R_1、R_2	2.2 kΩ	2
2	电容器	C_1、C_2	1000 μF/25V	2
3	电容器	C_3、C_4	0.1μF	2
4	电容器	C_5、C_6	470 μF/25 V	2
5	二极管	VD_1、VD_2、VD_3、VD_4、VD_5、VD_6	1N4007	6
6	发光二极管	LED1、LED2	ϕ5	2
7	稳压集成块	U1	7809	1
8	稳压集成块	U2	7909	1

【实训内容】

（1）按照图 1.5.5 所示电路，选择合适的三端集成稳压电源套件，组装集成稳压直流电源。

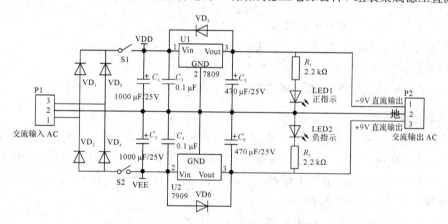

图 1.5.5　三端集成稳压电源电路图

（2）对组装好的直流稳压电源进行功能测试。

【实训操作步骤】

1. 清点与检测元器件

依据套件的元器件清单清点元器件和辅材数量，检测表 1.5.7 中所列的元器件，将检测结果填写在对应位置。

表 1.5.7　元器件检测表

序号	名称	位号	元器件检测结果
1	电阻	R_1、R_2	测量值为_____ kΩ，选用的万用表挡位是_____
2	电容器	C_1、C_2	长引脚为_____极，耐压值为_____V
3	电容器	C_3、C_4	容量标称值是_____；检测容量时，应选用万用表的_____挡位

续表

序号	名称	位号	元器件检测结果
4	电容器	C_5、C_6	长引脚为＿＿＿＿极，耐压值为＿＿＿＿V
5	二极管	VD_1、VD_2、VD_3、VD_4、VD_5、VD_6	检测质量时，应选用的万用表挡位是＿＿＿＿；正向导通的那次测量中，黑表笔所接的是＿＿＿＿极，所测得的阻值为＿＿＿＿
6	发光二极管	LED1、LED2	长脚为＿＿＿＿极，检测时应选用的万用表挡位是＿＿＿＿，红表笔接二极管＿＿＿＿极测量时，可使它微弱发光
7	稳压集成块	U1	型号是＿＿＿＿
8	稳压集成块	U2	型号是＿＿＿＿

2. 识读电路图和组装说明

阅读组装说明书，弄清套件的组装方法和注意事项；分析电路图，明确组装调试好以后的功能和工作现象。

3. 电路组装

1）组装要求

（1）不漏装、错装，不损坏元器件。

（2）无虚焊、漏焊和桥接，焊点标准，大小均匀，表面要光滑、干净。

（3）焊接面干净无划痕。

（4）元器件的引脚成形和装插符合工艺要求。

2）组装注意事项

（1）在组装和检查电路时一定要断开电源，在确认无误后方能开启电源。

（2）电路中电解电容的正负极一定要装对，否则，通电后它们将被反向击穿，甚至炸裂。

（3）在焊接中，不能对电子元器件引脚长时间加热。若发现元器件已经很烫了，要停止对它的焊接，使之冷却后再焊接。

（4）在装配调试过程中，要遵循各环节的工艺要求。

4. 组装实物图

集成直流稳压电源组装后的实物图如图 1.5.6 所示。

（a）组装前的 PCB 板

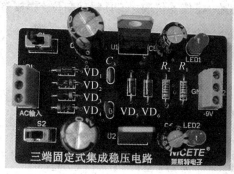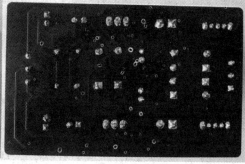

（b）组装后的效果

图 1.5.6　组装效果图

5. 电路测试与分析

（1）装接完毕，要再次认真检查：一是检查各元器件的位置、极性是否装错，发现问题，立即改正；二是检查电路板电源输入端口间的电阻是否正常，断开 S1 和 S2，用万用表"R×10k"挡测量电路板上电源输入接线座两端口间的电阻，在每两个接线端之间，对调表笔测量两次，测量结果都应为∞，否则，说明电路中存在故障，不能通电测试，须排除故障后方可通电。

（2）在电路板电源输入端依次加上表 1.5.8 中所示交流电压。每次交流电压接好后，再依次闭合 S1 和 S2。每次闭合开关后都要观察电路中有无冒烟、异味等异常现象。若有，应立即断电，对电路进行检修；如无异常现象，方可继续测试。

（3）按表 1.5.8 中的要求在电路板上进行测量，将测量结果填入表中对应位置。

表 1.5.8　集成稳压直流电源输出电压测量表

交流输入电压	整流输出电压/V		稳压输出电压/V	
	U_1 输入端电压 U_{12}	U_2 输入端电压 U_{21}	U_{32}	U_{31}
AC 10 V				
AC 12 V				
AC 15 V				
AC 18 V				

（4）分析测量数据，得出结论：整流输出的直流电压随着交流输入电压的变化而＿＿＿＿＿（变化/不变化），但经过三端稳压块以后的输出电压＿＿＿＿＿＿（变化/不变化），这说明三端稳压块具有＿＿＿＿＿＿作用。

6. 整理工位

操作结束后，要整理自己的操作工位。

（1）关闭电源，然后拆掉自己连接的所有导线。

（2）将拆下的导线捋顺对齐后放到指定的位置；将仪器仪表、工具整理归位，摆放整齐。

（3）将产生的垃圾清扫到指定地方。

（4）请示指导老师检查，完善不足之处。

【实训评价】

"集成稳压直流电源的制作"实训评价如表1.5.9所示。

表1.5.9 "集成稳压直流电源的制作"实训评价表

项目	考核内容	配分/分	评分标准	得分/分
元器件检测	检查表1.5.7中填写的内容	20	每错一空扣2分，扣完为止	
电路焊接	焊点光亮、无毛刺，焊锡量适中	10	每错一处扣2分	
电路布局	电路布局美观，无短路、开路	10	每错一处扣2分，扣完为止	
电路功能	检查表1.5.8中的测量数据	40	每个不合理的值扣2分，扣完为止	
安全文明操作	工作台上工具物品摆放整齐	10	工作台上物品随意摆放、脏乱，扣1～5分	
	严格遵照安全操作规程	10	违反安全操作规程扣1～5分	
合　计		100		
实训体会	学到的知识			
	学到的技能			
	收获			

本 章 小 结

（1）半导体依靠载流子导电，载流子有两种：电子和空穴。N型半导体中的载流子主要是电子，P型半导体中的载流子主要是空穴。PN结具有单向导电性。

（2）二极管由一个PN结组成，所以具有单向导电性。二极管的伏安特性是非线性的，所以是非线性元件。硅二极管的门槛电压约为0.5 V，导通电压（正向压降）约为0.7 V；锗二极管的门槛电压约为0.2 V，导通电压（正向压降）约为0.3 V。

（3）利用二极管的单向导电性可组成变交流为直流的整流电路，常见的整流电路有半波整流电路、桥式全波整流电路。

（4）滤波电路的作用是把脉动直流电变换为较平滑的直流电。常见的滤波器有电容滤波器、电感滤波器和复式滤波器。

（5）稳压电路的作用是保持输出电压的稳定。利用稳压二极管的特性可组成最简单的硅稳压二极管稳压电路。最常用的稳压电路是由三端集成稳压器组成的，集成稳压器有多种型号，可输出多种稳定的直流电压。

自 我 测 评

一、填空题(共 32 分,每空 2 分)

1. 普通二极管正向导通后,硅管管压降约为_____V,锗管管压降约为_____V。

2. 普通硅二极管的门槛电压约为_____V,锗二极管的截止电压约为_____V。

3. 二极管加上正向电压时,它的_____极电位比_____极电位高。

4. 在单相桥式整流电路中,如果负载电流为 10 A,则流过每只整流二极管的电流是_____。

5. 滤波的目的是尽可能地滤除脉动直流电的_____,保留脉动直流电的_____。

6. 电容滤波是利用电容的_____特点进行滤波。

7. 电感滤波是利用电感的_____特点进行滤波。

8. 常用的滤波电路有_____、_____、复式滤波电路等几种类型。

9. 电容滤波适用于_____场合,电感滤波适用于_____场合。

10. CW79XX 系列集成稳压器输出的电压极性为_____(选填"正压"或"负压")。

二、选择题(共 30 分,每题 3 分)

1. 半导体在外电场的作用下,(   )做定向移动形成电流。

   A. 电子   B. 空穴   C. 电子和空穴

2. 二极管正向导通时,导通电流与正向电压的关系是(   )。

   A. 线性   B. 非线性   C. 只与 PN 结有关,与正向电压无关

3. 若二极管的正极电位为 -2.0 V,负极电位为 -1.0 V,则二极管处于(   )。

   A. 正向导通   B. 反向截止   C. 电位差超过了 0.7 V,二极管被损坏

4. 在整流滤波电路中,起整流作用的元件是(   )。

   A. 电阻   B. 电容   C. 二极管

5. 交流电通过整流电路后,得到的电压是(   )。

   A. 交流电压   B. 脉动直流电压   C. 比较理想的直流电压

6. 桥式整流电路在输入交流电的每个周期内有(   )只二极管导通。

   A. 1   B. 2   C. 4

7. 桥式整流电路中,若输入电压为 100 V,则负载两端的电压为(   )。

   A. 90 V   B. 100 V   C. 120 V

8. 滤波电路中,滤波电容和负载的连接关系是(   ),滤波电感和负载的连接关系是(   )。

   A. 串联   B. 并联   C. 混联

9. 在串联稳压电路中,调压元件是(   )。

   A. 稳压管   B. 取样电阻   C. 调整管(三极管)

10. CW337 集成稳压器公共端和输出端的电位差(   )。

   A. 是定值   B. 随输入电压的变化而变化

   C. 随调压电阻的调节而变化

三、综合题(共 38 分)

1. 如图 1-1 所示的电路中,哪些指示灯可能发亮?(4 分)

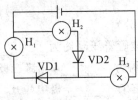

图 1-1

2. 已知图 1-2(a)和(b)中的二极管为锗管,图(c)和图(d)中的二极管为硅管,试计算图 1-2 中各电路 A、B 两点间的电压。(8 分)

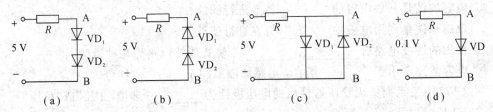

图 1-2

3. 在图 1-3 所示电路的空缺位置画上该处所需元器件的电路符号,使电路完整合理。(4 分)

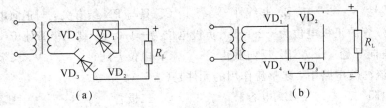

图 1-3

4. 将图 1-4 中的元件连接成桥式整流电路。(4 分)

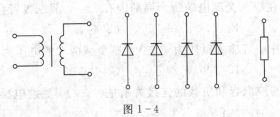

图 1-4

5. 在图 1-5 所示电路中,若 VD_2 开路,负载 R_L 两端电压将怎样变化?(4 分)

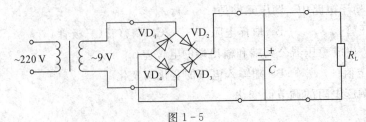

图 1-5

6. 制作一个单相桥式整流电容滤波电源,为标注为 12 V/12 W 的小灯泡供电。为使小灯泡正常工作,请合理选择整流二极管和滤波电容。(4 分)

7. 欲用一只红色发光二极管作 12 V 直流电源的指示灯,电路如图 1-6 所示,请通过计算来选择合理的电阻。(4 分)

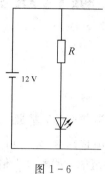

图 1-6

8. 在图 1-7 所示的电路中,VD_5 是一只理想二极管(正向导通时两端电压降为零),小灯泡上的标注为 DC 12 V/3 W。请根据电路结构特点和灯的参数要求进行分析,完成以下任务:

(1) 为电路选择合理的元器件。在电路图中的 IC 方框中填写上该器件的型号;在方框的连线上标注该器件的引脚编号;在其他方框中画出该位置元器件的电路符号,并使元器件的引脚极性符合电路要求。(3 分)

(2) 为使电路中的稳压块工作在最佳状态,请计算变压器二次侧的电压选择范围。(3 分)

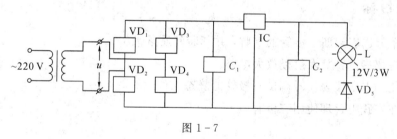

图 1-7

第2章 晶体三极管及其基本放大电路

 知识目标

（1）理解晶体三极管的结构、分类和符号，掌握三极管的电流放大作用。

（2）掌握晶体三极管的输入、输出特性及三种工作状态，了解其主要参数。

（3）了解基本放大电路方框图的组成，理解放大倍数和增益的概念。

（4）掌握基本共发射极放大电路的电路图，会分析各元件的作用和工作原理。

（5）掌握基本共发射极放大电路直流通路和交流通路的画法，理解 r_{be}、r_i、r_o、A 的含义及其计算。

（6）掌握放大器的常用技术指标，理解放大倍数、输入电阻、输出电阻、通频带、线性失真、最大输出幅度和功率与效率的含义及其计算。

（7）掌握图解法、估算法的解题方法。

（8）了解放大电路的放大原理。

 技能目标

（1）会用万用表判断三极管的引脚，并判断其质量优劣。

（2）会搭建三极管共发射极放大电路。

（3）会使用电子仪表仪器调试三极管的静态工作点。

（4）会在实践中合理使用三极管。

2.1 晶体三极管

2.1.1 三极管的结构、分类和符号

1. 晶体三极管的基本结构

半导体晶体三极管又称为双极型晶体三极管，简称为三极管。三极管是电子电路中的核心元件，其外形如图 2.1.1 所示。

如图 2.1.2(a)、(b)所示，晶体三极管是由两个相距很近的 PN 结组成的，且 N 型半导体和 P 型半导体交错排列形成三个区，分别称为发射区、基区和集电区，从三个区引出的引脚分别称为发射极、基极和集电极，用符号 e、b、c 来表示。处在发射区和基区交界处的 PN 结称为发射结；处在基区和集电区交界处的 PN 结称为集电结。具有这种结构特性的器

件称为三极管。

图 2.1.1　常见三极管的外形

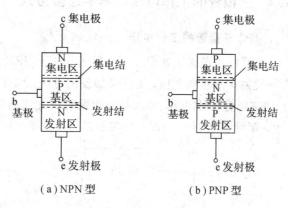

（a）NPN 型　　　　　　（b）PNP 型

图 2.1.2　三极管的结构

2. 晶体三极管的分类

晶体三极管有多种分类方法，通常有如下的分类。

（1）按频率分：高频管和低频管；

（2）按功率分：小功率管、中功率管和大功率管；

（3）按结构分：PNP 管和 NPN 管；

（4）按材质分：硅管和锗管；

（5）按功能分：开关管和放大管。

3. 晶体三极管的符号

三极管在电路中常用字母 V（或 VT）来表示。

图 2.1.2(a)所示三极管的三个区分别由 N、P、N 型半导体材料组成，所以，这种结构的三极管称为 NPN 型三极管。其图形符号如图 2.1.3(a)所示。

图 2.1.2(b)所示三极管的三个区分别由 P、N、P 型半导体材料组成，所以，这种结构的三极管称为 PNP 型三极管。其图形符号如图 2.1.3(b)所示。

由图 2.1.3 可见，两种类型三极管符号的差别仅在发射结箭头的方向上，箭头的指向代表发射结处在正向偏置时电流的流向。理解箭头的方向有利于记忆 NPN 和 PNP 型三极管的符号，同时还可根据箭头的方向来判别三极管的类型。

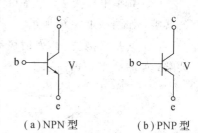

（a）NPN 型　　　　（b）PNP 型

图 2.1.3　三极管的符号

例如：当看到"⊬"符号时，因为该符号的箭头是由基极指向发射极的，说明当发射结处在正向偏置时，电流由基极流向发射极。根据第 1 章所讨论的内容已知，当 PN 结处在正向偏置时，电流由 P 型半导体流向 N 型半导体，由此可得，该三极管的基区是 P 型半导体，其他两个区都是 N 型半导体，所以该三极管为 NPN 型三极管。

反之，同理，三极管为 PNP 型三极管。

2.1.2　三极管的工作电压和基本连接方式

1. 晶体三极管的工作电压

三极管的电源接法如图 2.1.4 所示。对于 NPN 型三极管，当其工作在放大区时，通常在它的发射结加正向电压，集电结加反向电压，因此，其发射极电位低于集电极电位。对于 PNP 型三极管，则相反。加在基极和发射极之间的电压叫做偏置电压，一般硅管在 $0.5\sim0.8$ V，锗管在 $0.1\sim0.3$ V；加在基极和集电极之间的电压一般为几伏到几十伏。

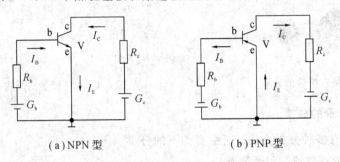

（a）NPN 型　　　　　　　　　　　（b）PNP 型

图 2.1.4　三极管的电源接法

2. 晶体三极管在电路中的基本连接方式

在晶体三极管所组成的电路中，其输入端应有两个外接端点与外接电路相连而组成输入回路，其输出端也应有两个外接端点与外接电路相连而组成输出回路，所以在它的三个电极中，必须有一个电极作为输入和输出回路的公用端点，称为"公共端"，因此有三种基本连接方式（或称为组态），即：

（1）共发射极接法。以基极为输入端，集电极为输出端，发射极为输入、输出两回路的公共端，如图 2.1.5(a) 所示。

（2）共集电极接法。以基极为输入端，发射极为输出端，集电极为输入、输出两回路的公共端，如图 2.1.5(b) 所示。

（3）共基极接法。以发射极为输入端，集电极为输出端，基极为输入、输出两回路的公共端，如图 2.1.5(c) 所示。

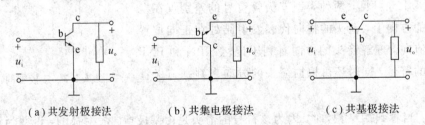

（a）共发射极接法　　　　（b）共集电极接法　　　　（c）共基极接法

图 2.1.5　三极管在电路中的三种连接方式

2.1.3　三极管的电流放大作用

1. 电流的分配关系

图 2.1.6 所示为研究 NPN 型三极管共发射极接法时，管内电流分配关系的实验电路。

电路中用三个电流表分别测量发射极电流 I_E、基极电流 I_B 和集电极电流 I_C。调节 R_P 阻值或者改变 E_1 电压就可以改变 I_B 的数值，并得到与之对应的 I_C、I_E。即 I_B 的变化将引起 I_C 和 I_E 的变化，每产生一个 I_B 值，就有一组 I_C 和 I_E 值与之对应，该实验所得数据见表 2.1.1。

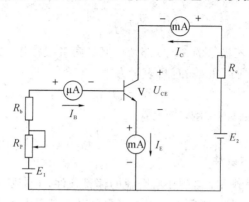

图 2.1.6　三极管的三个电流的测量

表 2.1.1　三极管三个电极上的电流分配

I_B/mA	0	0.01	0.02	0.03	0.04	0.05
I_C/mA	0.01	0.56	1.14	1.74	2.33	2.91
I_E/mA	0.01	0.57	1.16	1.77	2.37	2.96

表 2.1.1 所示的每一列数据，都具有如下关系：

$$I_E = I_B + I_C$$

上式表明，发射极电流等于基极电流与集电极电流之和。又因为基极电流很小，所以集电极电流与发射极电流近似相等，即

$$I_C \approx I_E$$

2. 三极管的电流放大作用

从表 2.1.1 可以看到，当基极电流 I_B 从 0.02 mA 变化到 0.03 mA，即变化 0.01 mA 时，集电极电流 I_C 随之从 1.14 mA 变化到了 1.74 mA，即变化了 0.6 mA，这两个变化量的比值为 $(1.74-1.14)/(0.03-0.02)=60$，说明此时三极管集电极电流 I_C 的变化量为基极电流 I_B 变化量的 60 倍。

可见，基极电流 I_B 的微小变化，将使集电极电流 I_C 发生较大的变化，即基极电流 I_B 的微小变化就能引起集电极电流 I_C 的较大变化，这就是三极管的电流放大作用。上面的数据说明，I_C 的变化为 I_B 变化的 60 倍，这个比值用符号 β 来表示，称为共发射极交流放大系数，简称"交流 β"，即

$$\beta = \frac{\Delta I_C}{\Delta I_B}$$

式中，ΔI_C、ΔI_B 分别表示 I_C、I_B 的变化量。此式成立的条件是 U_{CE} 为常数。

值得注意的是，在三极管放大作用中，被放大的集电极电流 I_C 是由外部电源提供的，并不是三极管自身生成的能量，它实际体现了用小信号控制大信号的一种能量控制作用。

可见，三极管是一种电流控制器件。

三极管集电极直流电流 I_C 和相应的基极直流电流 I_B 的比值，用符号 $\bar{\beta}$ 表示，称为共发射极直流放大系数，简称"直流 β"，即

$$\bar{\beta} = \frac{I_C}{I_B}$$

一般情况下，同一只三极管的 $\bar{\beta}$ 比 β 略小，但是两者很接近，即：$\bar{\beta} \approx \beta$。通常 $\bar{\beta}$ 和 β 无需严格区分，可以混用，所以 $I_C = \bar{\beta} I_B$ 可表示为

$$I_C = \beta I_B$$

若考虑到穿透电流 I_{CEO} 的影响，则上式可写成

$$I_C = \beta I_B + I_{CEO}$$

3. 三极管放大的基本条件

要使三极管具有放大作用，必须要有合适的偏置条件，即：发射结正向偏置，集电结反向偏置。对于 NPN 型三极管，必须保证集电极电位高于基极电位，基极电位又高于发射极电位，即 $U_C > U_B > U_E$；而对于 PNP 型三极管，则与之相反，即 $U_C < U_B < U_E$。

2.1.4　三极管的特性曲线

三极管各个电极上电压和电流之间的关系曲线，称为三极管的伏安特性曲线或特性曲线。它是三极管内部特性的外部表现，是分析由三极管组成的放大电路和选择管子参数的重要依据。常用的特性曲线是输入特性曲线和输出特性曲线。

三极管在电路中的连接方式（组态）不同，其特性曲线也不同。用 NPN 型三极管组成的测试电路如图 2.1.7 所示，该电路信号由基极输入，集电极输出，发射极为输入、输出回路的公共端，故称为共发射极电路，简称共射电路，所测得的特性曲线称为共射特性曲线。

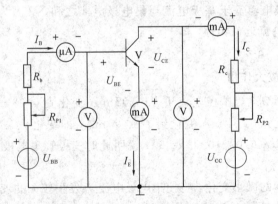

图 2.1.7　三极管共射特性曲线测试电路

1. 输入特性曲线

三极管的共射输入特性曲线表示当管子的输出电压 U_{CE} 为常数时，输入电流 I_B 与输入电压 U_{BE} 之间的关系曲线，即

$$I_B = f(U_{BE})$$

测试时，先固定 U_{CE} 为某一数值，调节电路中的 R_{P1}，可得到与之对应的 I_B 和 U_{BE} 值，然后在以 U_{BE} 为横轴、I_B 为纵轴的直角坐标系中按所取数据描点，得到一条 I_B 与 U_{BE} 的关系

曲线，如图 2.1.8 所示。从图中看到，它与二极管的伏安特性曲线十分相似。

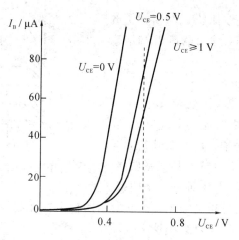

图 2.1.8　共射输入特性曲线

当 $U_{CE}=0$ V 时，输入曲线与二极管伏安特性曲线形状一样；当 $U_{CE} \geqslant 1$ V（$\leqslant -1$ V）时，特性曲线向右（向左）移动了一段距离；而当 $U_{CE} > 1$ V 以后，不同 U_{CE} 值的各条输入特性曲线几乎重叠在一起。实际应用中，三极管的 U_{CE} 一般大于 1 V，因而 $U_{CE} > 1$ V 时的曲线更具有实际意义。

由三极管输入特性曲线可看出：

（1）当 $U_{CE}=0$ V 时，集电极与发射极相连，三极管相当于两个二极管并联，加在发射结上的电压即为加在并联二极管上的电压，所以三极管的输入特性曲线与二极管伏安特性曲线的正向特性相似，U_{BE} 与 I_B 也为非线性关系，同样存在着死区；这个死区电压的大小与三极管材料有关，硅管约为 0.5 V，锗管约为 0.1 V。

（2）当 $U_{CE}=1$ V 时，三极管的输入特性曲线向右移动了一段距离，这是由于 $U_{CE}=1$ V 时，集电结加了反偏电压，管子处于放大状态，I_C 增大，对应于相同的 U_{BE}，基极电流 I_B 比原来 $U_{CE}=0$ 时减小，特性曲线也相应向右移动。

（3）$U_{CE} > 1$ V 以后的输入特性曲线与 $U_{CE}=1$ V 时的特性曲线非常接近，几乎重合。由于管子实际放大时，U_{CE} 总是大于 1 V 的，通常就用 $U_{CE}=1$ V 这条曲线来代表输入特性曲线。当 $U_{CE} > 1$ V 时，加在发射结上的正偏压 U_{BE} 基本上为定值，只能为零点几伏，其中硅管为 0.7 V 左右，锗管为 0.3 V 左右。这一数据是检查放大电路中三极管静态是否处于放大状态的依据之一。

【例 2 - 1】　用直流电压表测量某放大电路中某个三极管各极对地的电位分别是：① 脚 $U_1=2$ V，② 脚 $U_2=6$ V，③ 脚 $U_3=2.7$ V。试判断三极管各对应电极与三极管管型。

解　三极管能正常实现电流放大的电压关系：NPN 型管 $U_C > U_B > U_E$，且放大时硅管 U_{BE} 约为 0.7 V，锗管 U_{BE} 约为 0.3 V；而 PNP 型管 $U_C < U_B < U_E$，且放大时硅管 U_{BE} 约为 -0.7 V，锗管 U_{BE} 约为 -0.3 V。所以先找电位差绝对值为 0.7 V 或 0.3 V 的两个电极。若 $U_B > U_E$，则为 NPN 型；若 $U_B < U_E$，则为 PNP 型。本例中，U_3 比 U_1 高 0.7 V，所以此管为 NPN 型硅管，③脚是基极，①脚是发射极，②脚是集电极。

2. 输出特性曲线

三极管的共射输出特性曲线表示当管子的输入电流 I_B 为某一常数时，输出电流 I_C 与输出电压 U_{CE} 之间的关系曲线，即

$$I_C = f(U_{CE})$$

在测试电路中，先使基极电流 I_B 为某一值，再调节 R_{P2}，可得与之对应的 U_{CE} 和 I_C 值，将这些数据在以 U_{CE} 为横轴、I_C 为纵轴的直角坐标系中描点，得到一条 U_{CE} 与 I_C 的关系曲线；再改变 I_B 为另一固定值，又得到另一条曲线。

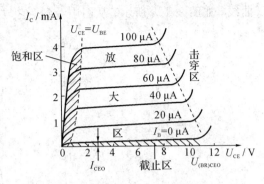

图 2.1.9　共射输出特性曲线

若用一组不同数值的 I_B 就可得到如图 2.1.9 所示的输出特性曲线。由图中可以看出，曲线起始部分较陡，且不同 I_B 曲线的上升部分几乎重合；随着 U_{CE} 的增大，I_C 跟着增大；当 U_{CE} 大于 1 V 左右以后，曲线比较平坦，只略有上翘。这说明三极管具有恒流特性，即 U_{CE} 变化时，I_C 基本上不变。因为输出特性不是直线，是非线性的，所以，三极管是一个非线性器件。三极管的输出特性曲线分为三个区域，不同的区域对应着三极管的三种不同工作状态，如表 2.1.2 所示。

表 2.1.2　输出特性曲线的三个区域

	截止区	放大区	饱和区
范围	$I_B = 0$ 曲线以下区域，几乎与横轴重合	平坦部分线性区，几乎与横轴平行	曲线上升和弯曲部分
特征	$I_B = 0$、$I_C = I_{CEO} \approx 0$ I_{CEO} 为 $I_B = 0$ 时的三极管集电极与发射极间的穿透电流	① 当 I_B 一定时，I_C 的大小与 U_{CE} 基本无关（但 U_{CE} 的大小随 I_C 的大小而变化），具有恒流特性； ② I_C 受 I_B 控制，具有电流放大作用，$I_C = \beta I_B$，$\Delta I_C = \beta \Delta I_B$	① 各电极电流都很大，I_C 不再受 I_B 控制； ② 三极管饱和时的 U_{CE} 值称为饱和管压降，记作 U_{CES}，小功率硅管的 U_{CES} 约为 0.3 V，锗管的 U_{CES} 约为 0.1 V
条件	发射结反偏（或零偏），集电结反偏	发射结正偏，集电结反偏	发射结正偏，集电结正偏（或零偏）
工作状态	截止状态 集电极与发射极之间等效电阻很大，相当于开路（开关断开）	放大状态 集电极与发射极之间等效电阻线性可变，相当于一只可变电阻，电阻的大小受基极电流大小控制。基极电流越大，集电极与发射极间的等效电阻越小，反之则越大	饱和状态 集电极与发射极之间等效电阻很小，相当于短路（开关闭合）

在模拟电子电路中，三极管一般工作在放大状态，作为放大管使用；在数字电子电路中，三极管常作为开关管使用，工作于饱和或截止状态。

三极管输出特性曲线也可以细分为四个区。

1）放大区

放大区是指 $I_B>0$、$U_{CE}>1\ V$ 的区域，就是曲线的平坦部分。要使三极管静态时工作在放大区（处于放大状态），发射结必须正偏，集电结反偏。此时，三极管是电流受控源，I_B 控制 I_C，当 I_B 有一个微小变化时，I_C 将发生较大变化，体现了三极管的电流放大作用，图 2.1.9 中曲线间的间隔大小反映出三极管电流放大能力的大小。注意：只有工作在放大状态的三极管才有放大作用。放大时，硅管 $U_{BE}\approx0.7\ V$，锗管 $U_{BE}\approx0.3\ V$。

2）饱和区

饱和区是指 $I_B>0$、$U_{CE}\leqslant0.3\ V$ 的区域。工作在饱和区的三极管，发射结和集电结均为正偏。此时，I_C 随着 U_{CE} 的变化而变化，却几乎不受 I_B 的控制，三极管失去放大作用。当 $U_{CE}=U_{BE}$ 时，集电结零偏，三极管处于临界饱和状态。处于饱和状态的 U_{CE} 称为饱和压降，用 U_{CES} 表示。小功率硅管的 U_{CES} 约为 0.3 V，小功率锗管的 U_{CES} 约为 0.1 V。

3）截止区

截止区就是 $I_B=0$ 曲线以下的区域。工作在截止区的三极管，发射结零偏或反偏，集电结反偏，由于 U_{BE} 在死区电压之内，处于截止状态，此时三极管各极电流均很小（接近或等于零），e、b、c 极之间近似看做开路。

4）击穿区

当三极管 U_{CE} 增大到某一值时，I_C 将急剧增加，特性曲线迅速上翘，这时三极管发生击穿。工作时应避免管子击穿。

此外，由于电源电压极性和电流方向的不同，PNP 管的特性曲线与 NPN 管的特性曲线将是相反的、"倒置"的。

2.1.5 三极管的使用常识

1. 三极管的主要参数

三极管的参数是选择和使用三极管的重要依据。三极管的参数可分为性能参数和极限参数两大类。值得注意的是，由于制造工艺的离散性，即使同一型号规格的管子，参数也不完全相同。

1）共发射极电流放大系数 β 和 $\overline{\beta}$

$\overline{\beta}$ 是指三极管共射连接时的直流放大系数，$\overline{\beta}=I_C/I_B$。β 是指三极管共射连接时的交流放大系数，它是集电极电流变化量 ΔI_C 与基极电流变化量 ΔI_B 的比值，即 $\beta=\Delta I_C/\Delta I_B$。$\beta$ 和 $\overline{\beta}$ 在数值上相差很小，一般情况下可以互相代替使用。

电流放大系数是衡量三极管电流放大能力的参数，但是 β 值过大，将使三极管的热稳定性变差。

2）穿透电流 I_{CEO}

I_{CEO} 是指当三极管基极开路，即 $I_B=0$ 时，集电极与发射极之间的电流，它受温度的影响很大，小管子的温度稳定性好。

3）集电极最大允许电流 I_{CM}

三极管的集电极电流 I_C 增大时，其 β 值将减小。当由于 I_C 的增加使 β 值下降到正常值的 2/3 时，此时三极管的集电极电流称为集电极最大允许电流 I_{CM}。

4）集电极最大允许耗散功率 P_{CM}

P_{CM} 是指三极管集电结上允许的最大功率损耗。如果集电极耗散功率 $P_C > P_{CM}$，将烧坏三极管。对于功率较大的管子，应加装散热器。集电极耗散功率的计算式为

$$P_C = U_{CE} I_C$$

5）反向击穿电压 $U_{(BR)CEO}$

$U_{(BR)CEO}$ 是指当三极管基极开路时，集-射极之间的最大允许电压。若集-射极之间的电压大于此值，三极管将被击穿损坏。

2. 晶体三极管型号命名法

不同的国家对晶体三极管的命名是不同的。国产的三极管器件型号由五部分组成，其五个部分的意义如下所述。

第一部分：用数字表示半导体器件有效电极数目，"3"表示三极管。

第二部分：用汉语拼音字母表示半导体器件的材料和极性。表示三极管时：A—PNP 型锗材料，B—NPN 型锗材料，C—PNP 型硅材料，D—NPN 型硅材料。

第三部分：用汉语拼音字母表示半导体器件的类型。常用的有：P—普通管，V—微波管，W—稳压管，C—参量管，Z—整流管，L—整流堆，S—隧道管，N—阻尼管，U—光电器件，K—开关管，X—低频小功率管，G—高频小功率管，D—低频大功率管，A—高频大功率管，T—半导体晶闸管。

第四部分：用数字表示序号。

第五部分：用汉语拼音字母表示规格号。

例如：3DG 表示高频小功率 NPN 型硅三极管；3CG 表示高频小功率 PNP 型硅三极管；3DD 表示低频大功率 NPN 型硅三极管；3AK 表示 PNP 型开关锗三极管；3DG18 表示 NPN 型硅材料高频小功率三极管，其序号为 18。

3. 贴片三极管的简介

小外形封装三极管又称做微型片状三极管，简称贴片三极管。

1）SOT-23 型贴片三极管

SOT-23 型贴片三极管有 3 条"翼型"短引线，分成两排，其中一排只有一个引脚，这是集电极，其他两个引脚分别是基极和发射极，如图 2.1.10 所示。额定功率在 $100\sim200$ mW 的小功率三极管一般采用这种封装形式。

1—基极，b
2—发射极，e
3—集电极，c

图 2.1.10　SOT-23 型贴片三极管的外形

2）SOT - 143 型贴片三极管

SOT - 143 型贴片三极管的结构与 SOT - 23 型的相仿，不同的是有 4 条"翼型"短引线，如图 2.1.11 所示。

图 2.1.11　SOT - 143 型贴片三极管的外形

3）SOT - 89 型贴片三极管

SOT - 89 型的封装形式适用于中功率的三极管（300 mW～2 W），它的 3 条短引线是从管子的同一侧引出的，如图 2.1.12 所示。

4）TO - 252 型贴片三极管

TO - 252 型的封装形式适用于大功率三极管，在管子的一侧有 3 条较粗的引线，芯片贴在散热铜片上，如图 2.1.13 所示。

图 2.1.12　SOT - 89 型贴片三极管的外形

图 2.1.13　TO - 252 型贴片三极管的外形

【思考与练习】

1. 能否用两个二极管连接成一个三极管？为什么？

2. 三极管有哪三种基本连接方式？试用 NPN 型管的图形符号画出这三种连接方式。

3. 晶体三极管的发射结和集电结是同类型的 PN 结，那么三极管在作放大管使用时，发射极和集电极可相互调换使用吗？为什么？

2.2　三极管基本放大电路

2.2.1　放大器概述

放大电路习惯上也称为放大器，是电子电路中应用最广泛的电路之一，如电视机、收音机、扩音器等电子产品都离不开放大电路。

图 2.2.1 所示为开演唱会或举行会议时使用的无线话筒，俗称扩音器。话筒首先把声音信号转换为电信号，然后把这个微弱的电信号送到放大电路进行成百上千倍的放大，被放大的电信号通过发射电路发射出来，被接收机接收后又经过多次放大，接着送往后级处

理，最后扬声器又把被放大的电信号还原成声音信号。这一过程中，所谓的"放大"，是指将微弱的电信号（电压或电流）转变为较强的电信号，如图 2.2.2 所示。

可见，"放大"就是用微弱的电信号控制放大电路的工作，将电源的能量转变为与微弱信号变化规律相同、但幅度大得多的强信号，即放大电路输出信号的功率一定比输入信号的功率大。这种能把微弱电信号转换成较强电信号的电路称为放大电路，简称放大器。本书后续的学习都是将"电信号"简称为"信号"。

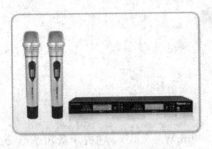

图 2.2.1　常见的无线话筒

图 2.2.2　放大器"放大"作用示意图

1. 放大电路的基本要求

对于放大电路，其基本要求如下：

(1) 要有足够大的放大能力（即放大倍数）。

(2) 非线性失真要小。

(3) 稳定性要好。

(4) 应具有一定的通频带。

2. 放大电路的分类

(1) 按晶体三极管的连接方式来分：有共发射极放大器、共基极放大器和共集电极放大器等。

(2) 按放大信号的工作频率来分：有直流放大器、低频（音频）放大器和高频放大器等。

(3) 按放大信号的形式来分：有交流放大器和直流放大器等。

(4) 按放大器的级数来分：有单级放大器和多级放大器等。

(5) 按放大信号的性质来分：有电流放大器、电压放大器和功率放大器等。

(6) 按被放大信号的强度来分：有小信号放大器和大信号放大器等。

(7) 按元器件的集成化程度来分：有分立元件放大器和集成电路放大器等。

2.2.2　三极管基本放大电路的组成

放大电路的组成原则是：必须有直流电源，而且电源的设置应保证三极管工作在线性放大状态；元器件的安排要能保证信号有传输通路，即保证信号能够从放大电路的输入端输入，经过放大电路放大后从输出端输出；元器件参数的选择要保证信号能不失真地放大，并满足放大电路的性能指标要求。

在一般的放大电路中，有两个端点与输入信号相接，而由另两个端点引出输出信号。作为放大电路中的晶体三极管，有三个电极，因此，必有一个电极作为输入、输出回路的公共端。由于公共端选择不同，三极管有三种连接方式：即共发射极电路、共集电极电路和共基极电路。在实际应用中，三种电路各有特点，本书以共发射极放大电路为例进行分析。

如图 2.2.3 所示为由 NPN 型三极管组成的单管共发
射极放大电路。电路中的三极管是放大器件。外加的微弱
信号 u_i 从基极 b 和发射极 e 输入，经放大后，信号 u_o 由集
电极 c 和发射极 e 输出。因此，发射极 e 是输入和输出回
路的公共端，故称为单管共发射极放大电路，简称共发射
极放大电路。共发射极放大电路中各元件的作用如下：

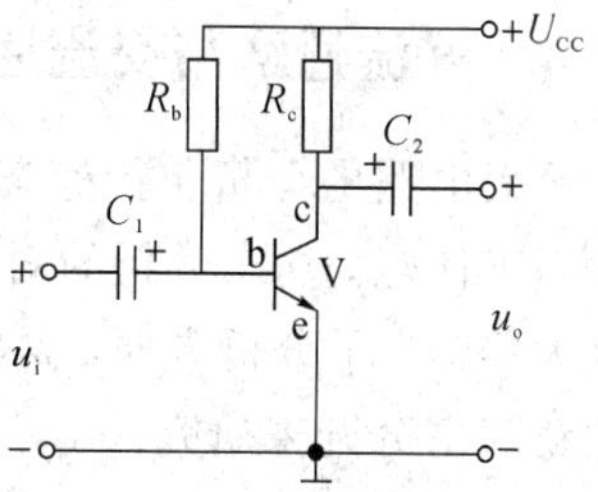

（1）三极管 V：工作在放大状态，起电流放大作用。

（2）电源 U_{CC}：直流电源，其作用一是通过 R_b 和 R_c
为三极管提供工作电压，保证发射结正偏、集电结反偏；二是为放大电路提供所需要的能
量。

（3）基极电阻 R_b：起分压限流作用。通过这只电阻的分压作用，使三极管的发射极得
到所需的正向导通电压 U_{BE}；通过这只电阻的限流作用，为放大管的基极 b 提供一个合适
的基极电流（又称基极偏置电流），使三极管工作在放大状态。

（4）集电极电阻 R_c：将三极管集电极的电流信号转化为电压信号，实现电压放大作用。
同时，还起限流作用，防止集电极电流过大而损坏三极管。该电阻又称为集电极负载电阻。

（5）耦合电容 C_1 和 C_2：利用电容的隔直通交特性，让交流信号顺利通过，同时将直流
信号阻隔，避免前后级的静态工作点相互影响。因此，这里的电容又称为隔直电容。C_1 和
C_2 的选择要依据信号的频率而定：对于低频信号，电容的容量需要较大，所以要选用电解
电容（注意电解电容引脚的极性，要正确接入电路）；对于高频信号，耦合电容的容量不需
要较大，可选用无极性电容。

图 2.2.3 共发射极放大电路

2.2.3 放大器中电流和电压符号的规定

在没有输入信号时，放大电路中三极管各极的电位、电流都为直流。当有交流信号输
入时，输入的交流信号将叠加在这些直流信号上。所以，电路中的电压、电流都是由直流成
分和交流成分叠加而成的。换言之，放大电路中每个瞬间的电压、电流都可以分解为直流
分量和交流分量两部分，为了明确地表示瞬时值、直流分量和交流分量，可做出规定，具体
规定可见表 2.2.1。

表 2.2.1 放大器中电流和电压符号的规定

符号	U_{BE}	U_{CE}	I_B	I_C
含义	直流电压		直流电流	
符号	u_i	u_o	i_b	i_c
含义	交流电压		交流电流	
符号	u_{BE}	u_{CE}	i_B	i_C
含义	直流电压和交流电压叠加后的总量		直流电流和交流电流叠加后的总量	
符号	U_i	U_o	I_i	I_o
含义	交流电压有效值		交流电流有效值	

2.2.4　直流通路与交流通路

放大电路的分析包括静态分析和动态分析。静态分析的对象是直流量,用来确定管子的静态工作点;动态分析的对象是交流量,用来分析放大电路的性能指标。对于小信号线性放大器,为了分析方便,常将放大电路分别画成直流通路和交流通路,把直流静态量和交流动态量分开来研究。

下面以图 2.2.4 所示的共发射极放大电路为例,分析直流通路与交流通路的画法。图中,u_s 为信号源,R_s 为信号源内阻,R_L 为放大电路的负载电阻。

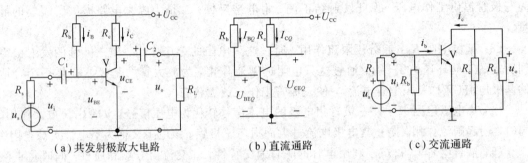

(a) 共发射极放大电路　　(b) 直流通路　　(c) 交流通路

图 2.2.4　共发射极放大电路及其直流通路、交流通路

1. 直流通路的画法

电路在输入信号为零时所形成的电流通路,称为直流通路。画直流通路时,将电容视为开路,电感视为短路,其他元器件不变。画出图 2.2.4(a)所示电路的直流通路如图 2.2.4(b)所示。直流通路主要用于分析放大器的静态工作点 Q。

画直流通路的方法如下:

(1) 电容视为开路,所在支路去掉不画。

(2) 电感视为短路,简化为代表导线的直线。

(3) 其他不变,直接画出。

2. 交流通路的画法

电路只考虑交流信号作用时所形成的电流通路,称为交流通路。在交流通路中,当信号频率较高时,将容量较大的电容视为短路,将电感视为开路,将直流电源(设内阻为零)视为短路,其他不变。画出图 2.2.4(a)所示电路的交流通路如图 2.2.4(c)所示。

画交流通路的方法如下:

(1) 对于交流信号,电容的阻抗一般都很小,画交流通路时将它简化为一条直线。

(2) 直流电源的内阻一般也很小,相当于短路,画交流通路时将它的正极和地之间直接简化为一条直线。

2.2.5　放大器的静态工作点

1. 静态的概念

放大电路中交、直流量共存,为便于分析电路的工作,将放大电路的工作状态分为静态和动态。所谓放大电路的静态,就是指放大器输入端无交流信号输入(即 $u_i=0$)时的工作状态，实际上就是放大电路直流通路的工作状态。动态是指放大电路交流通路的工作状态。

2. 静态工作点

放大电路在静态时，三极管各极上的电压 U_{BE}、U_{CE} 和电流 I_B、I_C、I_E 均为直流量，它们在输入、输出特性曲线上可确定一个坐标点，如图 2.2.5 所示，把这个点称之为静态工作点，用 Q 表示。Q 点对应的直流电流、电压习惯上用 I_{BQ}、I_{CQ}、I_{EQ}、U_{BEQ} 和 U_{CEQ} 表示。

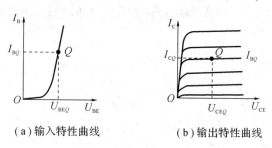

（a）输入特性曲线　　　　　（b）输出特性曲线

图 2.2.5　静态工作点

3. 静态工作点设置的意义

放大电路静态工作点 Q 的设置是否合适，关系到输入信号被放大后是否会出现波形失真。例如：在音频放大中表现为声音失真，在电视机扫描放大电路中表现为图像失真。若静态工作点 Q 设置过低，即 R_b 太大或 I_{BQ} 太小，容易使三极管的工作进入截止区，造成截止失真；若静态工作点 Q 设置过高，即 R_b 太小或 I_{BQ} 太大，三极管又容易进入饱和区，造成饱和失真，所以静态工作点 Q 应设置在三极管输出特性曲线中的放大区的中央。一般来说，截止失真和饱和失真都是因晶体三极管未工作在线性放大区所致，所以，把这两种失真统称为非线性失真。为防止放大器出现非线性失真，需要给三极管设置合理的静态工作点。静态工作点与放大电路波形失真的关系如表 2.2.2 所示。

表 2.2.2　静态工作点与放大电路波形失真的关系

合适的静态工作点 Q	静态工作点 Q 过低→信号进入截止区。由于放大电路的工作点到达了三极管的截止区而引起的非线性失真	静态工作点 Q 过高→信号进入饱和区。由于放大电路的工作点到达了三极管的饱和区而引起的非线性失真
（图）	（图）截止失真	（图）饱和失真

注意：当输入信号幅度过大时，即使设置了合适的静态工作点 Q，输出波形仍然会产生失真。因此，要把放大器的输入信号控制在适当的范围内。

2.2.6　放大器的放大原理

1. 放大器输入端无输入信号时的工作情况

在图 2.2.6(a)所示的放大电路中，当输入端无输入信号时（即 u_i 为正弦波信号时，$u_i=0$），直流电源 U_{CC} 通过 R_b 给三极管的基极提供合适的正向电流 I_B，所形成的集电极电流为 I_C，I_C 在集电极电阻上所形成的电压降为 $U_{R_c}=I_C R_c$，因此，三极管集电极与发射极之间的电压降为 $U_{CE}=U_{CC}-I_C R_c$。

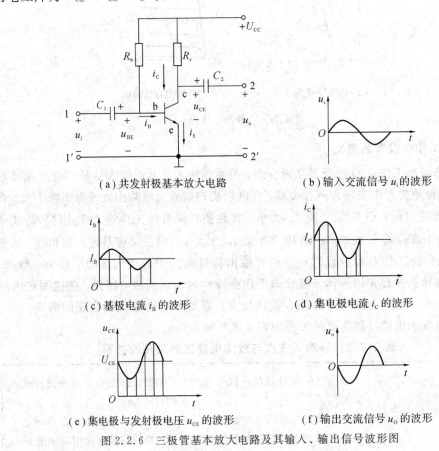

（a）共发射极基本放大电路　　　　　（b）输入交流信号 u_i 的波形

（c）基极电流 i_B 的波形　　　　　（d）集电极电流 i_C 的波形

（e）集电极与发射极电压 u_{CE} 的波形　　　　（f）输出交流信号 u_o 的波形

图 2.2.6　三极管基本放大电路及其输入、输出信号波形图

2. 放大器输入端有输入信号时的工作情况

在图 2.2.6(a)所示放大电路的输入端加上输入信号 u_i（设为正弦波信号）时，u_i 通过耦合电容 C_1 加到晶体管的基极和发射极上，产生电流输入信号 i_b，i_b 和静态电流 I_B 叠加，形成基极电流 i_B，$i_B=I_B+i_b$。在基极电流的控制作用下，集电极电流 i_C 为：$i_C=\beta I_B+\beta i_b$。βi_b 就是集电极中的电流交流分量 i_c。电阻 R_c 上的压降为 $i_C R_c$；集电极和发射极间的管压降为

$$u_{CE}=U_{CC}-i_C R_c=U_{CC}-(I_C+i_c)R_c=U_{CE}-i_c R_c$$

由此可以看出：u_{CE} 随 $i_c R_c$ 的增大而减小。耦合电容 C_2 阻隔 u_{CE} 中的直流分量 U_{CE}，仅让其中的交流分量 u_{ce} 送至输出端，这就是放大后的电压输出信号 u_o，所以，$u_o=u_{ce}=-i_c R_c=-\beta i_b R_c$。$u_o$ 为负，说明 u_i、i_b、i_c 为正半周时，u_o 为负半周，即与电压输入信号 u_i 反相。这种变化被称为倒相，因此，共发射极放大电路对电压输入信号不仅有放大作用，还有

倒相作用。共发射极放大电路中三极管各引脚的电压和电流信号的波形如图 2.2.6(b)～(f)所示。

综上所述,可归纳如下几点:

(1) 无输入信号时,晶体管的电压、电流都是直流分量。有输入信号后,由输入信号引起的交流分量和原来静态下的直流分量叠加形成 i_B、i_C、u_{CE}。虽然 i_B、i_C、u_{CE} 的瞬时值是变化的,但它们的方向始终不变,即均是脉动直流量。

(2) 共发射极放大电路具有放大作用和"倒相"作用。

(3) 共发射极放大电路不改变其中的信号频率。

【想一想】

(1) 为什么共发射极基本放大电路输入的交流信号 u_i 与输出的交流信号 u_o 反相?

(2) 共发射极基本放大电路是最简单的放大电路,它有什么缺点?

2.2.7 放大电路的分析方法

人体的心电信号是极其微弱的,只有微伏级,经过放大后,可以在心电图测试仪上监测心脏的波动。怎样才能在心电图上监测到不失真的心脏波动呢?这与放大器的性能指标和静态工作点的设置有关,需要对放大电路进行分析。

一般情况下,在放大电路中,直流量和交流信号总是共存的。对于放大电路的分析一般包括:静态工作情况的分析和动态工作情况的分析。前者主要确定静态工作点(直流值),后者主要研究放大电路的动态性能指标。

1. 放大器的常用指标

放大器的常用指标是反映放大电路性能的重要指标。它包括放大倍数、输入电阻、输出电阻、通频带、线性失真、最大输出幅度和功率与效率。本书只介绍放大倍数、输入电阻、输出电阻和通频带。

1) 放大倍数

放大倍数是衡量放大器放大能力的参数,在数值上等于输出量和输入量之比,用符号 A 表示。它包括电压放大倍数、电流放大倍数和功率放大倍数。

(1) 电压放大倍数 A_u。放大器的输出电压有效值 U_o 与输入电压有效值 U_i 的比值称为电压放大倍数,即

$$A_u = \frac{U_o}{U_i}$$

(2) 电流放大倍数 A_i。放大器的输出电流有效值 I_o 与输入电流有效值 I_i 的比值称为电流放大倍数,即

$$A_i = \frac{I_o}{I_i}$$

(3) 功率放大倍数 A_P。放大器的输出功率 P_o 与输入功率 P_i 的比值称为功率放大倍数,即

$$A_P = \frac{I_o U_o}{I_i U_i} = A_i \cdot A_u$$

2) 输入电阻 r_i

输入电阻 r_i 是指从放大电路交流通路的输入端看进去的交流等效电阻。如图 2.2.7 所示，如果把内阻为 R_s 的信号源 u_s 加到放大电路的输入端，则放大电路就相当于信号源的负载，这个负载就是放大器的输入电阻 r_i，其定义为输入电压与输入电流之比，即

$$r_i = \frac{u_i}{i_i}$$

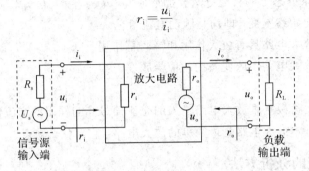

图 2.2.7 放大电路的输入电阻和输出电阻

输入电阻越大，向信号源索取的电流越小，信号源的负担就越小，因此在应用中，放大器的输入电阻一般越大越好。

3) 输出电阻 r_o

输出电阻 r_o 是指从放大电路交流通路的输出端(不含外接负载电阻 R_L)看进去的交流等效电阻，如图 2.2.7 所示，它的大小等于输出电压与输出电流之比，即

$$r_o = \frac{u_o}{i_o}$$

输出电阻越小，放大电路带负载的能力越强，并且负载变化时，对放大器的影响也小，因此放大电路的输出电阻越小越好。

4) 通频带

由于放大电路含有电容元件(耦合电容 C_1、C_2 及布线电容、PN 结的结电容)，使低频信号受到的容抗增大，信号的放大倍数将随频率的降低而降低；由于三极管的频率特性，使信号的放大倍数将随频率的增大而降低。所以，每个放大电路，只能对某一频率范围内的信号具有最大的放大倍数。通常对放大器电压放大倍数允许波动的范围作以下规定：以这个放大器的最大电压放大倍数为标准，放大倍数的波动不得超过最大倍数的 $1/\sqrt{2}$，用分贝表示就是 $-3\ dB$。因此，把放大器放大倍数允许波动范围内所对应的频率范围称为这个放大器的通频带。

通频带是反映放大电路对信号频率的适应能力的指标。

2. 估算法

工程估算法也称为近似估算法，是在静态直流分析时，列出回路中的电压或电流方程用来近似估算、分析放大器性能的方法。通常在分析低频小信号放大器时，一般采用估算法较为方便。

1) 静态工作点的估算

静态工作点的估算，是指在一定条件下，忽略次要因素后，用公式估算出静态工作点

Q。静态时，放大电路中各处的电压、电流均为直流量。只要对放大电路的直流通路作电路分析，求解输入、输出电路的电流、电压，就可估算出静态工作点 Q。下面以三极管共发射极放大电路为例进行分析。

在图 2.2.8 所示三极管共发射极放大电路的直流通路中，可以得出以下表达式：

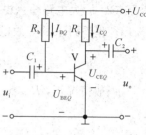

图 2.2.8　三极管共发射极放大电路

$$I_{BQ} = \frac{U_{CC} - U_{BEQ}}{R_b} \approx \frac{U_{CC}}{R_b}$$

三极管的 U_{BEQ} 很小，通常选用硅管的管压降 U_{BEQ} 约为 0.7 V，锗管的管压降 U_{BEQ} 约为 0.3 V。由于 $U_{CC} \gg U_{BEQ}$，所以

$$U_{CC} - U_{BEQ} \approx U_{CC}$$

$$I_{CQ} = \beta I_{BQ}$$

可得

$$U_{CEQ} = U_{CC} - I_{CQ}R_c$$

【例 2-2】　在图 2.2.8 所示的放大电路中，$U_{CC} = 6$ V，$R_b = 200$ kΩ，$R_c = 2$ kΩ，$\beta = 50$。试计算放大电路的静态工作点 Q。

解　由题中已知条件可得

$$I_{BQ} = \frac{U_{CC}}{R_b} = \frac{6}{200 \times 10^3} = 0.03 \text{ mA}$$

$$I_{CQ} = \beta I_{BQ} = 50 \times 0.03 = 1.5 \text{ mA}$$

$$U_{CEQ} = U_{CC} - I_{CQ}R_c = 6 - 1.5 \times 2 = 3 \text{ V}$$

【例 2-3】　如图 2.2.9 所示电路中，$U_{CC} = 12$ V，$R_c = 3.9$ kΩ，$R_b = 300$ kΩ，三极管为 3DG100，$\beta = 40$。

(1) 试求放大电路的静态工作点；

(2) 如果偏置电阻 R_b 由 300 kΩ 改为 100 kΩ，则三极管的工作状态有何变化？求静态工作点。

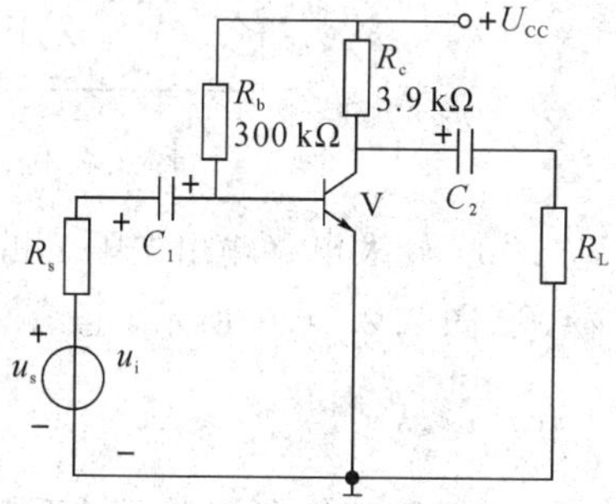

图 2.2.9　例 2-3 电路图

解　由题中条件可知：

(1) $I_{BQ} = \dfrac{U_{CC} - U_{BEQ}}{R_b} \approx \dfrac{U_{CC}}{R_b} = \dfrac{12}{300 \times 10^3} = 40 \ \mu A$

$$I_{CQ} = \beta I_{BQ} \approx 1.6 \text{ mA}$$

$$U_{CEQ} = U_{CC} - I_{CQ}R_c \approx 5.76 \text{ V}$$

(2) $\qquad I_{BQ} \approx \dfrac{U_{CC}}{R_b} = \dfrac{12}{100 \times 10^3} = 0.12 \text{ mA} = 120 \ \mu A$

$$I_{CQ} \approx \beta I_{BQ} = 4800 \ \mu A = 4.8 \text{ mA}$$

$$U_{CEQ} = U_{CC} - I_{CQ}R_c = 12 - 4.8 \times 3.9 = -6.72 \text{ V}$$

表明三极管工作在饱和区，这时求得 I_{CQ} 为

$$I_{CQ} = \frac{U_{CC}}{R_c} = \frac{12}{3.9 \times 10^3} \approx 3 \text{ mA}$$

2) 输入电阻和输出电阻的估算

(1) 三极管输入电阻 r_{be} 的估算。在图 2.2.4(c) 所示的放大电路交流通路中，三极管 b、e 之间存在一个等效电阻 r_{be}，通常用下式近似计算：

$$r_{be} = 300 + (1 + \beta) \frac{26(\text{mV})}{I_E(\text{mA})}$$

式中，I_E 为静态时发射极的电流。一般地，r_{be} 的值在几百欧至几千欧之间。

（2）放大电路输入电阻 r_i 的估算。前面介绍过，放大器的输入电阻 r_i 是从放大电路的输入端往里看进去的等效电阻，如图 2.2.10 中所示，且有

$$r_i = \frac{u_i}{i_i} = R_b \mathbin{/\mkern-5mu/} r_{be}$$

一般情况下，$R_b \gg r_{be}$，所以放大器的输入电阻可近似表示为

$$r_i \approx r_{be}$$

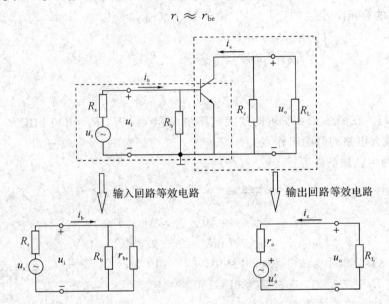

图 2.2.10　放大电路的输入等效电路和输出等效电路

（3）放大电路输出电阻 r_o 的估算。放大电路的输出电阻 r_o 是从放大电路的输出端往里看，如图 2.2.10 中所示，且有

$$r_o = \frac{u_o}{i_o} = R_c \mathbin{/\mkern-5mu/} r_{ce}$$

三极管工作在放大区时近似恒流特性，因而集电极与发射极之间的交流等效电阻 r_{ce} 很大，所以放大器的输出电阻可近似表示为

$$r_o \approx R_c$$

3）放大倍数的估算

放大电路的电压放大倍数定义为

$$A_u = \frac{u_o}{u_i}$$

式中，u_o 和 u_i 分别为输出信号电压和输入信号电压。通过分析可得

$$u_i = i_i \cdot (R_b \mathbin{/\mkern-5mu/} r_{be}) \approx i_b \cdot r_{be}$$
$$u_o = i_c \cdot (R_c \mathbin{/\mkern-5mu/} R_L) = i_c \cdot R_L'$$

式中，$R_L' = R_c \mathbin{/\mkern-5mu/} R_L = \dfrac{R_c \cdot R_L}{R_c + R_L}$。

由于 u_o 与 u_i 相位相反，因此 $u_o = -i_c \cdot R'_L$。故

$$A_u = \frac{u_o}{u_i} = \frac{\beta i_b \cdot R'_L}{i_b \cdot r_{be}} = -\frac{\beta R'_L}{r_{be}}$$

【例 2 - 4】 在如图 2.2.11 所示电路中，已知 $U_{CC} = 12$ V，$R_b = 300$ kΩ，$R_c = 3$ kΩ，$R_L = 3$ kΩ，$\beta = 50$。试求：

(1) R_L 接入和断开两种情况下电路的电压放大倍数 A_u；

(2) 输入电阻 r_i 和输出电阻 r_o。

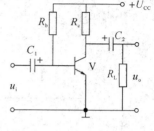

图 2.2.11 例 2 - 4 图

解 先求静态工作点：

$$I_{BQ} = \frac{U_{CC} - U_{BEQ}}{R_b} \approx \frac{U_{CC}}{R_b} = \frac{12}{300} = 0.04 \text{ mA}$$

$$I_{CQ} \approx \beta I_{BQ} = 50 \times 0.04 = 2 \text{ mA}$$

$$U_{CEQ} = U_{CC} - I_{CQ} R_c = 12 - 2 \times 3 = 6 \text{ V}$$

然后求三极管的动态输入电阻：

$$r_{be} = 300 + (1+\beta)\frac{26(\text{mV})}{I_E(\text{mA})} = 300 + (1+50)\frac{26(\text{mV})}{2(\text{mA})} \approx 0.963 \text{ k}\Omega$$

故 R_L 接入时的电压放大倍数 A_u 为

$$A_u = -\frac{\beta R'_L}{r_{be}} = -\frac{50 \times \dfrac{3 \times 3}{3+3}}{0.963} = -78$$

R_L 断开时的电压放大倍数 A_u 为

$$A_u = -\frac{\beta R'_L}{r_{be}} = -\frac{50 \times 3}{0.963} = -156$$

因为 $r_i = R_b /\!/ r_{be}$，一般 $R_b \gg r_{be}$，所以输入电阻 $r_i \approx r_{be} = 0.963$ kΩ，输出电阻 $r_o = R_c = 3$ kΩ。

通过以上例题的分析，可知：对于任何一种电子电路，只要确定了 I_C、U_{CE}，即可确定电路的静态工作点。

3. 图解法

静态工作点的估算法简单、方便，但是对电路中输入、输出信号的变化情况以及输出信号是否失真无法直观分析。还有一种方法，就是在三极管的输出特性曲线上直接用作图的方法来分析放大电路的工作情况，这种方法称为特性曲线图解法，简称图解法。图解法既可作静态分析，也可作动态分析。下面以图 2.2.11 所示的共射放大电路为例介绍图解法。

1）静态分析

图 2.2.12(a) 为静态时共射放大电路的直流通路，用虚线分成线性部分和非线性部分。非线性部分为三极管；线性部分包括确定基极偏流的 U_{CC}、R_b 以及输出回路的 U_{CC} 和 R_c。图示电路中，三极管 V 的基极偏流 I_{BQ} 可由下式求得：

$$I_{BQ} = \frac{U_{CC} - U_{BEQ}}{R_b} \approx \frac{U_{CC}}{R_b} = 40 \text{ } \mu\text{A}$$

非线性部分用三极管 V 的输出特性曲线来表征，它的伏安特性对应的是 $I_B = I_{BQ} = 40$ μA 的那一条输出特性曲线，如图 2.2.12(b) 所示，即

$$I_B = I_{B2} = 40\ \mu A$$

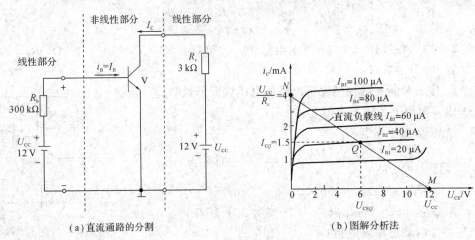

（a）直流通路的分割　　　　　　（b）图解分析法

图 2.2.12　放大电路的静态工作图

由图 2.2.12(a)可列出输出回路方程，亦即输出回路的直流负载线方程：

$$U_{CC} = I_C R_c + U_{CE}$$

设 $I_C = 0$，则 $U_{CE} = U_{CC}$，在横坐标轴上得到截点 $M(U_{CC},\ 0)$；设 $U_{CE} = 0$，则 $I_C = U_{CC}/R_c$，在纵坐标轴上得到截点 $N(0,\ U_{CC}/R_c)$。代入电路参数：$U_{CC} = 12\ V$，得 $U_{CC}/R_c \approx 4\ mA$，在图(b)中得 $M(12\ V,\ 0\ mA)$ 和 $N(0\ V,\ 4\ mA)$ 两点。连接 M、N 得到直线 MN，这就是输出回路的直流负载线，其斜率为 $(-1/R_c)$。

静态时，电路中的电压和电流必须同时满足非线性部分和线性部分的伏安特性，因此，直流负载线 MN 与 $I_B = I_{B2} = 40\ \mu A$ 那一条输出特性曲线的交点 Q，就是静态工作点。

Q 点所对应的电流、电压值就是静态工作点的 I_{CQ}、U_{CEQ} 值。从图 2.2.12(b)可读得 $U_{CEQ} = 6\ V$，$I_{CQ} = 1.5\ mA$。

2）动态分析

（1）交流负载线。

当有交流信号输入时，电流和电压在静态直流量上叠加了交流量。进行动态分析时，要利用图 2.2.4(c)所示的交流通路。

设 $R'_L = R_c // R_L$，由图可知：$u_{ce} = -i_c R'_L$，而 $u_{ce} = u_{CE} - U_{CE}$，$i_c = i_C - I_C$，则

$$u_{CE} - U_{CE} = -(i_C - I_C)R'_L$$

上式表示动态时 i_C 与 u_{CE} 的关系仍为一直线，斜率为 $(-1/R'_L)$，由交流负载电阻 R_L 决定。另外，当输入信号 u_i 的瞬时值为零时，放大电路工作在静态工作点 Q 上，因此 Q 点也是动态过程中的一个点。所以，过 Q 点作一条斜率为 $(-1/R'_L)$ 的直线，就是由交流通路得到的负载线，称为交流负载线。设 $i_E = 0$，得 $u_{CE} = U_{CE} + I_C R_L$，可在横轴上确定点 $C(U_{CE} + I_C R'_L,\ 0)$，连接 Q、C 两点并延长，交纵轴于 D，如图 2.2.13 中的直线 CD 即为

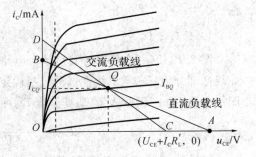

图 2.2.13　放大电路的动态工作图解

交流负载线。显然，交流负载线是动态工作点的集合，为动态工作点移动的轨迹。

（2）静态工作点与波形失真关系的图解。

输出信号波形与输入信号波形存在差异，这种现象称为失真。这是在放大电路中应该尽量避免的。若静态工作点设置不当，在输入信号幅度又较大时，将会使放大电路的工作范围超出三极管特性曲线的线性区域而产生失真，这种由于三极管特性的非线性造成的失真称为非线性失真，如图 2.2.14 所示。

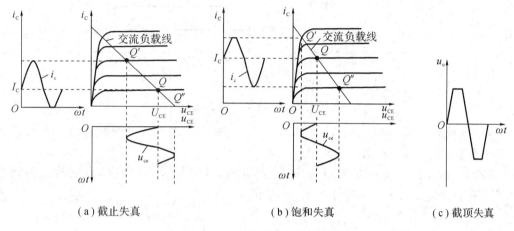

（a）截止失真　　　　　（b）饱和失真　　　　　（c）截顶失真

图 2.2.14　三极管非线性的波形失真

① 截止失真。在图 2.2.14(a)中，静态工作点 Q 偏低，而信号的幅度又较大，在信号负半周的部分时间内，使动态工作点进入截止区，i_b 的负半周被削去一部分，因此 i_c 的负半周和 u_{ce} 的正半周也被削去相应的部分，波形产生了严重的失真。这种由于三极管在部分时间内截止而引起的失真，称为截止失真。

② 饱和失真。在图 2.2.14(b)中，静态工作点 Q 偏高，而信号的幅度又较大，在信号正半周的部分时间内，使动态工作点进入饱和区，结果 i_c 的正半周和 u_{ce} 的负半周被削去一部分，波形也产生严重的失真。这种由于三极管在部分时间内饱和而引起的失真，称为饱和失真。

③ 截顶失真。如果输入信号幅度过大，可能同时产生截止失真和饱和失真，这种失真称为截顶失真，波形如图 2.2.14(c)所示。

为了减小或避免非线性失真，一般通过改变 R_b 来调整或者合理选择静态工作点的位置。

（3）图解法的适用范围。

图解法的优点是能直观形象地反映晶体三极管的工作情况，但必须要实测所用管子的特性曲线，且用它进行定量分析时误差较大。此外，图解法仅能反映信号频率较低时的电压、电流关系。因此，图解法一般适用于输出幅值较大而频率不高时的电路分析。在实际应用中，多用于分析 Q 点位置、最大不失真输出电压、失真情况及低频功放电路等。

【例 2-5】　某电路如图 2.2.15(a)所示，图(b)是晶体管的输出特性，静态时 $U_{BEQ} = 0.7$ V。利用图解法分别求出 $R_L = \infty$ 和 $R_L = 3$ kΩ 时的静态工作点及最大不失真输出电压 U_{om}。

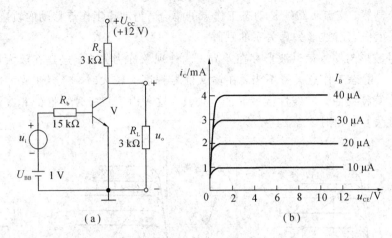

图 2.2.15　例 2-5 电路图

解　空载时：$I_{BQ} = 20\ \mu A$，$I_{CQ} = 2\ mA$，$U_{CEQ} = 6\ V$；最大不失真输出电压峰值约为 5.3 V，有效值约为 3.75 V。

带负载时：$I_{BQ} = 20\ \mu A$，$I_{CQ} = 2\ mA$，$U_{CEQ} = 3\ V$；最大不失真输出电压峰值约为 2.3 V，有效值约为 1.63 V，如图 2.2.16 所示。

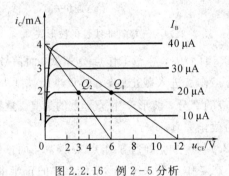

图 2.2.16　例 2-5 分析

4. 微变等效电路分析法

所谓"微变"，是指微小变化的信号，即小信号。在低频小信号条件下，工作在放大状态的三极管在放大区的特性可近似看成线性的。这时，具有非线性的三极管可用线性电路来等效，称之为微变等效模型。如图 2.2.17 所示为三极管简化微变等效电路图。

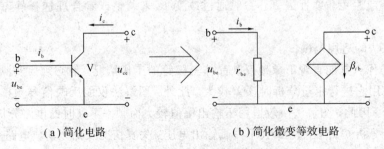

（a）简化电路　　　　　　　（b）简化微变等效电路

图 2.2.17　三极管简化微变等效电路图

三极管的微变等效电路分析法只能用于放大电路的动态分析，而不能用于静态分析。

【思考与练习】

1. 什么是非线性失真？三极管放大电路为什么要设置合适的静态工作点？

2. 输入信号电流为 $I_i=1.0$ mA，电压为 $U_i=0.02$ V；输出信号电流为 $I_o=0.1$ A，电压为 $U_o=2$ V。试求其放大器的电压、电流和功率的增益（分贝）。

3. 如图 2.2.11 所示放大器中，已知 $U_{CC}=15$ V，$R_c=500$ kΩ，$\beta=60$。试估算放大器的静态工作点（忽略 I_{CBO}）。

4. 如图 2.2.18 所示，设 $U_{CC}=12$ V，$R_c=3$ kΩ，$R_b=15$ kΩ。试画出直流负载线，描出静态工作点 Q，并写出放大器的静态参数 I_{BQ}、I_{CQ}、U_{CEQ} 的值。

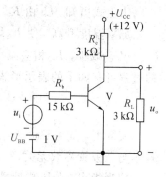

图 2.2.18　第 4 题图

2.3　具有稳定工作点的放大电路

由 2.2 节可知，要使放大电路能正常工作，必须选择合适的静态工作点。但是三极管的特性受温度影响很大，当温度变化时，三极管的 β、I_{CEO}、U_{BE} 等参数都会随之发生改变，这样原来设置的静态工作点就会发生变化，使放大性能变坏。因此，如何保证放大器静态工作点的稳定是一个重要的问题。

2.3.1　分压式偏置放大电路的结构

为了稳定静态工作点，常在放大电路中采用分压式偏置放大电路，其电路结构如图 2.3.1所示。图中，R_{b1} 为上偏置电阻；R_{b2} 为下偏置电阻；R_e 为发射极电阻；C_e 为射极旁路电容，它的作用是使电路的交流信号放大能力不因 R_e 的存在而降低。

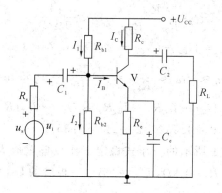

图 2.3.1　分压式偏置电路

2.3.2　分压式偏置放大电路的工作原理

由图 2.3.1可知：若设计电路时，R_{b1}、R_{b2} 选择适当，使流过 R_{b1} 的电流 $I_1 \gg I_B$，流过 R_{b2} 的电流 $I_2=I_1-I_B \approx I_1$，则

$$U_B \approx \frac{R_{b2}}{R_{b1} + R_{b2}} U_{CC}$$

由上式可知，U_B 由 R_{b1}、R_{b2} 分压而定，与温度变化基本无关。

如果温度升高，使 I_{CQ} 增大，则 I_{EQ} 增大，发射极电位 $U_{EQ} = I_{EQ} R_e$ 升高，结果使 $U_{BEQ} = U_{BQ} - U_{EQ}$ 减小，I_{BQ} 相应减小，从而限制了 I_{CQ} 的增大，使 I_{CQ} 基本保持不变。其稳定工作点的过程可有如下的表示形式：

$$T(温度) \uparrow \rightarrow I_{CQ} \uparrow \rightarrow I_{EQ} \uparrow \rightarrow U_{EQ}(U_B 基本不变) \uparrow \rightarrow U_{BEQ} \downarrow \rightarrow I_{BQ} \downarrow$$
$$I_{CQ} \downarrow$$

实际上，如果 $U_B \gg U_{BEQ}$，则 $I_{CQ} \approx I_{EQ} = (U_{BQ} - U_{BEQ})/R_e \approx U_{BQ}/R_e$。此时 I_{CQ} 也稳定，I_{CQ} 基本与三极管参数无关。

应当指出，分压式偏量放大电路只能使工作点基本不变。实际上，当温度变化时，由于 β 变化，I_{CQ} 也会有变化。在电路中，β 受温度变化的影响最大，利用 R_e 可减小 β 对 Q 点的影响，也可采用温度补偿的方法减小温度变化的影响。

由图 2.3.1 同样也可以估算出电路的静态工作点，先算 I_{CQ}，再算 I_{BQ}，最后算 U_{CEQ}。

由上面推导可知：

$$U_{BEQ} = U_{CC} \cdot \frac{R_{b2}}{R_{b1} + R_{b2}}$$

则

$$I_{CQ} \approx I_{EQ} = \frac{U_{BEQ}}{R_e} = \frac{R_{b2} \cdot U_{CC}}{(R_{b1} + R_{b2}) \cdot R_e}$$

$$I_{BQ} = \frac{I_{CQ}}{\beta}$$

$$U_{CEQ} = U_{CC} - I_{CQ} \cdot R_c - I_{EQ} \cdot R_e = U_{CC} - I_{CQ}(R_c + R_e)$$

【例 2 - 6】 在图 2.3.1 所示的分压式稳定工作点偏置放大电路中，$R_{b1} = 30 \text{ k}\Omega$，$R_{b2} = 10 \text{ k}\Omega$，$R_c = 2 \text{ k}\Omega$，$R_e = 1 \text{ k}\Omega$，$U_{CC} = 9 \text{ V}$。试估算 I_{CQ} 和 U_{CEQ}。

解 估算时可认为 U_{BQ} 是基极开路时的电压值，则有

$$U_{BQ} \approx U_{CC} \cdot \frac{R_{b2}}{R_{b1} + R_{b2}} = 9 \times \frac{10}{30 + 10} = 2.25 \text{ V}$$

$$U_{EQ} = U_{BQ} - U_{BEQ} = 2.25 - 0.7 = 1.55 \text{ V}$$

$$I_{CQ} \approx I_{EQ} \approx \frac{U_{EQ}}{R_e} = \frac{1.55}{1 \times 10^3} = 1.55 \text{ mA}$$

$$U_{CEQ} = U_{CC} - I_{CQ} R_c - I_{EQ} R_e \approx U_{CC} - I_{CQ}(R_c + R_e)$$
$$= 9 - 1.55 \times (2 + 1) = 4.35 \text{ V}$$

【例 2 - 7】 在图 2.3.1 所示的分压式稳定工作点偏置放大电路中，若 $R_{b1} = 75 \text{ k}\Omega$，$R_{b2} = 18 \text{ k}\Omega$，$R_c = 3.9 \text{ k}\Omega$，$R_e = 1 \text{ k}\Omega$，$U_{CC} = 9 \text{ V}$。三极管的 $U_{BE} = 0.7 \text{ V}$，$\beta = 50$。

(1) 确定 Q 点；

(2) 若更换管子，使 β 变为 100，其他参数不变，确定此时的 Q 点。

解 (1) 根据题意可得

$$U_{BQ} = U_{CC} \cdot \frac{R_{b2}}{R_{b1} + R_{b2}} = 9 \times \frac{18}{75 + 18} \approx 1.74 \text{ V}$$

$$U_{EQ} = U_{BQ} - U_{BEQ} = 1.74 - 0.7 = 1.04 \text{ V}$$

$$I_{CQ} \approx I_{EQ} = \frac{U_{EQ}}{R_e} = \frac{1.04}{1 \times 10^3} = 1.04 \text{ mA}$$

$$U_{CEQ} = U_{CC} - I_{CQ}R_c - I_{CQ}R_e = I_{CC} - I_{CQ}(R_c + R_e)$$

$$= 9 - 1.04 \times 10^{-3} \times (3.9 + 1) \times 10^3 = 3.90 \text{ V}$$

$$I_{BQ} = \frac{I_{CQ}}{\beta} = \frac{1.04 \times 10^{-3}}{50} = 20.8 \ \mu\text{A} = 0.021 \text{ mA}$$

（2）当 $\beta = 100$ 时，由上述计算过程可以看到，U_{BQ}、I_{CQ} 和 U_{CEQ} 的计算与 β 值无关，与（1）相同，因此有

$$I_{BQ} = \frac{I_{CQ}}{\beta} = \frac{1.04 \times 10^{-3}}{100} = 0.01 \text{ mA}$$

由此例可见，对于更换管子引起 β 的变化，分压式稳定工作点电路能够自动改变 I_B 以抵消 β 变化的影响，使 Q 点基本保持不变(指 I_C、U_{CE} 保持不变)。

【思考与练习】

1. 简述分压式偏置放大电路稳定工作点的基本原理。

2. 在图 2.3.1 所示的分压式稳定工作点偏置放大电路中，如果 $R_{b1} = 20$ kΩ，$R_{b2} = 10$ kΩ，$R_c = 1.5$ kΩ，$R_e = 1$ kΩ，$U_{CC} = 9$ V，试估算 I_{CQ} 和 U_{CEQ}。

*2.4　场效应晶体管及其放大电路

场效应晶体管是一种电压控制型器件，是利用输入电压产生电场效应来控制输出电流，它具有输入阻抗高、噪声低、热稳定性好、耗电省等优点，目前已广泛应用于各种电子电路中。本节将介绍场效应晶体管的结构、基本特性和放大电路的基本工作原理。

2.4.1　结型场效应晶体管

1. 结型场效应晶体管的结构、符号和分类

结型场效应晶体管的实物图如图 2.4.1 所示，结构示意图和电路符号如图 2.4.2(a)、(b)所示。它有三个电极，分别是漏极 d、源极 s 和栅极 g。结型场效应晶体管可分为 N 沟道和 P 沟道两种，电路符号是以栅极的箭头指向来加以区别的。

图 2.4.1　结型场效应晶体管的实物图

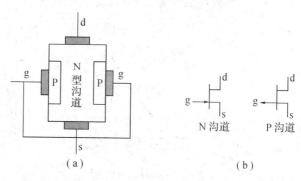

图 2.4.2　结型场效应晶体管的结构示意图和电路符号

2. 结型场效应晶体管的工作原理

如图 2.4.3 所示，漏极 d 接漏极电源 G_D 的正极，源极 s 接 G_D 的负极，栅极 g 和源极 s 之间接入栅极电源 G_G，g 极接 G_G 负极，s 极接 G_G 正极。在 U_{DS} 保持不变的条件下，PN 结的宽度随所加的反方向电压 U_{GS} 而变化，反向电压越高，PN 结就越宽（变厚）。由图可知，PN 结变宽时，N 沟道就变窄，沟道电阻变大，d 极和 s 极间的电流 I_D（称为漏极电流）就变小，因此改变反向电压 U_{GS} 即可控制漏极电流 I_D，可见，结型场效应晶体管是一个电压控制型器件。通常场效应晶体管总是把 g 极和 s 极作为输入端使用的，因为 g 极和 s 极间的 PN 结都处于反偏状态，所以输入电阻很大，一般可达 $10^7 \sim 10^8 \, \Omega$。

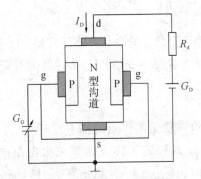

图 2.4.3　N 沟道结型场效应晶体管的工作原理

3. 特性曲线

1）转移特性曲线

转移特性曲线表示在一定的漏-源极电压 U_{DS} 下，栅-源极电压 u_{GS} 与漏电流 i_D 之间的关系如图 2.4.4(a)所示。由图可知转移特性曲线位于纵轴的左侧，说明栅-源极之间加的是负电压，即 $u_{GS} \leqslant 0$，这是 N 沟道结型场效应晶体管正常工作的需要。u_{GS} 由零向负值方向逐渐变化，则管子导电沟道电阻加大，i_D 将逐渐减小。当 u_{GS} 到达夹断电压 $U_{GS}(\text{off})$ 时，$i_D = 0$，管子截止。

2）输出特性曲线

结型场效应晶体管的输出特性曲线是指在 U_{GS} 一定的条件下，i_D 与 u_{DS} 之间的关系，如图 2.4.4(b)所示。它与三极管输出特性曲线相似，不同之处在于：三极管是不同 I_B 的曲线簇，而结型场效应晶体管是不同 U_{GS} 的曲线簇。

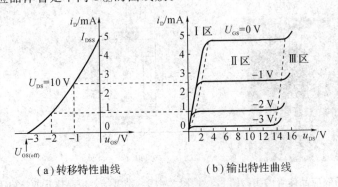

（a）转移特性曲线　　　　　　　（b）输出特性曲线

图 2.4.4　结型场效应晶体管的特性曲线

2.4.2　绝缘栅场效应晶体管

1. 绝缘栅场效应晶体管的结构、符号和分类

绝缘栅场效应晶体管简称为 MOS 管，是一种栅极与源极、漏极之间有绝缘层的场效应管。它分为增强型和耗尽型两类，每类又有 P 沟道(如图 2.4.5 所示)和 N 沟道(如图 2.4.6所示)两种。

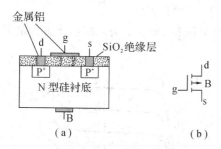

图 2.4.5　P 沟道增强型绝缘栅场效应晶体管的结构示意图及电路符号

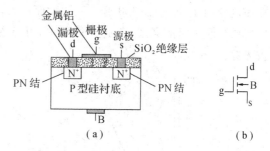

图 2.4.6　N 沟道增强型绝缘栅场效应晶体管的结构示意图及电路符号

N 沟道增强型绝缘栅场效应晶体管的制作过程是：用一块杂质浓度较低的 P 型硅片作衬底，B 为衬底引线，在硅片上面扩散两个高浓度 N 型区(图中 N^+ 区)，各用金属线引出电极，分别称为源极 s 和漏极 d，在硅片表面生成一层薄薄的 SiO_2 绝缘层，绝缘层上再制作一层铝金属膜作为栅极 g。

2. N 沟道增强型绝缘栅场效应晶体管的工作原理

如图 2.4.7 所示为 N 沟道增强型绝缘栅场效应晶体管的放大电路。其工作原理是：

(1) 在 N 沟道增强型场效应晶体管的漏极 d 与源极 s 之间加上工作电压 U_{DS} 后，管子的输出电流 I_D 就受栅-源电压 U_{GS} 的控制。当栅-源之间的电压 $U_{GS}=0$ 时，由于漏极 d 与衬底 B 之间的 PN 结处于反向偏置，漏-源极间无导电沟道，因此漏极电流 $I_D=0$，管子处于截止状态。

(2) 当 U_{GS} 增加至某个临界电压时，感应电子层将两个分离的 N^+ 区接通，形成 N 型导电沟道，于是产生漏极电流 I_D，管子开始导通。

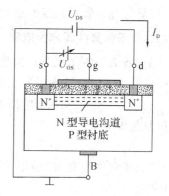

图 2.4.7　N 沟道增强型绝缘栅场效应晶体管的放大电路

(3) 继续加大 U_{GS}，导电沟道就会愈宽，输出电流 I_D 也就愈大。

3. 特性曲线

1) 转移特性曲线

转移特性曲线是指漏-源电压 U_{DS} 为确定值时，漏极电流 I_D 与栅-源电压 U_{GS} 之间的关系曲线。N 沟道增强型 MOS 管的转移特性曲线如图 2.4.8 所示。当 $U_{GS}=0$ 时，$i_D=0$；当 $U_{GS}>U_{GS(th)}$ 时，I_D 随 U_{GS} 的增大而增大。

2）输出特性曲线

输出特性曲线是指栅-源电压 U_{GS} 为确定值时，漏极电流 I_D 与漏-源电压 U_{DS} 之间的关系曲线，如图 2.4.9 所示。按场效应晶体管的工作情况可将输出特性曲线分为三个区域：

（1）在 Ⅰ 区域内，漏-源电压 U_{DS} 相对较小，是曲线簇的上升段。该区域输出电阻 r_o 随 U_{GS} 的变化而变化，所以称 Ⅰ 区为可调电阻区。

（2）在 Ⅱ 区内，漏极电流 I_D 几乎不随漏-源电压 U_{DS} 的变化而变化，所以称为饱和区。在该区域内 I_D 会随栅-源电压 U_{GS} 增大而增大，故 Ⅱ 区又称为放大区。

（3）Ⅲ 区叫击穿区，在这个区域内，由于漏-源电压 U_{DS} 较大，场效应晶体管内的 PN 结被击穿。

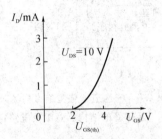

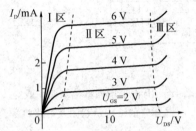

图 2.4.8　N 沟道增强型场效应晶体
管的转移特性曲线

图 2.4.9　N 沟道增强型场效应晶体
管的输出特性曲线

2.4.3　场效应晶体管的放大电路

场效应晶体管所组成的放大电路与晶体三极管所组成的放大电路基本一致。

1. 分压偏置共源放大电路

结型场效应管构成分压偏置的共源放大电路，如图 2.4.10 所示。电路图中各元件作用如下：

（1）V——场效应管，电压控制元件，由输入电压 u_{GS} 控制漏极电流 i_D。

（2）R_{g1}、R_{g2}——分压电阻，使栅极获得合适的工作电压，通常是改变 R_{g1} 的阻值来调整放大电路的静态工作点。

（3）R_d——漏极负载电阻，可将漏极电流 i_D 转换为输出电压 u_o。

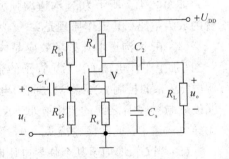

图 2.4.10　结型场效应管分压偏置的
共源放大电路

（4）R_s——源极电阻，稳定静态工作点。

（5）C_s——源极旁路电容，消除 R_s 对交流信号的衰减作用。

（6）C_1、C_2——耦合电容，起隔直流、通交流信号的作用。

2. 自偏压放大电路

如图 2.4.11 所示，耗尽型绝缘栅场效应管通常应用在 $U_{GS}<0$ 的放大区域，可采用自偏压共源放大电路。自偏压放大电路只有下偏置电阻，在场效应管的源极串入源极电阻 R_s，源极电流 I_s 流过 R_s 形成 I_sR_s 压降，该电压降为栅-源极间提供负栅压 $U_{GS}=-I_sR_s$，使

管子工作于放大状态。

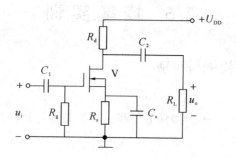

图 2.4.11　场效应管自偏压的共源放大电路

2.4.4　场效应晶体管的主要参数

选用场效应晶体管时应了解下列几个主要参数。

1. 开启电压 $U_{GS(th)}$

开启电压 $U_{GS(th)}$ 是指 U_{DS} 为定值时，使增强型绝缘栅场效应管开始导通的栅-源电压。

2. 夹断电压 $U_{GS(off)}$

夹断电压 $U_{GS(off)}$ 是指 U_{DS} 为定值时，使耗尽型绝缘栅场效应管处于刚开始截止的栅-源电压，N 沟道管子的 $U_{GS(off)}$ 为负值，属耗尽型场效应管的参数。

3. 低频跨导 g_m

低频跨导 g_m 是指 U_{DS} 为定值时，栅-源输入信号 U_{GS} 与由它引起的漏极电流 i_D 之比，这是表征栅-源电压 U_{GS} 对漏极电流 i_D 控制作用大小的重要参数。

4. 最高工作频率 f_M

最高工作频率 f_M 是保证管子正常工作的频率最高限额。场效应管三个电极间存在极间电容，极间电容小的管子最高工作频率高，工作速度快。

5. 漏-源击穿电压 $U_{(BR)DS}$

漏-源击穿电压 $U_{(BR)DS}$ 是指漏-源极之间允许加的最大电压，实际电压值超过该参数时，会使 PN 结反向击穿。

6. 最大耗散功率 P_{DM}

最大耗散功率 P_{DM} 是指 I_D 与 U_{DD} 的乘积不应超过的极限值，是从发热角度对管子提出的限制条件。

【思考与练习】

1. 什么是场效应管？它有哪三个电极？画出 N 沟道和 P 沟道结型场效应管的图形符号。

2. 结型场效应管的特性用哪两种曲线表示？以 N 沟道结型场效应管为例，画出它们的示意波形图。

3. 选用场效应管时，应了解哪些主要的参数？

2.5 技 能 实 训

技能实训1 三极管的检测与判别

【实训目的】

掌握晶体三极管管型、引脚的判别方法和三极管质量好坏的检测方法。

【实训工具及器材】

(1) 所需工具：MF 型指针式万用表一块。

(2) 所需元器件清单见表 2.5.1。

表 2.5.1 实训元器件清单

编号	1	2	3	4	5	6	7	8	9	10
型号	9013	9014	9015	9012	C1815	A1015	C2073	A940	LM7805	MCR100−6
数量	1只	1只	1只	1只	1只	1只	1只	1只	1只	1只

【实训内容】

(1) 用万用表判别提供的元器件是否是三极管，同时判定三极管质量的好坏。

(2) 用万用表判别三极管的基极、管型，并给三极管的基极做好标记。

(3) 用万用表继续判断集电极和发射极。

(4) 将三极管两个电极之间的阻值记录下来。

(5) 将实训过程中的数据记录在表 2.5.2 中。

表 2.5.2 三极管的检测表

编号	型号	数量	是或否	管型	r_{be} 正向电阻	r_{be} 反向电阻	r_{bc} 正向电阻	r_{bc} 反向电阻	r_{ce} 正向电阻	r_{ce} 反向电阻	外形示意图（标注引脚名称）	电路符号图
1	9013	1只										
2	9014	1只										
3	9015	1只										
4	9012	1只										
5	C1815	1只										
6	A1015	1只										
7	C2073	1只										
8	A940	1只										
9	LM7805	1只										
10	MCR100−6	1只										

【实训操作步骤】

1. 三极管基极和管型的测定

判断中小功率管应选用万用表的"R×100"或"R×1k"挡,判断大功率三极管应选用"R×10"或"R×1"挡。如用"R×100""R×1k"挡测量中小功率管,测量值可能很小,很容易造成误判。

选好万用表的挡位以后,按以下方法进行测量并填写测量结论。

测量三极管任意两引脚间的正、反向电阻,即对调表笔测两次,把测量值小(即指针偏摆角大)的测量称为正向测量;反之,称为反向测量。如图 2.5.1 所示,共有_____次测量。其中有_____次测量时出现指针明显偏摆现象,说明在这几次测量中,三极管的 PN 结处于导通状态。在这几次导通的测量中,有一只表笔始终与同一引脚相接,这只引脚就是_____;如果与基极相接的表笔是黑表笔,则说明这只三极管的管型是_____;如果与基极相接的表笔是红表笔,则说明这只三极管的管型是_____。

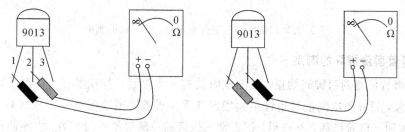

图 2.5.1　三极管基极的判断

还可用万用表对照图 2.5.2 进行简单判断。

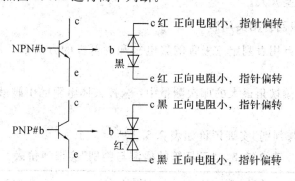

图 2.5.2　三极管的简单判断

2. 三极管集电极和发射极的测定

将已判别出来的基极和两未知引脚的末端调整成以基极为顶点的等腰三角形位置关系,然后在基极和每只未知引脚间依次加上大体相同的人体电阻(将手指压在两引脚的末端即可),每次接上人体电阻后,都测量两未知引脚间的正、反向电阻(如图 2.5.3 所示),这样共有_____次测量。在这几次测量中,有一次测量时指针偏摆角最大。找到指针偏摆角最大的那次测量,在这次测量中未接人体电阻的那只引脚就是发射极,另一只是集电极。

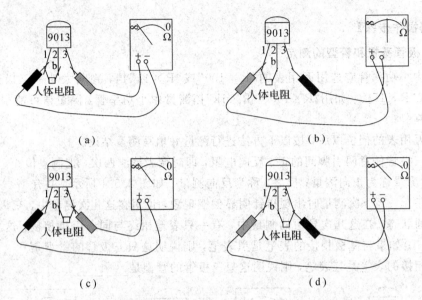

图 2.5.3 NPN 型三极管集电极、发射极的判断

3. 三极管质量好坏的测定

测量三极管任意两引脚间的正、反向电阻共有 6 次测量。若其中有 2 次测量时出现指针明显偏摆现象，另外 4 次测量时指针不偏摆或几乎不偏摆，则说明这只三极管是正常的，可用。否则，说明三极管已坏，不可用。把正常三极管的检测现象可归纳为：六测两通四截止。

注意事项：在判定集电极和发射极的测量中，每次加在基极和未知引脚上的人体电阻要尽量相同，不能相差太大。

4. 结合所学知识回答相关问题

(1) 在用指针式万用表判定三极管的集电极和发射极的方法中，人体电阻的作用是什么？

(2) 为什么指针偏摆角最大的那次测量中，未接人体电阻的引脚就是发射极？

【实训评价】

"三极管的检测与判别"实训评价如表 2.5.3 所示。

表 2.5.3 "三极管的检测与判别"实训评价表

项目	考核内容	配分/分	评分标准	得分/分
万用表设置	万用表的挡位选择	10	万用表挡位设置错误，扣 5 分	
	万用表欧姆调零	10	电阻挡没进行欧姆调零，扣 10 分	
器件检测	判断三极管的基极	10	判断错误，每只扣 2 分	
	判断三极管的管型	10	判断错误，每只扣 2 分	
	判断三极管的集电极和发射极	10	判断错误，每只扣 2 分	
	判断三极管质量的好坏	10	判断错误，每只扣 2 分	
	估测三极管的放大倍数 β	10	估测错误，每只扣 2 分	
	测三极管任意两个引脚之间的电阻	10	测量结果错误，每只扣 2 分	

续表

项目	考核内容	配分/分	评分标准	得分/分
安全文明操作	工作台上工具物品摆放整齐	10	工作台上物品随意摆放、脏乱，扣 1~5 分	
	严格遵照安全操作规程	10	违反安全操作规程扣 1~5 分	
合　计		100		
实训体会	学到的知识			
	学到的技能			
	收获			

技能实训 2　共发射极分压式偏置放大电路的搭建与测试

【实训目的】

（1）熟悉常用电子元器件和仪器、仪表的使用。

（2）学会放大器静态工作点的调试方法，会分析其对放大器性能的影响。

（3）掌握放大器电压放大倍数、输入电阻、输出电阻及最大不失真输出电压的测试方法。

（4）理解晶体三极管放大器的动态性能。

【实训工具及器材】

（1）双踪四迹示波器、低频信号发生器、双路稳压电源、晶体管毫伏表、数字式（或指针式）万用表。

（2）所需元器件清单见表 2.5.4。

表 2.5.4　实训元器件清单

序号	名称	位号	规格	数量
1	三极管	V	9014	1
2	电阻	R_{b1}	39 kΩ	1
3	电阻	R_{b2}	10 kΩ	1
4	电阻	R_e	1 kΩ	1
5	电阻	R_c	2 kΩ	1
6	电解电容	C_1、C_2	10 μF	2
7	可变电阻器	R_P	20 kΩ	1
8	连孔板		8.3 cm×5.2 cm	1
9	单股导线		0.5 mm×200 mm	若干

【实训内容】

（1）对照电路原理图 2.5.4，在连孔板上用分立元件搭建共发射极分压式偏置放大电路。

（2）测试与调整放大器的静态工作点。

（3）测试放大器的动态指标。

（4）结合所学知识回答相关问题。

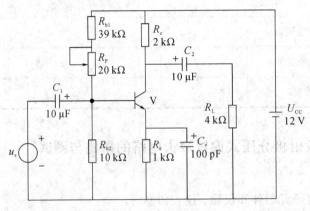

图 2.5.4　电路原理图

【实训操作步骤】

1. 清点与检测元器件

根据表 2.5.4 清点元器件，最好将元器件放在一个盒子内。对元器件进行检测，看有无损坏的元器件，如果有，应立即进行更换，将检测结果记录在表 2.5.5 中。

表 2.5.5　元器件检测记录表

序号	名称	图号	元器件检测结果
1	三极管	V	类型_____，引脚排列_____，质量及放大倍数_____
2	电阻	R_{b1}	测量值为_____kΩ，选用的万用表挡位是_____
3	电阻	R_{b2}	测量值为_____kΩ，选用的万用表挡位是_____
4	电阻	R_e	测量值为_____kΩ，选用的万用表挡位是_____
5	电阻	R_c	测量值为_____kΩ，选用的万用表挡位是_____
6	电解电容	C_1、C_2	容量标称值是_____；检测容量时，应选用万用表的_____挡位
7	可变电阻器	R_P	测量值为_____kΩ，选用的万用表挡位是_____

2. 电路搭建

1）搭建步骤

（1）按电路原理图在电路板上对元器件进行合理的布局。

（2）按照元器件的插装顺序依次插装元器件。

（3）按焊接工艺要求对元器件进行焊接，直到所有元器件焊完为止。

（4）将元器件之间用导线进行连接。

（5）焊接电源输入线和信号输入、输出引线。

2）搭建注意事项

（1）操作平台不要放置其他器件、工具与杂物。

（2）操作结束后，收拾好器材和工具，清理操作平台和地面。

（3）插装元器件前须按工艺要求对元器件的引脚进行成形加工。

（4）元器件排列要整齐，布局要合理并符合工艺要求。

（5）电解电容的正负极、三极管的引脚不能接错，以免损坏元器件。

（6）不漏装、错装，不损坏元器件。

（7）焊点表面要光滑、干净，无虚焊、漏焊和桥接。

（8）正确选用合适的导线进行器件之间的连接，同一焊点的连接导线不能超过 2 根。

3）搭建实物图

共发射极分压式偏置放大电路装接实物图如图 2.5.5 所示。

图 2.5.5 共发射极分压式偏置放大电路装接实物图

3. 电路通电

装接完毕，检查无误后，用万用表测量电路的电源两端有无短路，电路正常方可接入 12 V 电源。在加入电源时，注意电源与电路板极性一定要连接正确。当加入电源后，观察电路有无异常现象，若有，则立即断电，对电路进行检查。

4. 电路测量与分析

若电路工作正常，则用示波器测试负载 R_L 两端的信号，此信号应与输入信号是相似的信号，幅度比输入信号要大，波形的频率相同。在实训中，可能出现的情况有两种：

第一种，没有输出信号。故障原因可能是电源连接有问题。此时可用万用表测量三极管各管脚电压，若电压不正常，则先检查电源连接，再调节可变电阻器，直到 $U_{BE}=0.67$ V 左右时为止。

第二种，有输出信号但失真。根据失真的类型，适当调整可变电阻器的阻值，直到其达到合理范围。

1）测量静态工作点

先将 R_P 调至最大，函数信号发生器输出旋钮旋至零。调节 R_P，使 $I_C = 2.0$ mA（即 $U_E = 2.0$ V），用直流电压表测量 U_B、U_E、U_C，用万用表测量 R_{b1} 值，记入表 2.5.6。

表 2.5.6 "静态工作点"测试表

$I_C = 2.0$ mA	测量值				计算值		
	U_{BQ}/V	U_{EQ}/V	U_{CQ}/V	$R_{b1}/k\Omega$	U_{BEQ}/V	U_{CEQ}/V	I_{CQ}/mA

2）测量电压放大倍数

在放大器输入端加入频率为 1 kHz 的正弦信号 u_i，调节函数信号发生器的输入旋钮使 $U_i = 10$ mV，同时用示波器观察放大器输出电压 u_o 的波形，在波形不失真的条件下用交流毫伏表测量不同情况下的 U_o 值，并用双踪示波器观察 u_o 和 u_i 的相位关系，记入表 2.5.7。

表 2.5.7 "电压放大倍数"测试表

	$R_c/k\Omega$	$R_L/k\Omega$	U_o/V	A_u	观察记录一组 u_o 和 u_i 波形
$I_C = 2.0$ mA $U_i = 10$ mV	2.4	∞			
	1.2	∞			
	2.4	2.4			
	2.4	10			

3）观察静态工作点对电压放大倍数的影响

置 $R_c = 2.4$ kΩ，$R_L = \infty$，U_i 适量，调节 R_P，用示波器监视输出电压波形，在 u_o 不失真的条件下，测量数组 I_C 和 U_o 的值，记入表 2.5.8。

表 2.5.8 "静态工作点对电压放大倍数的影响"测试表

$R_c = 2.4$ kΩ $R_L = \infty$	I_C/mA		2.0	
	U_o/V			
	A_u			

测量 I_C 时，要先将信号源输出旋钮旋至零（即使 $u_i = 0$）。

4）观察静态工作点对输出波形失真的影响

置 $R_c = 2.4$ kΩ，$R_L = 2.4$ kΩ，$u_i = 0$，调节 R_P 使 $I_C = 2.0$ mA，测出 U_{CEQ} 值，再逐步加

大输入信号,使输出电压足够大但不失真。然后保持输入信号不变,分别增大和减小 R_P,使波形出现失真。绘出 u_o 的波形,并测出失真情况下的 I_{CQ} 和 U_{CEQ} 值,记入表 2.5.9。每次测 I_{CQ} 和 U_{CEQ} 值时都要将信号源的输出旋钮旋至零。

表 2.5.9　"静态工作点对输出波形失真的影响"测试表

I_{CQ}/mA	U_{CEQ}/V	u_o 波形	失真情况	管子工作状态
2.0				

5）测量最大不失真输出电压

置 $R_c = 2.4 \text{ k}\Omega$,$R_L = 2.4 \text{ k}\Omega$,同时调节输入信号的幅度和电位器 R_P,用示波器和交流毫伏表测量 U_{OPP} 及 U_o 值,记入表 2.5.10。

表 2.5.10　"最大不失真输出电压"测试表

I_C/mA	U_{im}/mV	U_o/V	U_{OPP}/V

6）测放大器的输入、输出电阻

(1) 测量输入电阻。

输入电阻测试原理图如图 2.5.6 所示,测量信号源电压 u_s 及放大器输入端的电压 u_i,记入表 2.5.11,即可计算出 r_i。

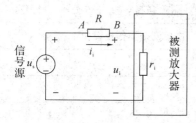

图 2.5.6　输入电阻测试原理图

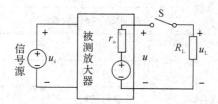

图 2.5.7　输出电阻测试原理图

(2) 测量输出电阻。

输出电阻测试原理图如图 2.5.7 所示,在输出端接电阻 $R_L = 4 \text{ k}\Omega$ 作为负载,调节信号发生器的输出电压,用示波器观察输出波形,使放大器输出不失真,用毫伏表测量此时的输出电压,记入表 2.5.11。

将负载电阻 $R_L = 4 \text{ k}\Omega$ 断开,在上步条件不变的情况下,用毫伏表测量空载时的输出电压 u_o 的值,并记入表 2.5.11,即可计算出 r_o。

表 2.5.11 "放大器的输入、输出电阻"测试表

u_s/mV	u_i/mV	r_i/kΩ		u_L/V	u_o/V	r_o/kΩ	
		测量值	计算值			测量值	计算值

【实训评价】

"共发射极分压式偏置放大电路的搭建与测试"实训评价如表 2.5.12 所示。

表 2.5.12 "共发射极分压式偏置放大电路的搭建与测试"实训评价表

项目	考核内容	配分/分	评分标准	得分/分
元器件检测	在表 2.5.5 中填写检测结果	20	每错一空扣 2 分,扣完为止	
电路焊接	焊点光滑无毛刺,焊锡量适中	10	每错一处扣 2 分,扣完为止	
电路布局	电路布局美观,无短路、开路现象	10	每错一处扣 2 分,扣完为止	
电路测试	测量静态工作点(表 2.5.6)	10	每错一空扣 2 分,扣完为止	
	测量电压放大倍数(表 2.5.7)	10	每错一空扣 2 分,扣完为止	
	观察静态工作点对电压放大倍数的影响(表 2.5.8)	5	每错一空扣 1 分,扣完为止	
	观察静态工作点对输出波形失真的影响(表 2.5.9)	5	每错一空扣 1 分,扣完为止	
	测量最大不失真输出电压(表 2.5.10)	5	每错一空扣 1 分,扣完为止	
	测放大器的输入、输出电阻(表 2.5.11)	5	每错一空扣 1 分,扣完为止	
安全文明操作	工作台上工具物品摆放整齐	10	工作台上物品随意摆放、脏乱,扣 1~5 分	
	严格遵照安全操作规程	10	违反安全操作规程扣 1~5 分	
合 计		100		
实训体会	学到的知识			
	学到的技能			
	收获			

本 章 小 结

(1) 晶体三极管由两个 PN 结构成,按照结构可分为 NPN 型和 PNP 型两类。

(2) 三极管的输入特性就是发射结(PN 结)的伏安特性;三极管的输出特性因集电结和发射结两端电压的大小关系而异,分为三个工作区:当集电结和发射结两端的电压都为正

向电压时，三极管工作在饱和区；当集电结和发射结两端的电压都为反向电压时，三极管工作在截止区；当集电结两端电压为反向电压，发射结两端电压为正向电压时，三极管工作在线性放大区。

（3）为了让三极管工作在所需要的工作区，需要通过给它的每个引脚接入合适的偏置电阻来设置相应的静态工作点。当三极管工作在放大区时，三极管具有电流放大作用，通过发射极偏置电阻可将电流放大转换为电压放大，同时对电压输入信号进行倒相。三极管电流放大作用的实质就是用基极电流控制集电极电流，使基极微小的电流变化引起集电极上较大的电流变化，所以三极管是一种电流控制器件。

（4）为了让三极管基本放大电路输出不失真的放大信号，必须通过偏置电阻设置合适的静态工作点。分压式稳定工作点偏置放大电路具有稳定工作点的作用，能使放大器稳定地工作。

（5）晶体三极管在使用时，有三种连接方式，广泛采用的是共发射极连接；也有三种工作状态，即截止状态、饱和状态和放大状态。

（6）三极管三个极的电流关系是 $I_E = I_B + I_C$，在放大状态时 $I_C = \beta I_B$。三极管的特性曲线和参数是用来表明管子的性能和适用范围的，β 表示电流的放大能力，I_{CBO}、I_{CEO} 反映管子的温度稳定性。

（7）晶体三极管的基本放大电路表征了放大器的放大能力是放大倍数，包括电压、电流和功率三种放大倍数。放大器常采用单电源电路，要不失真地放大交流信号，必须使放大器设置合适的静态工作点，以保证三极管放大信号时，始终工作在放大区。

（8）图解法和估算法是分析放大电路的两种基本方法。图解法可直观地了解放大器的工作原理，它的关键是要会画直流负载线和交流负载线。估算法可以简捷地了解放大器的工作状况，必须熟练记忆估算静态工作点的公式及估算输入电阻、输出电阻和放大倍数等的公式。

（9）放大器中的直流分量、交流分量和总量，在写符号时要按规定加以区别。

（10）共发射极放大电路中，为了静态工作点的稳定，常采用分压式稳定工作点偏置放大电路。

（*11）场效应晶体管是一种电压控制器件，用栅极电压来控制漏极电流，具有高输入电阻和低噪声的特点。表征管子性能的有转移特性曲线、输出特性曲线和跨导。场效应晶体管有结型场效应晶体管和绝缘栅场效应晶体管两大类，每类又有 P 沟道和 N 沟道的区分。绝缘栅场效应晶体管另有增强型和耗尽型两种。

自 我 测 评

一、判断题(共 20 分，每题 2 分)

1. 放大电路的三种组态，都有功率放大作用。（　　）

2. 晶体三极管的发射结和集电结是同类型的 PN 结，所以三极管在作放大管使用时，发射极和集电极可相互调换使用。（　　）

3. 三极管是构成放大器的核心，三极管具有电压放大作用。（　　）

4. 晶体三极管集电极和基极上的电流总能满足 $I_c = \beta I_b$ 的关系。（　　）

5. 分压式偏置放大器中，若射极旁路电容 C_e 断开，则放大器的放大倍数将增大。

（　　　）

6. 放大电路中的所有电容器均有通交隔直的作用。（　　　）

7. 在共射极放大器中，若电路其他参数不变，仅改变电源电压 U_{CC}，则电压放大倍数不会改变。（　　　）

8. 分压式偏置共射极放大器中，基极采用分压偏置的目的是为了提高输入电阻。（　　　）

9. 三极管工作于饱和状态时，它的集电极电流将随基极电流的增大而增大。（　　　）

10. 分压式的射极偏置放大器接上负载后的电压放大倍数是 $-\beta R_c / r_{be}$。（　　　）

二、填空题（共 26 分，每空 2 分）

1. 晶体管工作在饱和区时发射结＿＿＿＿＿＿＿偏，集电结＿＿＿＿＿＿＿偏。

2. 三极管按结构分为＿＿＿＿＿＿＿和＿＿＿＿＿＿＿两种类型，均具有两个 PN 结，即＿＿＿＿＿＿＿和＿＿＿＿＿＿＿。

3. 放大电路中，测得三极管三个电极电位分别为 $U_1 = 6.5$ V，$U_2 = 7.2$ V，$U_3 = 15$ V，则该管是＿＿＿＿＿＿＿类型管子，其中＿＿＿＿＿＿＿极为集电极。

4. 三极管的发射结和集电结都正向偏置或反向偏置时，三极管的工作状态分别是＿＿＿＿＿＿＿和＿＿＿＿＿＿＿。

5. 三极管有放大作用的外部条件是发射结＿＿＿＿＿＿＿，集电结＿＿＿＿＿＿＿。

6. 若一晶体三极管在发射结加上反向偏置电压，在集电结也加上反向偏置电压，则这个晶体三极管处于＿＿＿＿＿＿＿状态。

三、选择题（共 36 分，每题 2 分）

1. 晶体管的放大作用主要体现在（　　　）。
　　A. 正向放大　　　　　B. 反向放大　　　　　C. 电流放大　　　　　D. 电压放大

2. 某国产晶体三极管型号为 3DG6，则该管是（　　　）
　　A. 高频小功率 NPN 型硅三极管　　　　　　B. 高频大功率 NPN 型硅三极管
　　C. 高频小功率 PNP 型锗三极管　　　　　　D. 高频大功率 PNP 型锗三极管

3. 三极管的集电结反偏，发射结正偏时，三极管处于（　　　）。
　　A. 饱和状态　　　　　B. 截止状态　　　　　C. 放大状态　　　　　D. 开关状态

4. 某三极管的发射极电流等于 1 mA，基极电流等于 25 μA，正常工作时它的集电极电流为（　　　）。
　　A. 0.975 mA　　　　　B. 0.75 mA　　　　　C. 1.025 mA　　　　　D. 1.25 mA

5. 三极管具有放大作用，其实质是（　　　）。
　　A. 三极管可把小能量放大成大能量　　　　　B. 三极管可把小电压放大成大电压
　　C. 三极管可把小电流放大成大电压　　　　　D. 三极管可用小电流控制大电流

6. 当温度升高时，三极管的电流放大系数 β 将（　　　）。
　　A. 增大　　　　　B. 减小　　　　　C. 不变　　　　　D. 不确定

7. 三极管在组成放大器时，根据公共端的不同，连接方式有（　　　）种。
　　A. 1　　　　　B. 2　　　　　C. 3　　　　　D. 4

8. 图 2-1 所示电路中，三极管（NPN 管为硅管，PNP 管为锗管）不是工作在放大状态的是（　　　）。

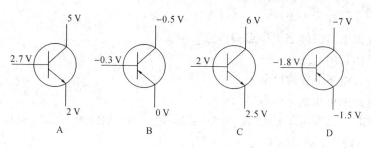

图 2 - 1

9. 固定偏置共射放大电路中，当环境温度升高后，在三极管的输出特性曲线上其静态工作点将（　　）。

　　A. 不变　　　　　　　　　　　　　B. 沿直线负载线下移

　　C. 沿交流负载线上移　　　　　　　D. 沿直流负载线上移

10. 为了保证放大作用，放大器中的三极管一定要（　　）。

　　A. 发射结正偏，集电结反偏　　　　B. 发射结正偏，集电结正偏

　　C. 始终工作在饱和区　　　　　　　D. 静态时处于饱和区

11. 三极管工作于饱和状态时，它的集电极电流将（　　）。

　　A. 随基极电流的增大而增大　　　　B. 随基极电流的增大而减小

　　C. 与基极电流变化无关　　　　　　D. 以上都不对

12. 在基本单管共射放大器中，集电极电阻 R_c 的作用是（　　）。

　　A. 限制集电极电流　　　　B. 将三极管的电流放大作用转换成电压放大作用

　　C. 没什么作用　　　　　　D. 将三极管的电压放大作用转换成电流放大作用

13. 基本放大电路中，经过晶体管的信号有（　　）。

　　A. 直流成分　　　　B. 交流成分　　　　C. 交直流成分均有

14. 基极电流 I_b 的数值较大时，易引起静态工作点 Q 接近（　　）。

　　A. 截止区　　　　B. 饱和区　　　　C. 放大区

15. 放大电路的三种组态都有（　　）放大作用。

　　A. 电压　　　　　　B. 电流　　　　　　C. 功率

16. 测得放大电路中某晶体管三个电极对地的电位分别为 6 V、5.3 V 和 12 V，则该三极管的类型为（　　）。

　　A. 硅 PNP 型　　　　B. 硅 NPN 型　　　　C. 锗 PNP 型　　　　D. 锗 NPN 型

17. 在分压式偏置单管共射放大器中，如增大三极管的 β 值，则电路的射极电流 I_E 和电压放大倍数 A_u 将（　　）。

　　A. 前者减小，后者增大　　　　　　B. 前者不变，后者几乎不变

　　C. 两者都增大　　　　　　　　　　D. 前者不变，后者增大数倍

18. 放大电路的静态是指（　　）。

　　A. 输入端开路时的状态　　　　　　B. 输入交流信号时的状态

　　C. 输入直流信号时的状态　　　　　D. 输入端对地短路时的状态

四、计算题（每小题 9 分，共 18 分）

1. 已知单管共射极电压放大电路如图 2 - 2 所示，$U_{CC} = 12$ V，$R_b = 390$ kΩ，$R_c =$

2 kΩ，$R_L=2$ kΩ，$\beta=80$，$U_{BEQ}=0.7$ V。试估算：

    （1）放大电路的静态工作点 Q；

    （2）晶体管的 r_{be}；

    （3）输入电阻 r_i 和输出电阻 r_o；

    （4）电路的电压放大倍数 A_u。

    2. 如图 2-3 所示，已知 $R_{b1}=20$ kΩ，$R_{b2}=10$ kΩ，$R_e=1.5$ kΩ，$R_c=2$ kΩ，$R_L=2$ kΩ，$U_{CC}=12$ V，$\beta=50$，$U_{BEQ}=0.7$ V。

    （1）画出直流通路；

    （2）求放大电路的静态工作点 Q；

    （3）求晶体管的 r_{be}；

    （4）求电路的电压放大倍数 A_u；

    （5）求输入电阻 r_i 和输出电阻 r_o；

    （6）画出交流通路。

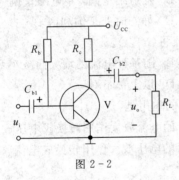

图 2-2

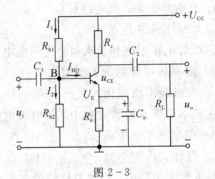

图 2-3

第 3 章 常 用 放 大 器

 知识目标

（1）会辨别多级放大器级间耦合的方式。

（2）了解放大器三种组态的电路特性。

（3）理解反馈的概念，了解负反馈的四种组态和特点及四种负反馈的判别方法，理解负反馈对放大器性能的影响。

（4）理解差分放大电路的组成及特点，会分析其抑制零漂的原理。

（5）理解共模放大倍数和共模抑制比的概念。

（6）掌握集成运放的符号及器件的引脚功能。

（7）能识读由集成运放构成的常用电路，会估算输出电压值。

（8）了解低频功率放大电路的应用，了解 OCL、OTL 电路的组成及工作原理。

 技能目标

（1）熟悉集成运放的引脚排列和引脚功能。

（2）会熟练使用示波器、函数信号发生器。

（3）会搭建和调试集成运放组成的电路。

（4）会搭建和调试 OTL 功率放大电路。

3.1 多 级 放 大 器

单级放大电路的电压放大倍数一般可以达到几十倍，然而，在许多场合，这样的放大倍数是不够用的。为此，常需要把若干个放大电路串接起来，组成多级放大器，使信号经过多次放大，从而得到所需要的放大倍数。

多级放大器的组成如图 3.1.1 所示。输入级和中间级的任务是电压放大，根据需要将微弱的信号放大到足够大，为输出级提供所需的输入信号；输出级一般为功率放大电路，驱动负载动作。

图 3.1.1 多级放大器的组成

3.1.1 多级放大器的耦合方式

多级放大器中，每个单管放大电路称为"级"，级与级之间的连接称为耦合，耦合方式就是指连接方式。多级放大器常用的耦合方式有：阻容耦合、变压器耦合和直接耦合三种，如表 3.1.1 所示。

表 3.1.1 多级放大器的耦合方式

耦合方式	电路形式	连接特点	电路特点
阻容耦合	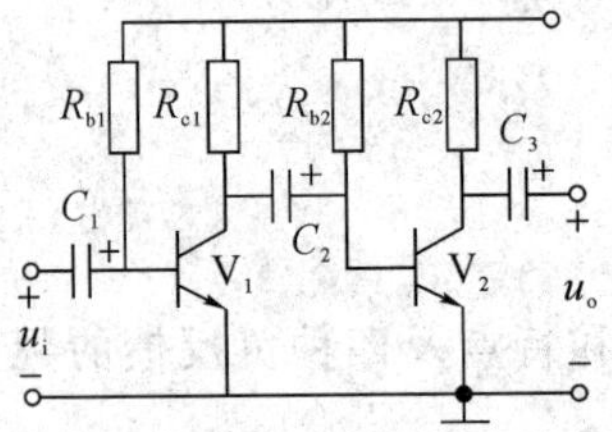	前级放大电路的输出通过耦合电容 C_2 与后级放大电路的输入连接起来传输交流信号	各级电路的静态工作点各自独立，互不影响，交流信号传输损耗小；但不宜传输直流或变化缓慢的信号；在集成电路中，由于制造大电容很困难，故不利于集成化
变压器耦合	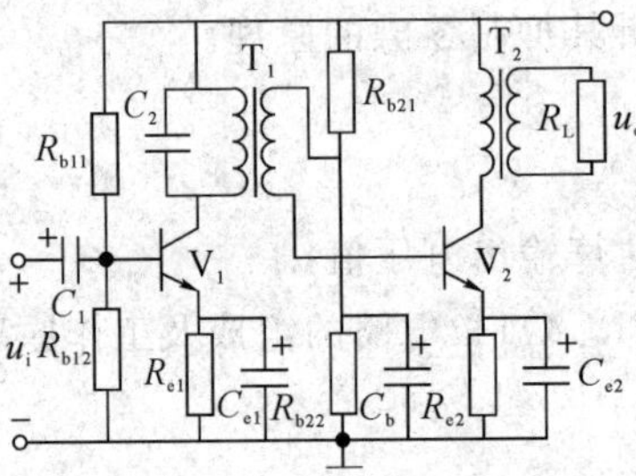	前、后级之间通过变压器 T_1、T_2 连接起来传输交流信号	各级放大电路的工作点相互独立，但由于变压器体积大、频率特性差，很难在集成电路中使用，且不能传输直流信号
直接耦合	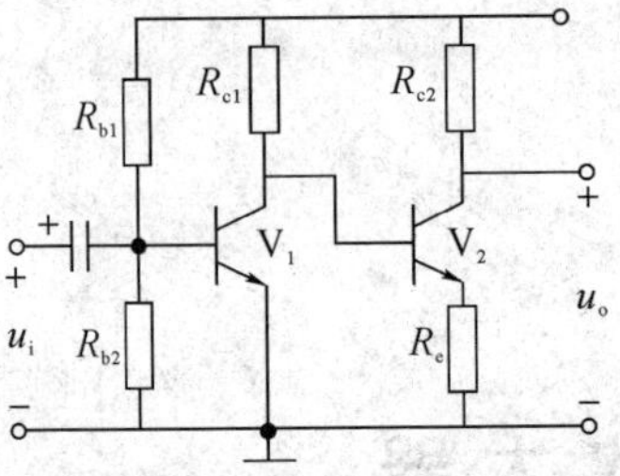	前、后级的连接无电抗性元件（电容或是电感）	使含有直流分量的信号也能得以传输，使前、后级电路的静态工作点相互牵制，但该耦合方式适合于集成电路，并具有良好的低频响应特点

多级放大器无论采取哪种耦合方式，都必须满足下列几个基本要求，才能正常地工作。

（1）保证信号能顺利地由前级传送到后级。

（2）连接后仍能使各级放大器有正常的静态工作点。

（3）信号在传送过程中失真要小，级间传输效率要高。

3.1.2 多级放大器的分析

单级放大器的某些性能指标可作为分析多级放大器的依据，但是多级放大器又有自己的特点，本小节将简单地分析多级放大器的电压放大倍数、输入电阻、输出电阻、通频带和非线性失真。

1. 电压放大倍数

在多级放大电路中，由于信号是逐级传递的，因此前一级的输出信号就是后一级的输入信号。设各级放大器的放大倍数分别为 A_{u1}，A_{u2}，A_{u3}，…，A_{un}，则多级放大器的总电压放大倍数等于各级电压放大倍数的乘积，即

$$A_u = A_{u1} \cdot A_{u2} \cdot A_{u3} \cdot \cdots \cdot A_{un}$$

2. 输入电阻

根据放大电路输入电阻的定义，多级放大电路的输入电阻等于第一级放大电路的输入电阻，即

$$R_i = R_{i1}$$

3. 输出电阻

根据放大电路输出电阻的定义，多级放大电路的输出电阻等于最后一级放大电路的输出电阻，即

$$R_o = R_{on}$$

4. 通频带

多级放大器的放大倍数虽然提高了，但是通频带比任何一级的通频带都要窄。因此，为了满足多级放大器对通频带的要求，应该将每一级放大器的通频带设置得宽一些。

5. 非线性失真

三极管的输入、输出特性曲线是非线性的，这就导致了输入、输出特性的非线性，从而导致每一级放大器均存在非线性失真，经过多级放大器放大后，输出信号波形失真将更大，故要减小多级放大器输出信号波形的非线性失真，应尽力克服各单级放大器的失真。

【思考与练习】

1. 某多级放大器由三级组成，各级的电压放大倍数分别为 20、40 和 10，求总的电压放大倍数。

2. 多级放大电路有几种耦合方式？各有什么特点和问题？

3.2 负反馈放大器

3.2.1 反馈的概念

在放大电路中，从输出端取出已被放大信号的部分或者全部再回送到输入端叫做反馈。用于反向传输信号的电路称为反馈电路或反馈网络。带有反馈环节的放大电路称为反馈放大器。被反馈的信号可以是电压，也可以是电流。反馈放大器可以用图 3.2.1 所示的方框图来表示。图中，箭头表示信号传输或反馈的方

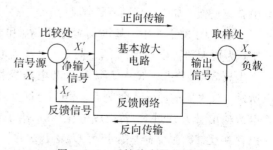

图 3.2.1 反馈放大器方框图

向；X_i 表示输入信号，X_o 表示输出信号，X_f 表示反馈信号，X_i' 是净输入信号。从图中可见，一个反馈放大器由基本放大电路和反馈网络两部分组成，两者在输入端和输出端有两

个交汇处：一个是基本放大电路输出端、反馈网络的输入端及负载三方连接处，该处是取出反馈信号的地方，故称取样处；另一个是基本放大电路输入端、反馈网络的输出端及信号源三方的交汇处，称比较处，在该处，送到基本放大电路的信号是经过输入信号与反馈信号叠加后的净输入信号。

3.2.2 反馈的基本类型

根据反馈信号的来源不同，反馈可分为直流反馈和交流反馈；根据反馈的性质不同，反馈可分为正反馈和负反馈；根据取样处的连接方式不同，反馈可分为电压反馈和电流反馈；根据比较处的连接方式不同，反馈可分为串联反馈和并联反馈。

1. 正反馈与负反馈

基本放大电路的净输入信号来自信号源信号与反馈网络输出信号的叠加。若反馈信号与信号源信号的极性或相位相同，则叠加效果为二者之和，净输入信号比信号源提供的信号要大，这种反馈称为正反馈。反之，若反馈信号与信号源的极性或相位相反，则叠加效果为二者之差，净输入信号比信号源提供的信号要小，这种反馈称为负反馈。

判断反馈是正反馈还是负反馈，可用瞬时极性法：先在放大器输入端假定输入信号的极性为"＋"或"－"，再依次按相关点信号的相位变化推出各点对地的交流瞬时极性，再根据反馈回输入端(或输入回路)的反馈信号瞬时极性，比较反馈与输入信号的叠加结果，使原输入信号减弱的是负反馈，使原输入信号增强的是正反馈。

【例 3 - 1】 试判断图 3.2.2 所示电路的反馈类型。

解 假定放大器输入端输入信号瞬时极性为上正下负，即三极管 V 基极为"＋"，则集电极为"－"，通过反馈电阻 R_f 到基极的瞬时极性为"－"，与信号源加到基极的极性相反，净输入量减小，因此反馈类型为负反馈，R_f 为负反馈电阻。进一步分析，该电路为电压并联负反馈放大电路，是电子技术中典型的、应用较广泛的一种放大电路。例如，涉及话筒的放大电路多采用这个电路来放大话筒的微弱信号。

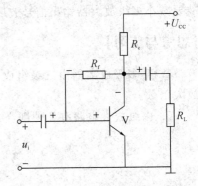

图 3.2.2 电压并联负反馈放大电路

【例 3 - 2】 试分析图 3.2.3 所示分压式偏置电路中有无反馈，如有，判断反馈类型。

解 图 3.2.3 中，基极偏置电阻 R_{b1} 和 R_{b2} 对电源分压，为放大器提供稳定的 U_B。而 $I_E \approx I_C$，I_E 在射极电阻上产生压降 $U_E = I_E \cdot R_e \approx I_C \cdot R_e$，其电压极性如图 3.2.3 所示。放大器的净输入量为 $U_{BE} = U_B - U_E$。可见放大器的电流输出量 I_C 通过 R_e 转换成电压 U_E 加给了输入回路，所以存在反馈。而反馈量为 $U_f = U_E = I_C \cdot R_e$，$R_e$ 就是反馈元件。因为反馈元件并联了旁路电容 C_e，为交流信号提供了通路，消除了交流反馈的条件，所以放大器只有直流反馈。用瞬时极性法可判断如下：设 U_B 某一时刻上升→

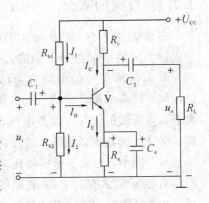

图 3.2.3 分压式偏置电路

$U_{BE} \uparrow \rightarrow I_C \uparrow \rightarrow I_E \uparrow \rightarrow U_E \uparrow (U_B 不变) \rightarrow U_{BE} \downarrow$，故为负反馈。

2. 电压反馈与电流反馈

在电路的取样处，基本放大电路的输出端($1,1'$)、反馈网络的输入端($2,2'$)和负载($3,3'$)三者的连接，可有如图 3.2.4 所示的两种方式。

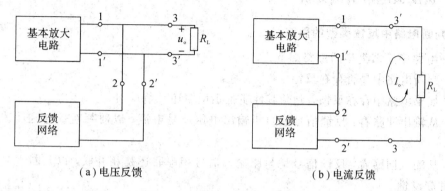

（a）电压反馈　　　　　　　（b）电流反馈

图 3.2.4　电压反馈与电流反馈

图 3.2.4(a)所示表示三者并联，基本放大电路的输出电压、反馈网络的输入电压和负载上得到的电压都相同，这说明反馈信号取自输出电压，并与输出电压成正比，这种反馈称为电压反馈。图 3.2.4(b)所示表示三者串联，基本放大电路的输出电流、反馈网络的输入电流和负载中通过的电流都一样，这时反馈网络的输出信号与该电流成正比，这种反馈称为电流反馈。

判断是电压反馈还是电流反馈的方法是：设想把输出端短路，如反馈信号消失，则属于电压反馈；如反馈信号依然存在，则属于电流反馈。

3. 串联反馈与并联反馈

在电路的比较处，基本放大电路的输入端、反馈网络的输出端和信号源三者之间的连接也有两种方式。

图 3.2.5(a)所示表示三者串联，即放大器的净输入电压 X_i' 是由信号源电压 X_i 与反馈电压 X_f 串联而成的，这种反馈称为串联反馈，这时 $X_i' = X_i - X_f$。如果放大器的净输入电压 X_i' 是信号源电压 X_i 与反馈电压 X_f 并联而成的，那么这种反馈称为并联反馈，这时，输入到放大器的净电流 i_i' 为信号源电压所提供的电流 i_i 和反馈电压所形成的电流 i_f 之差，即 $i_i' = i_i - i_f$，如图 3.2.5(b)所示。

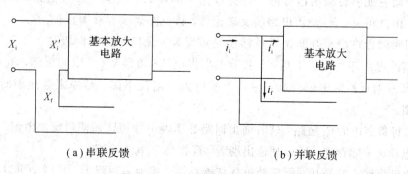

（a）串联反馈　　　　　　　（b）并联反馈

图 3.2.5　串联反馈与并联反馈

判断是串联反馈还是并联反馈的方法是：设想输入端短路，若反馈电压为零，则为并联反馈；若反馈电压仍然存在，则为串联反馈。要注意的是：串联反馈总是以反馈电压的形式作用于输入回路，而并联反馈总是以反馈电流的形式作用于输入回路。

3.2.3　负反馈电路实例分析

1. 判断电路中反馈类型的思路

判断电路中反馈类型的思路如下：

（1）判断电路中是否存在反馈。

（2）如果电路中存在反馈，判断其性质是正反馈还是负反馈。

（3）从输出回路看，反馈信号取自于输出电压还是电流，以便判断是电流反馈还是电压反馈。

（4）从输入回路看，反馈信号是与原输入信号相串联还是相并联，以判断它是串联反馈还是并联反馈。

2. 电流串联负反馈实例分析

如图 3.2.6(a)所示是一个电流串联负反馈的典型应用实例，图(b)所示是其交流通路。

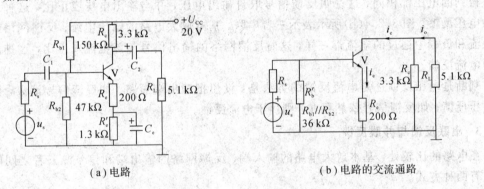

(a)电路　　　　　　　　　　　　　　(b)电路的交流通路

图 3.2.6　实例分析一

结合其交流通路，反馈类型分析如下：

（1）电路中是否存在反馈。在图 3.2.6(a)中，我们不难看出，发射极电阻 R_e 不仅是输出回路的一部分，也是输入回路的一部分。也就是说，通过 R_e 的不仅有输出信号，也有输入信号。因而它能够将输出信号的一部分取出来的同时，馈送给输入回路，从而去影响原输入信号。由此可见，R_e 是该电路的反馈元件，该电路确实存在着反馈。

（2）用瞬时极性法来判断是正反馈还是负反馈。设信号源瞬时极性为上正下负，加到管子发射结的电压亦为上正下负，三极管的射极电流 i_e 流经 R_e 产生的压降，就是反馈信号电压 u_f，使发射极瞬时电位升高，相当于基极瞬时电位下降，与原来基极瞬时电位相反，故是负反馈。

（3）如将负载电阻 R_L 短路，这时输出回路并不因负载短路而使得反馈电流 i_e 消失，说明反馈信号电压 u_f 依然存在，所以从输出端看，反馈属于电流反馈。

（4）如果将输入端短接，则反馈电压依然存在，故为串联反馈。从图中可以看出，反馈信号是与输入信号相串联的，反馈属于串联反馈。

综合以上四点分析，我们可以判断该电路是电流串联负反馈电路。

3. 电流并联负反馈实例分析

图 3.2.7(a)所示是两级电流并联负反馈电路的实际电路，图(b)是它的交流通路。

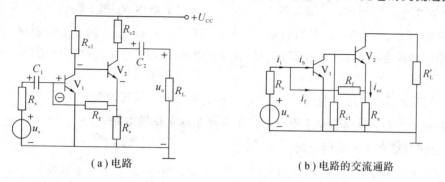

（a）电路　　　　　　　　　　（b）电路的交流通路

图 3.2.7　实例分析二

结合其交流通路，反馈类型分析如下：

（1）电路是否存在反馈。从图中可见，R_f 右端与输出回路相连，R_f 左端又与输入回路相连，所以 R_f 就是反馈元件。

（2）设 V_1 基极瞬时极性为"＋"，则此管集电极瞬时极性为"－"，V_2 基极瞬时极性亦为"－"，由于共射极电路的射极电位变化与基极电位变化相同，所以 V_2 的射极瞬时极性为"－"，通过反馈元件 R_f 反馈到 V_1 基极的信号为"－"，与原有输入信号"＋"叠加，削弱了输入信号，所以是负反馈。

（3）从输出端看，若将 R'_L 短路，则反馈电流 i_{e2} 依然存在，反馈信号 u_f 取自于 i_{e2}，且与 i_{e2} 成正比，故为电流反馈。

（4）从输入端看，若将输入端短路，则反馈信号消失；从另一个角度看，R_f 为输入信号电流提供了一条分流之路，使净输入信号电流减弱，由此可见，构成并联反馈。

综合以上分析，可以判断该电路确实是电流并联负反馈电路。

4. 电压串联负反馈实例分析

图 3.2.8 所示为电压串联负反馈的实际电路，反馈类型分析如下：

（1）电路是否存在反馈。图中 R_f 是连接输出与输入回路的反馈元件。

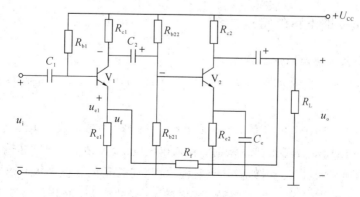

图 3.2.8　实例分析三

（2）根据瞬时极性法，假设两级放大器输入端的极性为上正下负，即 V_1 基极为"＋"，集电极倒相后为"－"，V_2 基极为"－"，集电极为"＋"，通过 R_f 反馈至 R_{e1} 上端为"＋"，呈上升趋势，使净输入量 $u_{be}=u_i-u_f=u_i-u_{e1}$ 减小，故反馈属负反馈。

（3）从图中可以看出，反馈电阻 R_f 是与第一级射极电阻 R_{e1} 相串联后，再与负载 R_L 相并联。因此，R_f 与 R_{e1} 串联后两端的电压就是输出电压 u_o。而 R_{e1} 上的分压 u_{e1} 就是 u_o 反馈回输入回路的反馈电压 u_f。由于反馈信号取自于输出电压，且与输出电压成正比，所以是电压反馈。

（4）从输入端看，反馈电压 u_{e1} 与输入信号 u_i 相串联，故属串联反馈。

综合以上分析，可以判断该电路确实是电压串联负反馈电路。

5. 电压并联负反馈实例分析

图 3.2.9(a)所示是电压并联负反馈的实际电路，图(b)是它的交流通路。

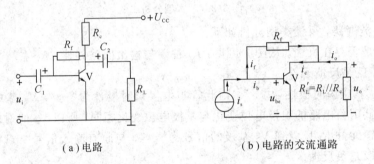

（a）电路　　　　　　　　　　（b）电路的交流通路

图 3.2.9　实例分析四

结合其交流通路，反馈类型分析如下：

（1）电路是否存在反馈。图中 R_f 是连接输出与输入回路的反馈元件。

（2）从图 3.2.9(b)中可以看出，反馈信号取自于输出电压 $u_c=i_cR_L'$，u_c 越大，则 u_f 也越大，因此，显然 u_f 与 u_o 成正比关系，是电压反馈无疑。

（3）从输入端看，反馈电路与输入电路相并联，而且，反馈信号虽然取自输出电压，但反馈到输入端的信号却以电流形式 i_f 表现出来。由于 i_f 与净输入电流 i_b 相并联，故对输入电流起分流作用，使净输入量 $i_b=i_i-i_f$ 减少，因此是并联反馈。

3.2.4　四种负反馈电路的特点

1. 电流串联负反馈电路的特点

通过分析图 3.2.6 所示的电流串联负反馈电路，总结电流串联负反馈电路的特点如下：

（1）在图 3.2.6(b)中，可以看出，反馈电压 $u_f=i_eR_e$，可见，反馈电压与输出电流成正比，并以反馈电压的形式表现出来。同时，在输出电流 i_e、反馈信号 u_f 和净输入电压 u_{be} 之间存在着一个自动调节的过程。例如，由于某种原因（如管子的 β 值增大），导致输出电流 i_o（约等于 i_e）增大，i_o 的增大会使反馈信号 u_f 随之增大，u_f 的增大，必将使净输入电压 u_{be} 减少，从而导致输入电流 i_i 的减少，又使输出电流减少。此自动调节过程表示如下：

$$i_\circ \uparrow \rightarrow u_f \uparrow \rightarrow u_{be} \downarrow \rightarrow i_i \downarrow \rightarrow i_\circ \downarrow$$

可见，输出端引入电流负反馈后，能稳定输出电流。进一步分析可知，电流负反馈不能稳定输出电压。例如，R_L减小，由于输出电流$i_\circ$不变，势必使输出电压$u_\circ = i_\circ R_L$减小。所以，电流串联负反馈只能稳定输出电流而不能稳定输出电压。

（2）既然电流串联负反馈能够稳定输出电流$i_\circ$，那就意味着放大器的内阻（即输出电阻）与基本放大器的输出电阻相比，是提高了。电流负反馈使负载电阻R_L变化时保持输出电流稳定，所以其效果就是增大了电路的输出电阻。

（3）由于该电路引进的是串联反馈。对于输入信号来说，当u_i不变时，放大器的净输入信号要减小，输入电流将减小，相当于输入电阻增大。

2. 电流并联负反馈电路的特点

通过分析图 3.2.7 所示的电流并联负反馈电路，总结电流并联负反馈电路的特点如下：

（1）稳定输出电流。

（2）输出电阻略有提升。

（3）输入电阻降低，这是因为并联负反馈信号能对输入信号电流起分流作用，相当于输入电阻减少。

（4）还具有直流反馈作用。例如，由于某种原因使u_{b1}升高，则有如下的变化：

$$u_{b1} \uparrow \rightarrow u_{c1} \downarrow \rightarrow u_{b2} \downarrow \rightarrow u_{e2} \downarrow \rightarrow u_{b1} \downarrow$$

从而使静态工作点自动得到稳定。

3. 电压串联负反馈电路的特点

通过分析图 3.2.8 所示的电压串联负反馈电路，总结电压串联负反馈电路的特点如下：

（1）能稳定输出电压。设u_i稳定，如电路参数或负载变化使$u_\circ$下降，反馈电压u_{e1}随之下降，此时净输入量$u_{be} = u_i - u_f$增加，从而使$u_\circ$上升，$u_\circ$的增加值基本上补偿了$u_\circ$的下降值，因而使$u_\circ$趋于稳定。

（2）由于该电路引进的是串联反馈，对于输入信号来说，当其不变时，放大器的净输入信号要减小，输入电流将减小，故相当于输入电阻增大。

（3）并联负反馈能够稳定输出电压，那就意味着放大器的内阻（即输出电阻）与基本放大器的输出电阻相比，是减小了。电压负反馈的反馈电路是并联在输出端上的，故反馈电路的等效电阻与原输出电阻并联，并联后等效的输出电阻变小。

4. 电压并联负反馈电路的特点

通过分析图 3.2.9 所示的电压并联负反馈电路，总结电压并联负反馈电路的特点如下：

（1）能稳定输出电压。

（2）输入电阻减小。

（3）输出电阻减小。

为了便于比较四种负反馈电路的特点，特列出表 3.2.1。

表 3.2.1　四种负反馈电路的比较

比较项目　　　负反馈类型	电压串联	电流串联	电压并联	电流并联
反馈作用形式(反馈信号取自)	电压	电流	电压	电流
输入端连接法	串联	串联	并联	并联
电压增益	减小	减小	基本不变	基本不变
电流增益	基本不变	基本不变	减小	减小
输入电阻	增大	增大	减小	减小
输出电阻	减小	增大	减小	增大
被稳定的电量	输出电压	输出电流	输出电压	输出电流

3.2.5　负反馈对放大器性能的影响

1. 降低放大倍数，提高放大信号的稳定性

如图 3.2.10 所示为带反馈的放大电路基本框图。图中，X_f 为反馈信号，X_o 为输出信号，X_i 为输入信号。

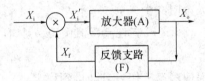

图 3.2.10　带反馈的放大电路基本框图

电路在未接入负反馈前，电路未形成一个闭合回路，故它的放大倍数称为开环放大倍数，即

$$A_u = \frac{X_o}{X_i}$$

接入负反馈后，我们将反馈信号 X_f 与输出信号 X_o 之比，定义为反馈系数 F，即

$$F = \frac{X_f}{X_o}$$

电路中的净输入信号 X_i' 为输入信号与反馈信号的差，即

$$X_i' = X_i - X_f$$

这时，输出信号与净输入信号之比为开环放大倍数，即

$$A_u = \frac{X_o}{X_i'}$$

电路引入负反馈后，由于反馈元件连接了输出端与输入端，故电路成了一个闭合环路，环路闭合后输出信号与环路输入信号之比称为闭环放大倍数，记作 A_{uf}，即

$$A_{uf} = \frac{X_o}{X_i} = \frac{X_o}{X_i' + X_f} = \frac{1}{\dfrac{X_i'}{X_o} + \dfrac{X_f}{X_o}} = \frac{1}{\dfrac{1}{A_u} + F} = \frac{A_u}{1 + A_u F}$$

从上式可以看出，引入负反馈后，放大器的放大倍数只取决于反馈网络，而与基本放大器几乎无关。反馈网络一般由一些性能比较稳定的无源性器件(如电阻器、电容器等)所组成，因此引入负反馈后放大倍数是比较稳定的。

2. 减少非线性失真

如图 3.2.11 所示为无负反馈和有负反馈的信号放大比较图。从图中可以看到，加入负反馈后的电路，对其输出信号有明显改善作用。

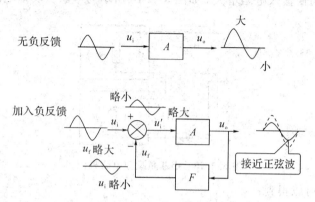

图 3.2.11　负反馈减少非线性失真

3. 展宽频带

无反馈时：

$$BW = f_H - f_L \approx f_H$$

其中，H、L 分别表示高端、低端。

引入反馈后，因

$$A_{uf} = \frac{A_u}{1 + A_u F}$$

故有

$$A_{Hf} = \frac{A_H}{1 + A_H F}, \quad A_{mf} = \frac{A_m}{1 + A_m F}, \quad A_{Lf} = \frac{A_L}{1 + A_L F}$$

其中，A_{Hf}、A_{mf} 及 A_{Lf} 分别表示引入负反馈后的高频、中频及低频放大倍数。引入负反馈后，各频段的放大倍数均会下降。

在图 3.2.12 中，放大电路在中频段的开环放大倍数 A_u 较高，反馈信号也较大，因而净输入信号降低较多，闭环放大倍数 A_{uf} 也随之降低较多；而在低频段和高频段，A_u 较低，反馈信号较小，因而净输入信号降低得较少，闭环放大倍数 A_{uf} 也降低较少。这就使放大倍数在比较宽的频段上趋于稳定，即展宽了通频带。

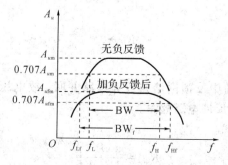

图 3.2.12　频带宽与放大倍数的关系

4. 改变输入电阻和输出电阻

1）对输入电阻的影响

（1）串联负反馈使输入电阻增大。如图 3.2.13 所示为串联负反馈电路框图。

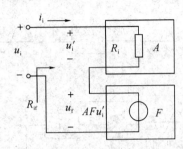

图 3.2.13 串联负反馈电路框图

根据电路框图可以得到：

$$R_{if} = \frac{u_i}{i_i} = \frac{u_i' + u_f}{i_i} = \frac{u_i' + AFu_i'}{i_i}$$

$$R_{if} = (1 + AF)R_i$$

对深度负反馈，有

$$R_{if} \to \infty$$

（2）并联负反馈使输入电阻减小。如图 3.2.14 所示为并联负反馈电路框图。

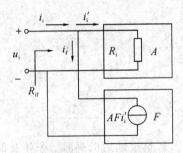

图 3.2.14 并联负反馈电路框图

根据电路框图可以得到：

$$R_{if} = \frac{u_i}{i_i} = \frac{u_i'}{i_i' + i_f} = \frac{u_i'}{i_i' + AFi_i'}$$

$$R_{if} = \frac{R_i}{1 + AF}$$

对深度反馈，有

$$R_{if} \to 0$$

2）对输出电阻的影响

（1）因为在电压负反馈中反馈网络与放大电路并联，故电压负反馈使输出电阻减小。如图 3.2.15 所示为电压负反馈电路框图。

根据电路框图可以得到：

$$R_{of} = \frac{R_o}{1 + A'F}$$

式中，A'为负载开路时的源电压放大倍数。

对深度负反馈，有

$$R_{of} \to 0$$

（2）因为在电流负反馈中反馈网络与放大电路串联，故电流负反馈使输出电阻增大。如图 3.2.16 所示为电流负反馈电路框图。

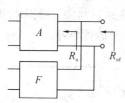
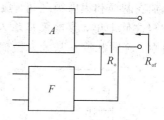

图 3.2.15 电压负反馈电路框图   图 3.2.16 电流负反馈电路框图

根据电路框图可以得到：

$$R_{of} = (1 + A''F)R_o$$

式中，A''为负载短路时的源电压放大倍数。

对深度负反馈，有

$$R_{of} \to \infty$$

【思考与练习】

1. 什么叫反馈？什么是正反馈和负反馈？用什么方法判断？

2. 如何判断一个放大器是否引入了反馈？什么是反馈元件？如何判断一个元件是否为反馈元件？

3. 负反馈放大器有哪四种组合状态？

4. 判断图 3.2.17 所示电路中反馈元件 R_{f1}、R_{f2}、R_{f3} 与 C_f 各起何类反馈作用？

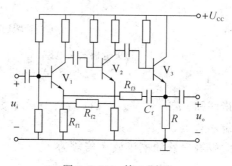

图 3.2.17 第 4 题图

3.3 放大器的三种组态与性能比较

在第 2 章中，已经介绍了放大器存在着三种基本组态，并且重点介绍了共射极放大电路。本节主要讨论共集电极放大电路和共基极放大电路。

3.3.1 共集电极放大电路

图 3.3.1(a)所示是共集电极电路的定义画法。由于对于交流信号通路，直流电源等效于短路，即直流电源正极与负极是相连的，因此，共集电极电路可以演变为图 3.3.1(b)所示的画法。图 3.3.1(c)和图 3.3.1(d)所示分别是它的直流通路和交流通路。从交流通路可知，输入电压 u_i 加在基极和集电极之间，负载电阻 R_L 接在三极管的发射极上，输出电压 u_o 从发射极和集电极之间取出，集电极是输入、输出回路的公共端，所以叫共集电极放大电路。在这个电路中，输出电压 u_o 从发射极输出，故又叫射极输出器。

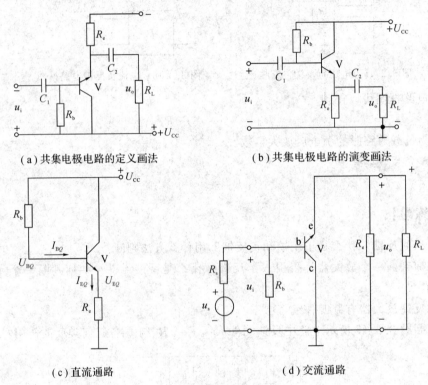

（a）共集电极电路的定义画法　　　　　　（b）共集电极电路的演变画法

（c）直流通路　　　　　　　　　　（d）交流通路

图 3.3.1　共集电极放大电路

1. 电压放大倍数

由放大电路的交流通路可知：$u_i = u_o + u_{be}$，而 $u_{be} = r_i \cdot r_{be}$，数值很小，因此 $u_o \approx u_i$，输出电压总是略小于并接近输入电压。

共集电极放大电路即射极输出器的电压放大倍数为

$$A_u = \frac{u_o}{u_i} = 1$$

即其电压放大倍数约等于 1。

该电路仍满足 $i_c = (1+\beta)i_b$，因此具有较强的电流放大能力。

2. 输出电阻

共集电极放大电路即射极输出器的输出电阻为

$$r_o = \frac{R_b /\!/ R_s + r_{be}}{1+\beta} /\!/ R_e \approx \frac{r_{be}}{\beta}$$

由此可知，射极输出器的输出电阻只有共发射极电路输出电阻的 $1/\beta$，一般只有几欧至几十欧，因此输出电阻小。

3. 输入电阻

共集电极放大电路即射极输出器的输入电阻为

$$r_\mathrm{i} = r_\mathrm{be} + (1+\beta)R_\mathrm{L}'$$

从图 3.3.1(d)可以看出，射极输出器的负载电阻 $R_\mathrm{L}' = R_\mathrm{e} /\!/ R_\mathrm{L}$。

与共发射极电路($r_\mathrm{i} \approx r_\mathrm{be}$)相比，射极输出器的输入电阻增加了 $(1+\beta)R_\mathrm{L}'$，数值可达几十到几百千欧，因此输入电阻大。

由上述分析可见，射极输出器从信号源索取的电流小而且带负载的能力强，所以它广泛应用于多级放大器的输入和输出级、两级共发射极放大电路之间的隔离级等。

3.3.2　共基极放大电路

共基极放大电路是把发射极作为输入端，集电极作为输出端，基极作为输入、输出回路的公共端。图 3.3.2 所示为共基极放大电路。

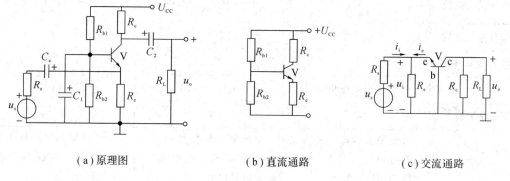

（a）原理图　　　　　　（b）直流通路　　　　　　（c）交流通路

图 3.3.2　共基极放大电路

1. 电压放大倍数

共基极放大电路的电压放大倍数为

$$A_u = \frac{u_\mathrm{o}}{u_\mathrm{i}} = \frac{\beta \cdot i_\mathrm{b} \cdot R_\mathrm{L}'}{i_\mathrm{b} \cdot r_\mathrm{be}} = \beta \frac{R_\mathrm{L}'}{r_\mathrm{be}}$$

2. 输入电阻

共基极放大电路的输入电阻为

$$r_\mathrm{i} = \frac{r_\mathrm{be}}{1+\beta} /\!/ R_\mathrm{e} \approx \frac{r_\mathrm{be}}{1+\beta}$$

3. 输出电阻

共基极放大电路的输出电阻为

$$r_\mathrm{o} = r_\mathrm{cb} /\!/ R_\mathrm{c} \approx R_\mathrm{c}$$

与共发射极放大电路相比，共基极放大电路具有相同的电压放大倍数，但其输入电阻很小，具有很好的高频特性，因此，常用于高频放大器或宽带放大器。

3.3.3 三种组态放大电路的性能比较

由于接入放大电路的方式不同，放大器可形成三种不同的电路组态，它们的特点如表3.3.1所示。

表 3.3.1 三种组态放大电路的比较

项目	共发射极放大电路	共集电极放大电路	共基极放大电路
输入端	基极	基极	发射极
输出端	集电极	发射极	集电极
公共端	发射极	集电极	基极
输入电阻	$R_b // r_{be}$（较小） $1\text{ k}\Omega$ 左右	$R_b // [r_{be} + (1+\beta)R_L']$（最大） 几百千欧	$\dfrac{r_{be}}{1+\beta}$（最小） 几十欧
输出电阻	R_c（较大） 几十千欧	$R_e // \dfrac{r_{be}+R_b // R_s}{1+\beta} \approx \dfrac{r_{be}}{\beta}$（最小） 几十欧	R_c（最大） 几百千欧
电压放大倍数	$-\dfrac{\beta R_L'}{r_{be}}$（大）	$\dfrac{(1+\beta)R_L'}{r_{be}+(1+\beta)R_L'} \approx 1$（小）	$\dfrac{\beta R_L'}{r_{be}}$（较大）
电流放大倍数	β（大）	$1+\beta$（大）	≈ 1（小）
功率放大倍数	大	较小	大
相位	u_o 与 u_i 反相	u_o 与 u_i 同相	u_o 与 u_i 同相
高频特性	差	好	好
特点	具有较大的电压放大倍数和电流放大倍数，输入电阻和输出电阻适中	电压放大倍数接近于1而小于1，输入电阻很高，输出电阻很低	输入电阻很低，易使输入信号严重衰减，频宽很大，输出电阻高
用途	应用最广泛，常用于多级放大电路的输入级或中间级和输出级、低频放大	输入级、输出级或阻抗匹配	高频或宽带放大、振荡电路及恒流源电路

在实际应用中，如何正确判断三极管在电路中的三种基本连接方式呢？方法如下：因为放大电路中只有一个输入回路和一个输出回路，每个回路都需要用到三极管的两只引脚，所以三极管的三只引脚中必须有一只引脚共通输入、输出回路，此引脚应该交流接地，因此只要看到三极管的哪只引脚交流接地，就可以知道是哪种连接方式。

【思考与练习】

1. 共基极放大电路的特点是什么？

2. 共集电极和共发射极接法的放大器，其电压放大倍数哪个大？功率放大倍数哪个大？这两种放大器的主要用途有什么区别？

3.4　集成运算放大器

3.4.1　直流放大器

在工业自动控制系统和装置中，经常要将一些物理量(如温度、压力、位移、转速等)通过传感器转换为相应的电信号，而此类电信号往往是变化极其缓慢的(即频率近于零)或者是极性固定不变的直流信号。这类信号不能用阻容耦合或变压器耦合的放大器来放大，因为频率为零的直流信号或变化缓慢的交流信号将被电容器或变压器隔断，这时就必须采用直接耦合方式的直流放大器。

用来放大缓慢变化的信号或者某个直流量信号(统称为直流信号)的放大电路，称为直流放大器。

1. 直流放大电路中的零点漂移

直流放大电路采用直接耦合形式，它既能放大直流信号，也能放大交流信号，但是它不像阻容耦合、变压器耦合那样，各级静态工作点彼此独立，而是各级静态工作点相互影响，相互制约。因此，电路前级发生故障必然影响到后级的工作。

1) 零点漂移现象

如图 3.4.1 所示为一直流放大电路，若将输入端对地短路，在输出端接一个电压表，从理论上来讲，电压表的指针应固定在某一个数值上不变。但通过实际观察发现，电压表的指针出现忽左忽右不规则的摆动，如图 3.4.2 所示。

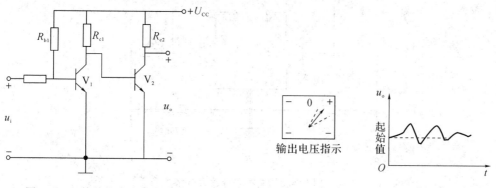

图 3.4.1　简单的直流放大电路　　　　图 3.4.2　零点漂移现象

上述直流放大电路在输入信号为零时，输出电压出现波动不稳的现象称为零点漂移，简称零漂。

2) 零漂的危害

在多级直流放大电路中，第一级产生的零漂会被逐级放大，从而使输出电压偏离稳定值更严重，严重时的漂移电压甚至会把信号电压淹没了，故第一级零漂所产生的作用最显著，要减小零漂必须着重解决第一级零漂问题。放大器总的放大倍数越高，输出电压的漂移就越严重。

3）抑制零漂的措施

（1）选用稳定性好的电子元器件。

（2）采用单级或级间负反馈来稳定工作点，以减小零漂。

（3）采用直流稳压电源，减小由于电源电压波动所引起的零漂。

（4）采用差分放大电路来抑制零漂。

2. 差分放大电路

差分放大电路不仅能有效放大直流信号，而且能有效地减小由于电源波动和温度变化所引起的零漂，因而获得广泛的应用。特别是大量应用于集成运放电路，作为前置级。

1）电路组成

差分放大电路又称差动放大电路，结构如图 3.4.3 所示，它由两个完全对称的单管放大电路组成，其中 $R_{b1}=R_{b2}$，$R_{c1}=R_{c2}$，$R_{o1}=R_{o2}$，$R_1=R_2$，并且 V_1、V_2 晶体管的特性完全相同。输入电压 u_i 经电阻分压为 u_{i1} 和 u_{i2}，分别加到 V_1 和 V_2 的基极。从图 3.4.3 可以看出，$u_{i1}=\frac{1}{2}u_i$，$u_{i2}=-\frac{1}{2}u_i$，u_{i1} 和 u_{i2} 是两个大小相等、极性相反的信号，这种信号称为差模信号。这种输入信号的方式称为差模输入。以差模输入方式工作的放大电路，因为 $u_{i1}=-u_{i2}$ 且电路完全对称，所以 $u_{o1}=-u_{o2}$。此时，放大器的输出电压 u_o 为 V_1、V_2 输出电压之差，即 $u_o=u_{o1}-u_{o2}=2u_{o1}$。

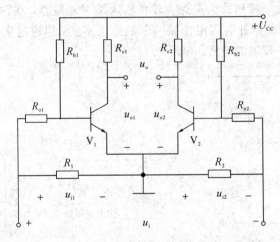

图 3.4.3　基本差分放大电路

2）抑制零漂原理

当输入信号为零，即 $u_i=0$ 时，由于 V_1 和 V_2 所在的单管放大电路完全对称，故 $i_{c1}=i_{c2}$，$u_{o1}=u_{o2}$，此时输出电压 $u_o=u_{o1}-u_{o2}=0$。当温度或电源电压发生波动时，V_1 和 V_2 同时发生了零漂，但因为 V_1 和 V_2 所在的单管放大电路完全对称，所以总存在 $u_{o1}=u_{o2}$，故输出电压 $u_o=u_{o1}-u_{o2}=0$。可见，两只管子的零点漂移在输出端相互抵消了。这种差分放大电路抑制零漂的能力与电路的对称性有很大的关系，对称性越好，抑制零漂能力越强。

3）放大倍数

（1）差模放大倍数 A_{ud}。

在图 3.4.3 所示的电路中，设两只单管放大器的放大倍数分别为 A_{u1}、A_{u2}，显然 $A_{u1}=A_{u2}$。根据放大电路的放大倍数定义可知：

$$A_{ud}=\frac{u_o}{u_i}=\frac{2\,u_{o1}}{2\,u_{i1}}=A_{u1}$$

即 $A_{ud}=A_{u1}=A_{u2}$。

由此可见，采用双端输入、双端输出的差分放大电路的放大倍数与电路中每只单管放大器的放大倍数相同。

（2）共模放大倍数 A_{uc}。

在图 3.4.4 所示的电路中，将 u_{i1} 和 u_{i2} 分别加到差分放大电路的两个输入端，它们大小相等，极性相同，通常称它们为共模信号。这种输入信号的方式称为共模输入。因为 $u_{i1}=u_{i2}$ 且电路完全对称，所以 $u_{o1}=u_{o2}$，此时放大器的输出电压 u_o 为 V_1、V_2 输出电压之差，即 $u_o=u_{o1}-u_{o2}=0$。根据放大电路的放大倍数定义可知：

$$A_{uc}=\frac{u_o}{u_i}=\frac{0}{u_i}=0$$

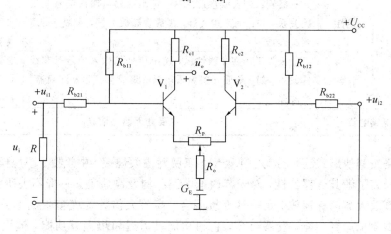

图 3.4.4　差分放大电路的共模输入方式

显然，共模信号并不是实际的有用信号，而是温度等因素变化所产生的漂移或干扰信号，因此需要进行抑制。一个理想的差分放大电路的共模放大倍数为零。在实际应用中，电路不可能完全对称，因此共模放大倍数也不可能为零，而是一个很小的值。共模放大倍数 A_{uc} 越小，电路抑制共模信号的能力越强，共模放大倍数反映了差分放大电路抑制零漂的能力。

4）共模抑制比

在差模信号和共模信号同时存在的情况下，若电路基本对称，则对输出起主要作用的是差模信号，而共模信号对输出的作用要尽可能被抑制。为定量反映放大器放大有用的差模信号和抑制有害的共模信号的能力，通常引入参数共模抑制比，用 K_{CMR} 表示。它定义为

$$K_{CMR}=\left|\frac{A_{ud}}{A_{uc}}\right|$$

共模抑制比用分贝表示为

$$K_{CMR}=20\lg\left|\frac{A_{ud}}{A_{uc}}\right|\ (dB)$$

显然，K_{CMR}越大，输出信号中的共模成分相对越少，电路对共模信号的抑制能力就越强。

3.4.2 集成运算放大器的基础知识

集成电路是把具有某项功能的电路元件（晶体管、小电阻、小电容等）和连接导线集中制作在一块半导体芯片上，组成具有某一功能的整体。它不仅体积小、成本低、温度特性好、通用性和灵活性强，而且可靠性高，组装和调试也很方便，因此在电子设备中得到广泛应用。

1. 集成电路的分类

集成电路按功能可分为数字集成电路和模拟集成电路两大类，如表 3.4.1 所示。

表 3.4.1　集成电路按功能分类

类型		特点及主要作用	
模拟集成电路	线性	三极管工作在线性放大区，输出信号与输入信号呈线性关系。如：运算放大器，集成音频放大器，集成中、高频放大器	用于放大或变换连续变化的电信号
	非线性	三极管工作在非线性区，输出信号与输入信号呈非线性关系。如：集成开关稳压电源、集成振荡器、混频器、检波器	
数字集成电路		主要处理数字信息	

集成电路按其他形式还可分为：单极型、双极型或大规模、中规模、小规模等。使用集成电路一般只需了解其外部特性，对于其内部电路结构及制造工艺一般不去研究。

集成运算放大器简称运放，是一种直接耦合、高放大倍数的模拟集成电路。集成运放最早用来实现模拟运算功能，发展至今，它的功能已远远超出运算功能，被用来组成各类具有特殊用途的实用电路。集成运放在通信、控制和测量等设备中得到广泛应用。

2. 集成运放的电路组成

集成运放电路主要由输入级、中间级、输出级和偏置电路组成，如图 3.4.5 所示。它有两个输入端，一个输出端。图中输入端、输出端的公共端为地。

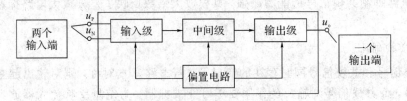

图 3.4.5　集成运算放大器结构

1）输入级

输入级又称为前置级，它是一个双端输入的高性能差动放大器，具有高输入电阻、高放大能力、高共模抑制比等特点。输入级的好坏直接影响到集成运算放大器的性能。

2）中间级

中间级是整个放大电路的主放大器，一般采用共射级放大电路。为了提高管子的放大倍数，中间级一般采用复合管做成放大管，其电压放大倍数往往可以达到千倍以上。

3）输出级

输出级具有输出电阻小、非线性失真小、动态范围宽等特点，一般采用互补对称电路作为其输出电路。

4）偏置电路

偏置电路用于设置集成运算放大器各级放大电路所需要的静态工作点。与分立元件不同的是，集成运算放大器采用电流源为其提供静态工作电流，而分立元件单元电路的静态工作点是由电压源提供的。

图3.4.6所示为常用 μA741 集成运放芯片产品实物图和引脚排列图。

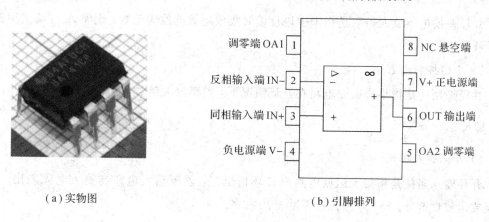

（a）实物图　　　　　　　　　　（b）引脚排列

图 3.4.6　μA741 集成运放芯片

3. 集成运放的电路符号

集成运放的电路符号如图 3.4.7 所示，其中图（a）是集成运放的新国际标准符号，图（b）是集成运放的旧国际标准符号。符号中通常只画输入端、输出端，其他各端可以不画出。输入端"＋"为同相输入端，信号从该端输入时，在输出端相位不变；输入端"－"为反相输入端，信号从该端输入时，在输出端相位反相。

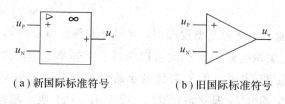

（a）新国际标准符号　　　　　　（b）旧国际标准符号

图 3.4.7　集成运放电路符号

4. 集成运放的主要参数

集成运放的参数很多，在集成电路使用手册上都有详细的说明，了解集成运放的主要参数及其含义，目的在于正确挑选和使用它。集成运放的主要参数有以下几种：

1) 输入失调电压 U_{IO}

输入失调电压是指输入电压为零时，为了使输出电压也为零，必须在输入端所加的补偿电压，一般为毫伏数量级。它表征电路输入部分不对称的程度，U_{IO} 小的集成运放性能好。

2) 输入失调电流 I_{IO}

输入失调电流是指输入电压为零时，为了使输出电压也为零，必须在输入端所加的补偿电流，其值为两个输入端静态基极电流之差。

3) 输入偏置电流 I_{IB}

输入偏置电流是指输入电压为零时，两个输入端静态基极电流的平均值，一般为微安数量级。I_{IB} 小的集成运放性能好。

4) 开环差模电压放大倍数 A_{uo}

开环差模电压放大倍数是指未引进反馈时集成运放的放大倍数，记作 A_{uo}。集成运放很少开环使用。

5) 共模抑制比 K_{CMR}

共模抑制比是指集成运放电路在开环情况下，差模放大倍数 A_{ud} 与共模放大倍数 A_{uc} 之比，即 $K_{CMR} = \dfrac{A_{ud}}{A_{uc}}$。

6) 开环输入阻抗 r_i

开环输入阻抗是指集成运放电路在开环情况下，差模输入电压与输入电流之比。r_i 大的集成运放性能好。r_i 一般为几百千欧至几兆欧。

7) 开环输出阻抗 r_o

开环输出阻抗是指集成运放电路在开环情况下，输出电压与输出电流之比。r_o 小的集成运放性能好。r_o 一般在几百欧左右。

8) 输出峰-峰电压 U_{OPP}

输出峰-峰电压又称输出电压动态范围，是指运放处于空载时，在一定的电源电压下输出的最大失真电压的峰-峰值。

9) 温度漂移

放大器零点漂移的主要来源是温度漂移，而温度漂移对输出的影响可以折合为等效输入失调电压 U_{IO} 和输入失调电流 I_{IO}，因此可以用以下指标来表示放大器的温度稳定性，即温漂指标：在规定的温度范围内，输入失调电压的变化量 ΔU_{IO} 与引起 U_{IO} 变化的温度变化量 ΔT 之比，称为输入失调电压/温度系数 $\Delta U_{IO}/\Delta T$。$\Delta U_{IO}/\Delta T$ 越小越好，一般为 $\pm(10\sim20)$ $\mu V/℃$。

10) 转换速率 S_R

转换速率是指集成运放在闭环状态下，输入为大信号（如矩形波信号等）时，其输出电压对时间的最大变化速率，即

$$S_R = \left| \frac{\mathrm{d}u_o(t)}{\mathrm{d}t} \right|_{max}$$

转换速率 S_R 反映集成运放对高速变化的输入信号的响应情况，主要与补偿电容、运放内部各管的极间电容、杂散电容等因素有关。S_R 大一些好，S_R 越大，说明集成运放的高频性能越好。一般运放 S_R 小于 $1\ \mathrm{V/\mu s}$，高速运放可达 $65\ \mathrm{V/\mu s}$ 以上。

5. 集成运放的理想特性

在分析集成运放的各种实用电路时，为了简化分析，通常将集成运放的性能指标理想化，即将集成运放看成理想运放。图 3.4.8 所示为理想集成运放的等效电路。图中 r_i 和 r_o 分别表示其输入电阻和输出电阻。

1）理想集成运放应具备的条件

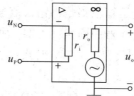

（1）开环电压放大倍数 $A_{uo} = \infty$；

（2）输入电阻 $r_i = \infty$；

（3）输出电阻 $r_o = 0$；

（4）共模抑制比 $K_{CMR} = \infty$；

（5）开环通频带 $\mathrm{BW} \to \infty$。

图 3.4.8 理想集成运放的等效电路

2）理想集成运放的重要结论

（1）从图 3.4.8 中可以看出：$A_{uo} = u_o/(u_P - u_N)$，由于 $A_{uo} \to \infty$，而 u_o 是一个有限值，所以 $u_P - u_N \approx 0$，即 $u_P = u_N$。

（2）理想集成运放的输入电流趋于零。在输入端，因为 $u_P = u_N$，而 $r_i \to \infty$，$i_i = (u_P - u_N)/r_i \approx 0$，所以，理想集成运放同相、反相输入端不取电流，即 $i_P = i_N = 0$。

3）虚短和虚断

（1）理想集成运算放大器两输入端电位差趋于零，好像两个输入端短接在一起，但实际上两输入端之间不是真正的短路，故称为"虚短"。

（2）理想集成运算放大器的输入电流趋于零，好像两个输入端与运算放大器的内部断开一样，但实际上两输入端与运算放大器的内部不是真正的开路，故称为"虚断"。

利用"虚短"和"虚断"的概念，可以十分方便地对集成运放的线性应用电路进行快速简捷地分析。

3.4.3 集成运算放大器的应用

集成运放只需在其外围加少数几个元件，就可以组成各种用途的实用电路。为了使集成运放能稳定正常地工作，其在使用时都接有反馈电路，形成闭环结构形式，作为反馈放大电路使用。

1. 反相比例运算电路

反相比例运算电路是将输入信号 u_i 加到集成运算放大器的反相输入端，如图 3.4.9 所示。输出电压通过反馈电阻 R_f 反馈到反相输入端；R_1 为输入端的电阻；R_2 为平衡电阻或补偿电阻，用于消除偏置电流带来的误差，一般取 $R_2 = R_1 /\!/ R_f$。显然该电路是电压并联负反馈电路。

根据理想运放"虚断"($i_i = 0$)的概念,有 $u_{i+} = 0$,$i_1 = i_f$,又根据"虚短"($u_{i-} = u_{i+}$)的概念,有 $u_{i-} = u_{i+} = 0$。分析电路可得

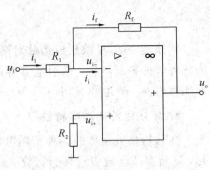

$$i_1 = \frac{u_i}{R_1}, \quad i_f = -\frac{u_o}{R_f}$$

故输出电压为

$$u_o = -\frac{R_f}{R_1}u_i$$

2. 同相比例运算电路

图 3.4.9 反相比例运算电路

同相比例运算电路是将输入信号 u_i 通过电阻 R_2 加到集成运算放大器的同相输入端,如图 3.4.10 所示。在该电路中,由于输出电压通过反馈电阻 R_f 反馈到反相输入端,因此该电路是电压串联负反馈电路。该电路中一般取 $R_2 = R_1 /\!/ R_f$。

根据理想运放"虚断"($i_i = 0$)的概念,流过 R_2 的电流为0,即 $u_{i+} = u_i$;又利用"虚短"($u_{i-} = u_{i+}$)的概念,在同相输入放大电路中有 $u_{i-} = u_{i+} = u_i$,由于 $i_i = 0$,则 $i_1 = i_f$。分析电路可得

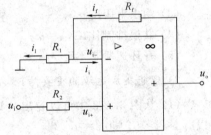

$$\frac{u_{i-} - 0}{R_1} = \frac{u_o - u_{i-}}{R_f}$$

$$u_o = (1 + \frac{R_f}{R_1})u_{i-} = (1 + \frac{R_f}{R_1})u_{i+}$$

故输出电压为

图 3.4.10 同相比例运算电路

$$u_o = (1 + \frac{R_f}{R_1})u_i$$

3. 反相加法运算电路

在自动控制电路中,往往将多个采样信号按一定比例组合起来输入到放大电路中,这就用到了加法电路。图 3.4.11 所示为反相加法运算电路,在运放的反相输入端输入多个信号。

根据"虚断"的概念可知,$i_f = i_i$;根据"虚短"的概念可知,$u_{i-} = u_{i+} = 0$。分析电路可得

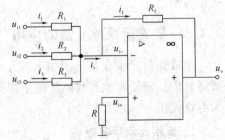

$$i_i = i_1 + i_2 + i_3$$

$$i_1 = \frac{u_{i1}}{R_1}, \quad i_2 = \frac{u_{i2}}{R_2}, \quad i_3 = \frac{u_{i3}}{R_3}$$

$$u_o = -R_f\, i_f$$

故输出电压为

图 3.4.11 反相加法运算电路

$$u_o = -R_f(\frac{u_{i1}}{R_1} + \frac{u_{i2}}{R_2} + \frac{u_{i3}}{R_3})$$

可见,电路的输出电压正比于各输入电压之和,故称为反相加法运算电路。

4. 减法比例运算电路

图 3.4.12 所示为减法比例运算电路，两输入信号分别加到运放电路的反相输入端与同相输入端，反馈电压则由输出端通过反馈电阻 R_f 反馈到反相输入端。在同相输入端与地之间加了电阻 R_3。为了使集成运放两输入端的输入电阻对称，通常取 $R_1 = R_2$，$R_3 = R_f$。

根据"虚断"的概念可知，$i_f = i_1$；根据"虚短"的概念可知，$u_{i-} = u_{i+}$，分析电路可得

$$i_1 = \frac{u_{i1} - u_{i-}}{R_1}, \quad i_f = \frac{u_{i-} - u_o}{R_f}, \quad u_{i+} = \frac{R_3\, u_{i2}}{R_2 + R_3}$$

根据 $i_f = i_1$，有

$$\frac{u_{i1} - u_{i-}}{R_1} = \frac{u_{i-} - u_o}{R_f}$$

则

$$u_{i-} = \frac{u_{i1}\, R_f + u_o\, R_1}{R_1 + R_f}$$

根据 $u_{i-} = u_{i+}$，有

$$\frac{u_{i1}\, R_f + u_o\, R_1}{R_1 + R_f} = \frac{R_3\, u_{i2}}{R_2 + R_3}$$

故输出电压为

$$u_o = \left(1 + \frac{R_f}{R_1}\right)\frac{R_3}{R_2 + R_3}\, u_{i2} - \frac{R_f}{R_1}\, u_{i1}$$

因 $R_1 = R_2$，$R_3 = R_f$，故

$$u_o = \frac{R_f}{R_1}\,(u_{i2} - u_{i1})$$

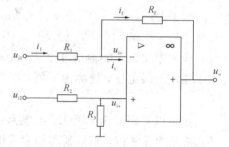

图 3.4.12　减法比例运算电路

当 $R_1 = R_2 = R_3 = R_f$ 时，$u_o = u_{i2} - u_{i1}$，该电路便可实现减法运算。减法比例运算电路又称为差分输入比例运算电路。

5. 电压比较器

电压比较器是用来比较两个电压大小的电路，在自动控制、越限报警、波形变换等电路中得到应用。

由集成运放所构成的比较电路，其重要特点是运放工作于非线性状态。在集成运放开环工作时，由于其开环电压放大倍数很高，因此，当两个输入端之间有微小的电压差异时，将导致末端的输出级三极管工作在开关状态。当运放电路引入适时的正反馈时，将使各级电压变化加快，末端输出级三极管的"开"与"关"更利落，输出的结果就是高、低两种电平。由此可见，分析比较电路时应注意：

(1) 比较器中运放"虚短"的概念不再成立，而"虚断"的概念依然成立。

(2) 应着重抓住输出发生跳变时的输入电压值来分析其输入/输出关系，画出电压传输特性。

电压比较器简称比较器，它常用来比较两个电压的大小，比较的结果（大或小）通常由输出的高电平 U_{oH} 或低电平 U_{oL} 来表示。

简单电压比较器的基本电路如图 3.4.13(a) 所示，它将一个模拟量的电压信号 u_i 与一个参考电压 U_{REF} 相比较。模拟量信号可从同相端输入，也可从反相端输入。图 3.4.13(a) 所示的信号为反相端输入，参考电压接于同相端。

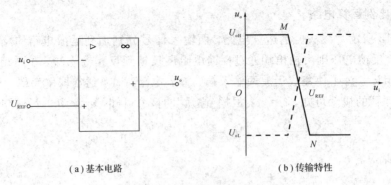

（a）基本电路 （b）传输特性

图 3.4.13 简单电压比较器

当输入信号 $u_i < U_{REF}$ 时，输出即为高电平 $u_o = U_{oH}(+U_{CC})$；当输入信号 $u_i > U_{REF}$ 时，输出即为低电平 $u_o = U_{oL}(-U_{EE})$。显然，当比较器输出为高电平时，表示输入电压 u_i 比参考电压 U_{REF} 小；反之，当比较器输出为低电平时，表示输入电压 u_i 比参考电压 U_{REF} 大。

根据上述分析，可得到该比较器的传输特性如图 3.4.13(b) 中实线所示。可以看出，传输特性中的线性放大区（MN 段）输入电压变化范围极小，因此可近似认为 MN 与横轴垂直。

通常把比较器的输出电压从一个电平跳变到另一个电平时对应的临界输入电压称为阈值电压或门限电压，简称为阈值，用符号 U_{TH} 表示。对这里所讨论的简单比较器，有 $U_{TH} = U_{REF}$。

也可以将图 3.4.13(a) 所示电路中的 U_{REF} 和 u_i 的接入位置互换，即 u_i 接同相输入端，U_{REF} 接反相输入端，则得到同相输入电压比较器。不难理解，同相输入电压比较器的阈值仍为 U_{REF}，其传输特性如图 3.4.13(b) 中虚线所示。

作为上述两种电路的一个特例，如果参考电压 $U_{REF} = 0$（该端接地），则输入电压超过零时，输出电压将产生跃变，这种比较器称为过零比较器。

3.4.4 集成运算放大器使用常识

集成运放的种类和品种较多，使用前应了解产品的类别、参数、供电电压、外引线功能及排列方法等，使用中不允许超过集成运放各参数的极限值，并注意对集成运放的保护。

1. 电源极性的保护

为了防止电源极性接反造成损坏，可采用如图 3.4.14 所示的电路，利用二极管的单向导电性达到保护目的。当电源极性正确时，二极管 VD_1 和 VD_2 均处于导通状态，电路正常工作，一旦电源极性接反，二极管反向截止不导通，相当于电源开路，从而保护了集成运算放大器。需要注意的是，主要电路中用到的二极管的最高反向工作电压要高于电源电压。

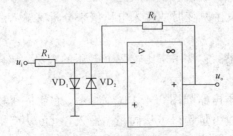

图 3.4.14 电源极性的保护

2. 输入保护

集成运放的输入差模电压过高或共模电压过高（超出集成运放的极限参数范围），集成运放也会损坏，即使没有产生永久损坏，也会使集成运放的性能变差。常用的保护办法是利用二极管的限幅作用对输入信号的幅度加以限制，如图 3.4.15 所示，当输入电压超过规定值时，二极管 VD_1 或 VD_2 导通，从而限制了输入信号的幅度，起到了保护作用。

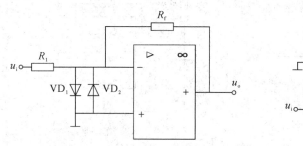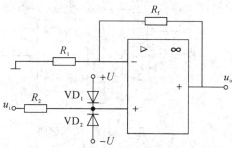

（a）反相比例运算电路的输入保护　　　　　（b）同相比例运算电路的输入保护

图 3.4.15　输入保护

3. 输出保护

当集成运放出现过载或输出端短路时，若没有保护电路，会损坏该集成运放。如图 3.4.16 所示，在输出电路上反向串联两只稳压二极管 VD_1 和 VD_2，就可以构成集成运放电路的输出保护。当输出端电压过高时，一只正向导通，一只反向击穿，从而将输出电压稳定在安全范围内。注意，两只稳压管的稳压值应略高于集成运放的最大允许输出电压。

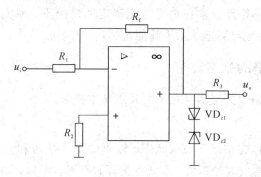

图 3.4.16　输出保护

【思考与练习】

1. 什么是直接耦合放大器？它适用于哪些场合？直接耦合放大器有什么特殊问题？在电路上采取什么办法来解决？

2. 解释下列名词：共模信号、差模信号、共模放大倍数、差模放大倍数、共模抑制比。

3. 集成运放由哪几部分组成？在理想状态下，集成运放的主要参数有哪些？

4. 画出集成运放组成的反相放大器、同相放大器电路原理图，并比较两种电路的不同之处。

5. 减法比例运算电路可以分成同相比例运算电路和反相比例运算电路两个部分，并利用叠加原理来分析吗?

6. 在图 3.4.17 所示电路中，已知 $u_{i1} = -2$ V，$u_{i2} = 3$ V，$u_{i3} = 4$ V，$u_{i4} = -5$ V，求 u_o 的值。

7. 在图 3.4.18 所示电路中，已知 $U_{CC} = 12$ V，$R_1 = 20$ kΩ，$R_2 = 10$ kΩ，求 u_o 的值。

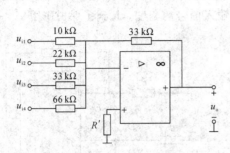

图 3.4.17　第 6 题图

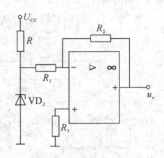

图 3.4.18　第 7 题图

3.5　低频功率放大器

在电子设备中，信号被放大后，用以驱动负载，如扩音机输出信号驱动扬声器等。驱动一个实际负载通常需要较大的功率，能输出较大功率的放大电路被称为功率放大电路。

功率放大器和电压放大器没有本质上的区别。电压放大器的主要任务是把微弱的信号电压进行放大，一般输入及输出的电压和电流都比较小，是小信号放大器，其消耗能量少，信号失真小，输出信号的功率小。功率放大器处于电子设备的末级和末前级，通常工作在大信号情形下，其主要任务是追求在电源电压确定的情况下，输出尽可能大的信号功率，此时，输入、输出电压和电流都较大，消耗能量多，信号容易失真，输出信号的功率大。

3.5.1　功率放大电路的基本要求

一个性能良好的功率放大器需满足下列几点基本要求。

1. 失真要小

由于功率晶体管工作在接近于极限状态，输出的是大电压和大电流，因而电路比较容易产生非线性失真，且输入信号越大，非线性失真越严重。所以，输出大功率时，应将非线性失真限制在允许的范围内。

2. 有足够大的输出功率

只有电路的输出电压和输出电流都有足够大的幅度，才能保证输出功率尽可能大。最大输出功率为

$$P_{om} = 最大输出电压有效值 \times 最大输出电流有效值$$

3. 效率要高

功率放大器即是能量转换器，主要将直流电源供给的能量转换成交流电能传送给负载。在能量转换过程中，电路器件需消耗一定的能量，所以在大功率情况下，必须考虑能量转换的效率。

4. 散热性能好

功率放大器有一部分电能消耗在功放管上，产生损耗，使功放管发热，热的积累会使三极管性能恶化，甚至烧坏，所以功放管的散热条件要好。通常功放管的集电极具有金属散热外壳，另外也需要给功放管安装散热片，且需要一定的过流保护装置。

3.5.2　功率放大器的分类

功率放大器的种类很多，通常有以下几种分类方法，见表 3.5.1。

表 3.5.1　功率放大器的分类

序号	分　类　标　准	类　别
1	按功放输出级放大元件的数量分类	单端功率放大器
		推挽功率放大器
2	按所用的有源器件分类	晶体管功率放大器
		场效应管功率放大器
		集成电路功率放大器
		电子管功率放大器（俗称"胆机"）
3	按三极管的工作状态分类	甲类功率放大器
		乙类功率放大器
		甲乙类功率放大器
4	按输出级与负载的耦合方式分类	变压器耦合功率放大器（采用变压器耦合）
		OCL 功率放大器（无电容直接耦合）
		OTL 功率放大器（耦合器件为大容量电容）
		BTL 功率放大器（以电桥方式直接耦合）
5	按功率放大器的功能分类	前级功率放大器
		后级功率放大器
		合并式功率放大器

本节主要介绍甲类、乙类、甲乙类功放及其特点。

1. 甲类功放

甲类工作状态是指将功率放大器的静态工作点设置在特性曲线的放大区，且位于负载线中点时的状态，三极管在输入信号整个周期内始终处于放大状态。

特点：甲类工作状态失真小，静态电流大，管耗大，效率低。

2. 乙类功放

乙类工作状态是将工作点设置在 $I_B = 0$ 的输出曲线上，静态时功放管的 $I_C \approx 0$，三极管在输入信号周期内仅导通半个周期。

特点：乙类工作状态存在交越失真，管耗小，效率高。

3. 甲乙类功放

甲乙类工作状态是将功率放大器的静态工作点设置在接近截止区而仍在放大区，就是使 I_{CQ} 稍大于零，此时功放管处于弱导通状态。

特点：甲乙类工作状态失真较大，静态电流小，管耗小，效率较高。

3.5.3 OCL 功率放大器

OCL(Output Capacitance Less)功率放大器是指无输出电容功放电路。

1. 电路基本结构

图 3.5.1(a)所示为 OCL 功率放大器的电路原理图。它由具有相同参数的 NPN 和 PNP 两个功放管 V_1、V_2 组成，从该电路的交流通路可以看出，两只功放管的基极连在一起作为信号的输入端，发射极连在一起作为信号的输出端，集电极是输入、输出信号的公共端，故该电路是由 V_1、V_2 组成的互补对称式共集电极推挽功率放大器，属于乙类互补对称功率放大器。

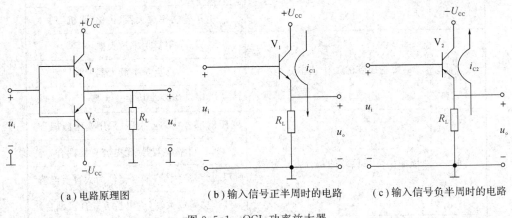

(a) 电路原理图　　　(b) 输入信号正半周时的电路　　　(c) 输入信号负半周时的电路

图 3.5.1　OCL 功率放大器

2. 工作原理

1）静态特征

当输入信号 $u_i = 0$ 时，由于两管均无偏置，故两管的基极电流均为 0，两管均截止，电路无功率放大功能。

2）动态特征

在输入信号 u_i 的正半周，输入端上正下负，两管基极电位升高，NPN 管 V_1 的发射结正偏导通，PNP 管 V_2 的发射结反偏截止，此时电路如图 3.5.1(b)所示，输出电流由 $+U_{CC}$ 经过 V_1、R_L 自上而下到地，即 $+U_{CC} \rightarrow V_1 \rightarrow R_L \rightarrow$ 地，负载 R_L 上得到被放大了的正半周电流信号。

在输入信号 u_i 的负半周，输入端上负下正，两管基极电位下降，PNP 管 V_2 的发射结正偏导通，NPN 管 V_1 的发射结反偏截止，此时电路如图 3.5.1(c)所示，输出电流由地经过 R_L、V_2 自下而上到 $-U_{CC}$，即地 $\rightarrow R_L \rightarrow V_2 \rightarrow -U_{CC}$，负载 R_L 上得到了被放大的负半周电流信号。

由此可见，输入信号变化一周，V_1、V_2轮流导通、交替工作，分别放大信号的正半周、负半周，使负载上能获得一个周期的完整信号。

3. 主要性能指标

1）最大输出功率P_o

输出功率是输出电压有效值与输出电流有效值的乘积。设输出电压的峰值为U_{cem}、输出电流的峰值为I_{cm}，则输出功率为

$$P_o = U_{ce}I_c = \frac{U_{cem}}{\sqrt{2}} \cdot \frac{I_{cm}}{\sqrt{2}} = \frac{1}{2}U_{cem}I_{cm}$$

输入信号越强则I_{cm}和U_{cem}越大，输出功率P_o也越大。P_o的增加是有限度的，为了不产生饱和失真和截止失真，需要满足$U_{cem} \leqslant U_{CC}$，$I_{cm} \leqslant I_{CQ}$。

在 OCL 电路中，$U_{cem} = U_{CC} - U_{CES}$，$U_{CES}$为三极管的饱和压降。输出最大功率时，忽略三极管的饱和压降和穿透电流，则输出电压的峰值$U_{cem} \approx U_{CC}$，输出电流的峰值$I_{cm} = U_{cem}/R_L$。故最大输出功率为

$$P_{om} = \frac{1}{2}U_{cem}I_{cm} \approx \frac{U_{CC}^2}{2R_L}$$

2）效率

理论证明，乙类互补对称功率放大器在理想情况下的最大效率是 78.5%，比甲类功率放大器的最大效率 50%提高了许多。

3）管耗

由于电路对称，两只管子的管耗P_{V1}、P_{V2}相等，故最大管耗$P_{Vm1} = P_{Vm2} = 0.2P_{om}$。

4. 存在问题及改进措施

1）交越失真

在图 3.5.1(a)所示的电路中，输入信号必须大于三极管发射结的死区电压，管子才能导通，显然在死区电压范围内，是不会产生输出电流的。这样，在输出波形的正、负半周的交界处将造成波形失真，技术上把这种失真叫交越失真，如图 3.5.2 所示。

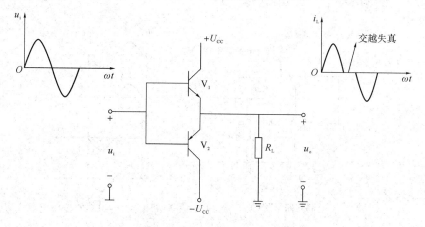

图 3.5.2 OCL 功率放大器的交越失真

2) 改进措施

为了消除交越失真，可对电路进行改进，采用如图 3.5.3 所示的几种形式，以使两只功放管在静态时工作在微导通状态。具体做法是使功放管的输入特性处在刚刚脱离死区即将进入放大区的位置上，这样即便很小的输入信号都可以保证被放大，不仅消除了交越失真，还可以使电路的效率保持一个较高的数值，该类型电路属于甲乙类互补对称 OCL 功率放大电路。

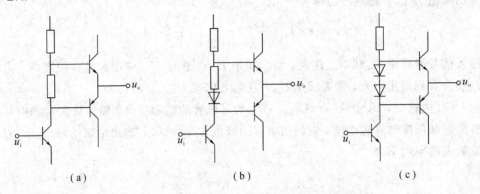

（a）　　　　　　　（b）　　　　　　　（c）

图 3.5.3　加偏置电路的 OCL 电路

最简单的方式如图 3.5.3(a)所示电路，在两功放管的基极各接入一个电阻，调整该电阻的阻值，使两端电压刚好克服两功放管的交越失真为好。图 3.5.3(b)、(c)两电路利用二极管既有一定的电压又有动态电阻较小的特点，达到既能消除交越失真，又能使两功放管输入信号基本对称的目的，在实际电路中被广泛应用。

3.5.4　OTL 功率放大器

OTL(Output Transformer Less)功率放大器是指无输出变压器功放电路。

1. 电路基本结构

如图 3.5.4(a)所示为 OTL 功率放大器的电路原理图。与 OCL 电路相比，它省去了负电源，输出端加接了一只容量较大的电容器，其他部分相似，故也属于乙类互补对称功率放大器。

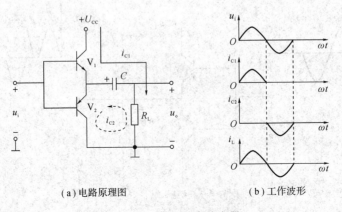

（a）电路原理图　　　　　　　　（b）工作波形

图 3.5.4　OTL 功率放大器

2. 工作原理

1）静态特征

当输入信号$u_i=0$时，电源电压U_{CC}经过V_1、R_L对电容器C充电，极性为左正右负，电容器两端电压U_C为电源电压的一半，即$\frac{1}{2}U_{CC}$。NPN管V_1集电极与发射极之间的直流电压也为电源电压的一半，即$\frac{1}{2}U_{CC}$；PNP管V_2集电极与发射极之间的直流电压为$-\frac{1}{2}U_{CC}$。

2）动态特征

OTL电路的动态特征与OCL电路的动态特征相似，在输入信号u_i的正半周，V_1的发射结正偏导通，V_2的发射结反偏截止，输出电流i_{C1}由$+U_{CC}$经过V_1、C、R_L自上而下到地，即$+U_{CC} \rightarrow V_1 \rightarrow C \rightarrow R_L \rightarrow$地，负载$R_L$上得到被放大了的正半周电流信号。

在输入信号u_i的负半周，V_2的发射结正偏导通，V_1的发射结反偏截止，输出电流i_{C2}由电容器C的正极经过V_2、R_L再回到C的负极，即C正极$\rightarrow V_2 \rightarrow R_L \rightarrow C$负极，负载$R_L$上得到被放大了的负半周电流信号。

两只管子采用射极输出的形式，交替工作，轮流放大正、负半周信号，实现双向跟随，输出信号的波形如图3.5.4(b)所示。电容C不仅耦合输出信号，还在输入信号负半周时，为V_2导通时提供能量，起到负电源（$-\frac{1}{2}U_{CC}$）的作用。应当指出，电容器C的容量需足够大，它可以等效为一个恒压源，无论信号怎样变化，电容器C上的电压应基本不变。

3. 最大输出功率

在图3.5.4所示的电路中，每个功放管的电源电压为$\frac{1}{2}U_{CC}$，若集电极负载为R_L，忽略饱和压降和穿透电流则在放大器输出最大功率时，输出管的输出电压和输出电流峰值分别为

$$U_{cem} \approx \frac{1}{2}U_{CC}, \quad I_{cm} = \frac{U_{cem}}{R_L}$$

故OTL功放的最大输出功率为

$$P_{om} = \frac{1}{2}U_{cem} \cdot I_{cm} = \frac{U_{CC}^2}{8R_L}$$

4. 实用电路

上述的OTL电路与OCL电路一样会存在交越失真，为了消除交越失真，在实际应用中，常采用如图3.5.5所示的电路。

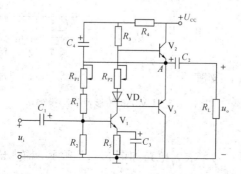

图 3.5.5　OTL实用功率放大电路

其主要元件的作用：V₁为激励三极管，可以作为前置级，完成对输入信号的电压放大，因此以 V₁ 为中心，构成共射极放大电路；V₂、V₃ 为功率放大器的对管，二者构成互补对称功率放大；C₂ 为输出耦合电容，其作用一是将输出信号加到负载，二是作为 V₃ 三极管工作的直流电源。

当输入信号通过 V₁ 放大后加到 V₂、V₃ 的输入端时，在输入信号的正半周，输入端上正下负，两管基极电压升高，V₂ 因正偏而导通，V₃ 因反偏而截止，V₂ 的集电极电流由电源流至负载，在负载上得到被放大了的正半周电流信号，同时对电容 C₂ 充电；在输入信号的负半周，输入端上负下正，两管基极电压下降，V₃ 因正偏而导通，V₂ 因反偏而截止，电容 C₂ 通过 V₃ 的发射极和集电极、负载形成放电回路，从而形成 V₃ 集电极电流，在负载上得到被放大了的负半周电流信号。在一个周期内，V₂、V₃ 交替工作互为补充，从而完成信号的功率放大。注意，电容器 C₂ 的容量必须足够大。电容器 C₄ 和电阻 R₄ 是为了提高最大输出电压幅度而引入的，通常被称为"自举电路"。

OTL 电路采用单电源供电，电路轻便，只要输出电容器容量足够，电路的频率特性就可以得到保证，是目前常用的一种功放电路。

3.5.5 集成功率放大器

目前国内的集成功率放大器已有多种型号的产品，它们都具有体积小、工作稳定、易于安装和调试等优点，只要了解其外部特性和外接线路的正确连接方法，就能方便地使用它们。

1. LM386 集成功率放大器

LM386 是一种低电压通用型音频集成功率放大器，广泛应用于收音机、对讲机和信号发生器中。

1）LM386 外形及引脚

LM386 的外形及引脚排列如图 3.5.6 所示。LM386 有两个信号输入端，2 脚为反相输入端，3 脚为同相输入端。

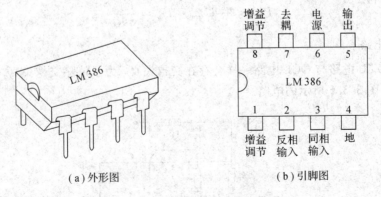

（a）外形图　　　　　　　（b）引脚图

图 3.5.6　LM386 外形及引脚排列

2）LM386 应用电路

用 LM386 组成的 OTL 功率放大电路如图 3.5.7 所示，输入信号从同相输入端 3 脚输入，输出信号从 5 脚经 220 μF 的耦合电容输出。

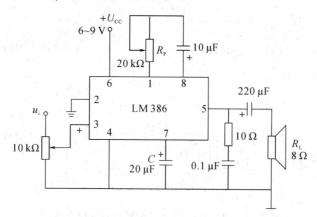

图 3.5.7　LM386 应用电路

在图 3.5.7 中，7 脚所接容量 20 μF 的电容为去耦滤波电容。1 脚与 8 脚之间所接电容、电位器用于调节电路的闭环电压增益，电容取值为 10 μF，电位器 R_P 在 0～20 kΩ 范围内取值；改变电阻值，可使集成功率放大器的电压放大倍数在 20～200 之间变化，R_P 值越小，电压增益越大；当需要高增益时，可取 $R_P = 0$，只将 10 μF 的电容器接在 1 脚与 8 脚之间即可。输出端 5 脚所接 10 Ω 电阻和 0.1 μF 电容组成阻抗校正网络，以抵消负载中的感抗分量，防止电路自激，有时也可省去不用。该电路如用作收音机的功放电路，输入端接到收音机检波电路的输出端即可。

2. TDA2030 集成功率放大器

TDA2030 引脚数最少，外接元件很少，电气性能稳定、可靠，可适应长时间连续工作，且芯片内部具有过载保护和热切断保护电路。

1）TDA2030 外形及引脚

TDA2030 的外形及引脚排列如图 3.5.8 所示。TDA2030 有两个信号输入端，1 脚为同相输入端，2 脚为反相输入端，输入端的输入阻抗在 500 kΩ 以上。

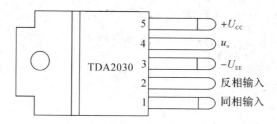

图 3.5.8　TDA2030 的外形及引脚排列

2）TDA2030 应用电路

用 TDA2030 既可以组成 OCL 电路（需要双电源供电），也可以组成 OTL 电路，通常，输入信号从同相输入端输入。如图 3.5.9 所示为 OTL 电路，由单电源供电，输入信号从同相输入端输入。

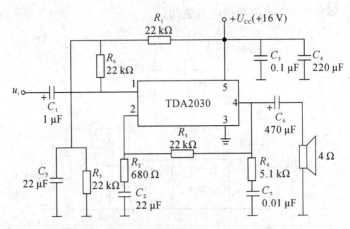

图 3.5.9　TDA2030 单电源典型应用电路

在图 3.5.9 中，C_3、C_4 为电源退耦电容；R_4 与 C_7 组成阻容吸收电路，用以避免电感性负载产生过电压击穿芯片内功率管；R_3、R_2、C_2 使 TDA2030 接成交流电压串联负反馈电路。

3. LA4100 系列集成功率放大器

LA4100 系列集成功率放大器主要是由日本三洋公司生产的，该系列主要有 4100、4101、4101、4112 等产品。不同国家及地区生产的 4100 系列产品，其性能、外形、封装、指标等都相同，在实际使用中可以互换。

如图 3.5.10(a)、(b)所示分别为 LA4100 的引脚排列及由其组成的 OTL 集成功率放大器。

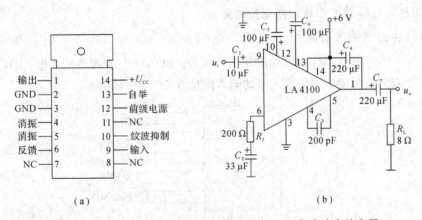

图 3.5.10　LA4100 引脚排列及由其组成的 OTL 集成功率放大器

【思考与练习】

1. 什么是功率放大器？它有哪些基本要求？

2. 什么是 OCL 功放电路？OCL 电路是如何工作的？

3. 什么是 OTL 功放电路？OTL 电路是如何工作的？

4. 乙类功率放大电路为什么会产生交越失真？如何消除交越失真？

3.6 技能实训

技能实训 1 反相、同相比例运算放大电路的搭建与测试

【实训目的】

(1) 熟悉集成运放的引脚排列形式和引脚功能。

(2) 搭建反相和同相比例运算放大电路。

(3) 结合所学知识,比较输出电压的计算值和测量值,进一步理解运算放大器。

(4) 培养学生对集成运放的应用能力。

【实训工具及器材】

(1) 焊接工具及材料、直流可调稳压电源、低频信号发生器、双踪示波器、万用表、连孔板等。

(2) 所需元器件清单见表 3.6.1。

表 3.6.1　反相、同相比例运算放大电路所需元器件清单

序号	名称	位号	规格	数量
1	IC 芯片		LM24	1
2	IC 座		14 脚	1
3	瓷片电容	C_1、C_2	$0.1\mu F$	2
4	发光二极管	LED_1、LED_2	$\phi 5$ 红色	2
5	直插电阻	R_2、R_6	$20\ k\Omega$	2
6	直插电阻	R_1、R_3、R_5、R_7	$1\ k\Omega$	4
7	直插电阻	R_4、R_8	$680\ \Omega$	2
8	单股导线		$0.5\ mm \times 200\ mm$	若干
9	连孔板		$8.3\ cm \times 5.2\ cm$	1

【实训内容】

(1) 图 3.6.1 所示为集成运放 LM324 的引脚排列图,对照电路原理图 3.6.2(a)和(b),在连孔板上用分立元件分别搭建反相、同相比例运算放大电路。

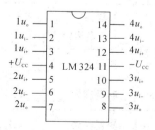

图 3.6.1　集成运放 LM324 的引脚排列图

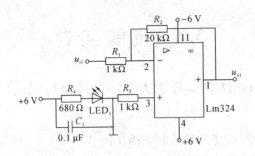

（a）反相比例运算放大电路

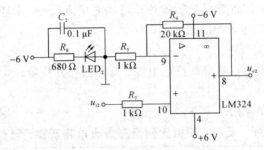

（b）同相比例运算放大电路

图 3.6.2　电路原理图

（2）对搭建好的电路板进行输入电压、输出电压波形的测量。

（3）结合前面所学理论知识对输出电压进行理论值的计算。

【实训操作步骤】

1. 清点与检测元器件

根据表 3.6.1 所示清点元器件，最好将元器件放在一个盒子内。对元器件进行检测，看有无损坏的元器件，如果有，应立即进行更换，将元器件的检测结果记录在表 3.6.2 中。

表 3.6.2　元器件检测记录表

序号	名称	位号	元器件检测结果
1	IC 芯片		型号是＿＿＿＿＿＿
2	IC 座		
3	瓷片电容	C_1、C_2	容量标称值是＿＿＿＿＿＿；检测容量时应选用万用表的＿＿＿＿＿＿挡位
4	发光二极管	LED1、LED2	长脚为＿＿＿＿＿＿极；检测时应选用的万用表挡位是＿＿＿＿＿＿；红表笔接二极管＿＿＿＿＿＿极测量时，可使它微弱发光
5	直插电阻	R_2、R_6	测量值为＿＿＿＿＿＿kΩ，选用的万用表挡位是＿＿＿＿＿＿
6	直插电阻	R_1、R_3、R_5、R_7	测量值为＿＿＿＿＿＿kΩ，选用的万用表挡位是＿＿＿＿＿＿
7	直插电阻	R_4、R_8	测量值为＿＿＿＿＿＿kΩ，选用的万用表挡位是＿＿＿＿＿＿

2. 电路搭建

1）搭建步骤

（1）按电路原理图在电路板上对元器件进行合理的布局。

（2）按照元器件的插装顺序依次插装元器件。

（3）按焊接工艺要求对元器件进行焊接，直到所有元器件焊完为止。

（4）将元器件之间用导线进行连接。

（5）焊接电源输入线和信号输入、输出引线。

2）搭建注意事项

（1）操作平台不要放置其他器件、工具与杂物。

（2）操作结束后，收拾好器材和工具，清理操作平台和地面。

（3）插装元器件前须按工艺要求对元器件的引脚进行成形加工。

（4）元器件排列要整齐，布局要合理并符合工艺要求。

（5）IC 芯片的引脚、二极管正负极不能接错，以免损坏元器件。

（6）焊点表面要光滑、干净，无虚焊、漏焊和桥接。

（7）正确选用合适的导线进行器件之间的连接，同一焊点的连接导线不能超过 2 根。

（8）安装时，不得用工具敲击安装器材，以防造成器材或工具损坏。

3）搭建实物图

反相、同相比例运算放大电路装接实物图如图 3.6.3 所示。

图 3.6.3　反相、同相比例运算放大电路装接实物图

3. 电路通电

装接完毕，检查无误后，用万用表测量电路的电源两端，若无短路，方可接入电源。在接入电源时，注意电源与电路板极性一定要连接正确。当接入电源后，要随时观察电路有无异常现象，若有，应立即断电，对电路进行检查。

4. 电路测量与分析

在电路的输入端加上合适的正弦波输入信号，进行输入、输出电压的测量和电路分析。

（1）利用双踪示波器测量输入电压和输出电压，绘制波形并分别记录到表 3.6.3 和表 3.6.4 中。

表 3.6.3　反相比例运算放大电路测量记录表

测量内容	波形记录	示波器挡位及测量结果	电压测量
输入电压		扫描挡位：_____ 频率测量值：_____ 衰减挡位：_____ 峰值测量值：_____	测量挡位：_____ 测量结果：_____
输出电压		扫描挡位：_____ 频率测量值：_____ 衰减挡位：_____ 峰值测量值：_____	测量挡位：_____ 测量结果：_____

表 3.6.4　同相比例运算放大电路测量记录表

测量内容	波形记录	示波器挡位及测量结果	电压测量
输入电压		扫描挡位：_____ 频率测量值：_____ 衰减挡位：_____ 峰值测量值：_____	测量挡位：_____ 测量结果：_____
输出电压		扫描挡位：_____ 频率测量值：_____ 衰减挡位：_____ 峰值测量值：_____	测量挡位：_____ 测量结果：_____

(2) 输出电压 U_o 与输入电压 U_i 的比值 $\dfrac{U_o}{U_i}$ 分别是多大?

(3) 同相比例运算放大电路中，输出电压与输入电压的比值 $\dfrac{U_o}{U_i}$ 与 $1+\dfrac{R_6}{R_5}$ 相比，两者

_____（基本相等/相差很大）。如果不完全相等，原因是什么？输出电压与输入电压的相位差是多大？

（4）反相比例运算放大电路中，输出电压与输入电压的比值 $\dfrac{U_\text{o}}{U_\text{i}}$ 与 $-\dfrac{R_2}{R_1}$ 相比，两者_____（基本相等/相差很大）。如果不完全相等，原因是什么？输出电压与输入电压的相位差是多大？

【实训评价】

"反相、同相比例运算放大电路的搭建与测试"实训评价如表 3.6.5 所示。

表 3.6.5　"反相、同相比例运算放大电路的搭建与测试"实训评价表

项目	考核内容	配分/分	评分标准	得分/分
元器件检测	在表 3.6.2 中填写检测结果	20	每错一空扣 2 分，扣完为止	
电路焊接	焊点光滑无毛刺，焊锡量适中	10	每错一处扣 2 分	
电路布局	电路布局美观，无短路、开路	10	每错一处扣 2 分	
电路测试	利用双踪示波器测量输入电压和输出电压	20	每错一个扣 2.5 分	
	计算反相比例运算放大电路输出、输入电压比值	10	每错一个扣 2.5 分	
	计算同相比例运算放大电路输出、输入电压比值	10	每错一个扣 5 分	
安全文明操作	工作台上工具物品摆放整齐	10	工作台上物品随意摆放、脏乱，扣 1～5 分	
	严格遵照安全操作规程	10	违反安全操作规程扣 1～5 分	
合　计		100		
实训体会	学到的知识			
	学到的技能			
	收获			

技能实训 2　OTL 功率放大电路的搭建与测试

【实训目的】

（1）了解 OTL 功率放大电路的组成及工作原理。

（2）学会调试 OTL 功率放大电路的静态工作点。

（3）学会测试 OTL 功率放大电路的主要性能指标。

【实训工具及器材】

（1）焊接工具及材料、直流可调稳压电源、函数信号发生器、双踪示波器、万用表、连孔板等。

（2）所需元器件清单见表 3.6.6。

表 3.6.6 OTL 功率放大电路所需元器件清单

序号	名称	位号	规格	数量
1	三极管	V_1	9013	1
2	三极管	V_2	8050	1
3	三极管	V_3	8550	1
4	二极管	VD	1N4007	1
5	电解电容	C_1	10 μF	1
6	电解电容	C_2	1000 μF	1
7	电解电容	C_3、C_4	100 μF	2
8	直插电阻	R_1	2.4 kΩ	1
9	直插电阻	R_2	3.3 kΩ	1
10	直插电阻	R_3	680 Ω	1
11	直插电阻	R_4、R_5	100 Ω	2
12	电位器	R_{P1}	10 kΩ	1
13	电位器	R_{P2}	1 kΩ	1
14	连孔板		8.3 cm×5.2 cm	1
15	单股导线		0.5 mm×200 mm	若干

【实训内容】

(1) 对照电路原理图 3.6.4，在连孔板上用分立元件搭建 OTL 功率放大电路。

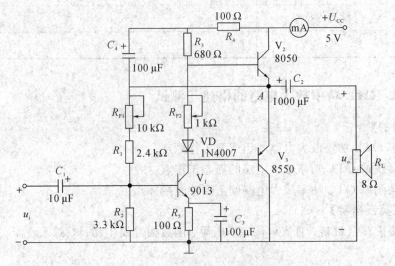

图 3.6.4 OTL 功率放大电路原理图

（2）用万用表测量各级静态工作点。

（3）测量最大输出功率和效率。

【实训操作步骤】

1. 清点与检测元器件

根据表 3.6.6 所示清点元器件，最好将元器件放在一个盒子内。对元器件进行检查，看有无损坏的元器件，如果有，应立即进行更换，将元器件的检测结果记录在表 3.6.7 中。

表 3.6.7　元器件检测记录表

序号	名称	位号	元器件检测结果
1	三极管	V_1	类型_____，引脚排列_____，质量及放大倍数_____
2	三极管	V_2	类型_____，引脚排列_____，质量及放大倍数_____
3	三极管	V_3	类型_____，引脚排列_____，质量及放大倍数_____
4	二极管	VD	检测质量时，应选用的万用表挡位是_____；正向导通的那次测量中，黑表笔所接的是_____极，所测得的阻值为_____
5	电解电容	C_1	长引脚为_____极，耐压值为_____V
6	电解电容	C_2	长引脚为_____极，耐压值为_____V
7	电解电容	C_3、C_4	长引脚为_____极，耐压值为_____V
8	直插电阻	R_1	测量值为_____kΩ，选用的万用表挡位是_____
9	直插电阻	R_2	测量值为_____kΩ，选用的万用表挡位是_____
10	直插电阻	R_3	测量值为_____kΩ，选用的万用表挡位是_____
11	直插电阻	R_4、R_5	测量值为_____kΩ，选用的万用表挡位是_____
12	电位器	R_{P1}	测量值为_____kΩ，选用的万用表挡位是_____
13	电位器	R_{P2}	测量值为_____kΩ，选用的万用表挡位是_____

2. 电路搭建

1）搭建步骤

（1）按电路原理图在电路板上对元器件进行合理的布局。

（2）按照元器件的插装顺序依次插装元器件。

（3）按焊接工艺要求对元器件进行焊接，直到所有元器件焊完为止。

（4）将元器件之间用导线进行连接。

（5）焊接电源输入线和信号输入、输出引线。

2）搭建注意事项

（1）操作平台不要放置其他器件、工具与杂物。

（2）操作结束后，收拾好器材和工具，清理操作平台和地面。

（3）插装元器件前须按工艺要求对元器件的引脚进行成形加工。

（4）元器件排列要整齐，布局要合理并符合工艺要求。

（5）电解电容、二极管的正负极，三极管的三个引脚不能接错，以免损坏元器件。

（6）不漏装、错装，不损坏元器件。

（7）焊点表面要光滑、干净，无虚焊、漏焊和桥接。

（8）正确选用合适的导线进行器件之间的连接，同一焊点的连接导线不能超过2根。

3）搭建实物图

OTL功率放大电路装接实物图如图3.6.5所示。

图3.6.5　OTL功率放大电路装接实物图

3. 电路通电

装接完毕，检查无误后，用万用表测量电路电源两端有无短路，二极管支路所在的电路有无断路，电路正常方可接入电源。在接入电源时，注意电源与电路板极性一定要连接正确。当接入电源后，要随时观察电路有无异常现象，若有，应立即断电，对电路进行检查。

4. 电路测量与分析

1）调节中点A的电位

调节R_{P1}，测量中点A的静态电位U_A，使其等于2.5 V。

2）电路静态工作点的调节与测量

电路接入1 kHz的正弦信号，缓慢增大u_i，用示波器监测u_o波形的交越失真。调节R_{P2}，直至交越失真刚好消除。记录毫安表读数$I =$ _____ mA，测量三极管各极对地电位和U_{BEQ}，填入表3.6.8。

表 3.6.8　OTL 功放的静态工作点实测数据$(U_A = 2.5\ \text{V})$

实测数据　　三极管	V_1	V_2	V_3
U_{BQ}			
U_{CQ}			
U_{EQ}			
U_{BEQ}			

注意：在调节 R_{P2} 时，注意旋转方向，不要调节过猛，不能导致电路出现开路状态，以免损坏管子；输出管静态电流调准以后，不要随意再去旋动 R_{P2}。

3）测量最大输出功率和效率

（1）利用双踪示波器测量输入、输出电压，绘制波形并做好数据记录，填入表3.6.9中。

表 3.6.9　OTL 功率放大电路测量记录表

测量内容	波形记录	示波器挡位及测量结果	电压测量
输入电压		扫描挡位：_____ 频率测量值：_____ 衰减挡位：_____ 峰值测量值：_____	测量挡位：_____ 测量结果：_____
输出电压		扫描挡位：_____ 频率测量值：_____ 衰减挡位：_____ 峰值测量值：_____	测量挡位：_____ 测量结果：_____

（2）最大输出功率为

$$P_{omax} = \frac{U_o^2}{R_L} = \underline{\hspace{2cm}}$$

（3）电源供给功率为

$$P_E \approx U_{CC} \cdot I_o = \underline{\hspace{2cm}}$$

（4）效率为

$$\eta = \frac{P_{omax}}{P_E} \times 100\% = \underline{\hspace{2cm}}$$

（5）最大输出功率时三极管的管耗为

$$P_V = P_E - P_{omax} = \underline{\hspace{3cm}}$$

【实训评价】

"OTL功率放大电路的搭建与测试"实训评价如表3.6.10所示。

表3.6.10 "OTL功率放大电路的搭建与测试"实训评价表

项目	考核内容	配分/分	评分标准	得分/分
元器件检测	在表3.6.7中填写检测结果	20	每错一空扣2分，扣完为止	
电路焊接	焊点光滑无毛刺，焊锡量适中	10	每错一处扣2分	
电路布局	电路布局美观，无短路、开路	10	每错一处扣2分	
电路功能	中点电位的调整	15	每错一个扣2.5分	
	静态工作点的测量	15	每错一个扣2.5分	
	测量最大输出功率	10	每错一个扣5分	
安全文明操作	工作台上工具物品摆放整齐	10	工作台上物品随意摆放、脏乱，扣1~5分	
	严格遵照安全操作规程	10	违反安全操作规程扣1~5分	
合计		100		
实训体会	学到的知识			
	学到的技能			
	收获			

本 章 小 结

（1）多级放大器可以把信号经过多次放大，得到所需的放大倍数。多级放大器的级间耦合方式有阻容耦合、变压器耦合、直接耦合三种。

（2）多级放大器总的电压放大倍数公式为

$$A_u = A_{u1} \cdot A_{u2} \cdot A_{u3} \cdot \cdots \cdot A_{un}$$

（3）放大器只能在一个有限的频率范围内对信号实现正常放大，这个频率范围称为放大器的通频带，它是由上限频率和下限频率之差决定的。

（4）在放大电路中，把输出信号的一部分或全部送回到输入回路的过程称为反馈，反馈有正、负反馈之分，本书主要分析负反馈。

（5）反馈放大电路有正负反馈、交流直流反馈、电流电压反馈、串联并联反馈四种组态。判断电压或电流反馈用输出端短路法，判断串联或并联反馈用输入端$u_i(i_i)$和$u_f(i_f)$连接方式分析法，判断正或负反馈用信号瞬时极性分析法。对反馈类型的分析可分为两步，首先判断反馈的组态，其次根据反馈组态分析该放大电路的主要特性。

（6）负反馈对放大器性能的影响是：使放大倍数下降，但稳定性提高、信号失真减小、频率响应特性改善，同时输入电阻和输出电阻发生改变。

（7）射极输出器是共集电极接法电路，它的特点是：输入电阻高，输出电阻低，电压放大倍数略小于 1，电压跟随性好，而且具有一定的电流放大能力和功率放大能力。

（8）共基极放大电路的特点是：输入电阻低，输出电阻高，电流放大倍数略小于 1，输入、输出同相位，工作稳定，适合于在频率较高的信号范围内工作。

（9）一般集成运放有以下引脚：同相输入端，反相输入端，输出端，正、负电源端，有的还有外接调零端及相位补偿端等。实际应用时，可以查阅相关手册，根据引脚功能进行接线。

（10）直接耦合放大器中可以采用差分放大电路来有效地抑制零点漂移问题。

（11）差分放大器有差模电压放大倍数和共模电压放大倍数的差别，可以用共模抑制比来综合衡量差分放大器的优劣。

（12）理想集成运放的参数及"虚短""虚断"概念是分析集成运放的重要依据。常用的集成运放电路有反相比例、同相比例、反相加法比例等，要了解其工作原理及分析方法。

（13）功率放大器的主要任务是不失真地放大信号功率，并有效地传输给负载。为提高工作效率，功放管的静态工作点应在不产生交越失真的情况下尽量设置低一些，即甲乙类工作状态。

（14）目前较广泛应用的是 OTL 和 OCL 互补对称功放电路。它们都是由两只配对管组成的两个射极跟随器互补组合而成的，两管交替工作，轮流导通，负载上就得到放大后的整个周期信号。

自 我 测 评

一、判断题（共 18 分，每小题 2 分）

1. 多级阻容耦合放大器的通频带比组成它的单级放大器的通频带宽。（　　）

2. 直接耦合多级放大电路的 Q 点相互影响，它只能放大直流信号。（　　）

3. 把输入的部分信号送到放大器的输出端称为反馈。（　　）

4. 放大器的零漂是指输出信号不能稳定于零电压。（　　）

5. 理想集成运放电路的输入阻抗为无穷大，输出阻抗为零。（　　）

6. OCL 功率放大器采用单电源供电。（　　）

7. 电压比较器的输出电压只有两种值。（　　）

8. 理想运放中的"虚地"表示两输入端对地短路。（　　）

9. 在 OTL 功放中，输出耦合电容的主要作用是"隔直"，防止直流经负载短路。（　　）

二、填空题（共 46 分，每空 2 分）

1. 多级放大电路的级间耦合方式主要有_____、_____、_____。

2. 共集电极放大电路具有输入阻抗_____、输出阻抗_____以及 A_u_____的特点。

3. 串联负反馈使输入电阻_____，并联负反馈使输入电阻_____。

4. 集成运放是由 _____、_____、_____、_____ 四个部分组成。

5. 大小相等、极性相反的信号称为 _____ 信号；大小相等、极性相同的信号称为 _____ 信号。

6. 互补对称功放电路两只功放管必须一只是 _____ 型，另一只是 _____ 型。

7. 集成运放的共模抑制比 K_{CMR} = _____。共模抑制比越小，抑制零漂的能力越 _____。

8. 集成运放的理想化条件主要有 _____、_____、_____、_____、_____。

三、选择题(共 20 分，每小题 2 分)

1. 反相比例运算放大器中的反馈类型是( )。
   A. 电压串联负反馈   B. 电压并联负反馈
   C. 电流串联负反馈   D. 电流并联负反馈

2. 在四种反馈电路中，能够稳定输出电压并提高输入电阻的负反馈是( )。
   A. 电压串联负反馈   B. 电压并联负反馈
   C. 电流串联负反馈   D. 电流并联负反馈

3. 共集电极放大电路中，下列说法正确的是( )。
   A. 有电流放大作用   B. 电路为电流串联负反馈
   C. 有电压放大作用   D. 无功率放大作用

4. 理想集成运放的开环电压放大倍数为( )。
   A. 100   B. 1   C. -1   D. ∞

5. 集成电路分为数字集成电路和( )。
   A. 模拟集成电路   B. 超大规模集成电路
   C. 中规模集成电路   D. 大规模集成电路

6. 集成运放的输入级一般采用( )电路。
   A. 差分放大   B. 共集电极
   C. 共发射极   D. 功率放大

7. 实际功率放大电路是采用( )放大电路。
   A. 甲类   B. 乙类
   C. 甲乙类   D. 丙类

8. 在 OCL 电路中，引起交越失真的原因是( )。
   A. 输入信号大   B. 三极管大
   C. 电源电压太高   D. 三极管输入特性的非线性

9. 差分放大电路最主要的优点是( )
   A. 放大倍数稳定   B. 输入电阻大
   C. 温漂小   D. 输出电阻小

10. 对于 OTL 功率放大器，要求在 8 Ω 的负载上获得 9 W 的最大不失真功率，应选电源电压为( )。
    A. 6 V   B. 9 V
    C. 12 V   D. 24 V

四、分析题(共 16 分)

1. 找出图 3 – 1 所示电路中的反馈元器件,并判断反馈类型。(6 分)

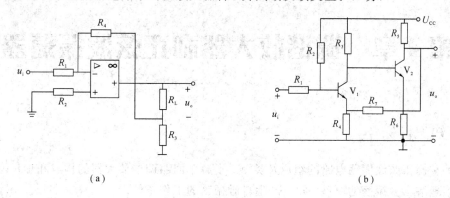

(a)　　　　　　　　　　　　　　　(b)

图 3 – 1

2. 计算图 3 – 2(a)、(b)所示电路的输出电压 u_{o}。(6 分)

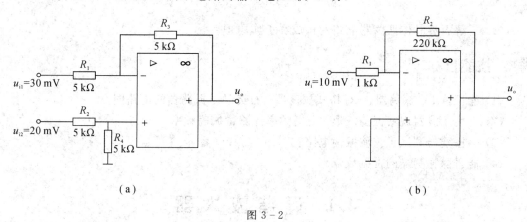

(a)　　　　　　　　　　　　　　　(b)

图 3 – 2

3. OTL 功放电路的负载 $R_{\mathrm{L}} = 4\ \Omega$,电路的最大输出功率为 2 W,问:电源电压应为多大? 如保持该电源电压不变,把负载 R_{L} 换成 16 Ω,则功放电路的最大输出功率是多少? (4 分)

第4章　调谐放大器和正弦波振荡器

 知识目标

（1）掌握正弦波振荡电路的组成及类型，了解单回路调谐放大器的构成和工作原理。

（2）理解自激振荡的原理，知道产生自激振荡的工作条件。

（3）了解 LC 振荡器和 RC 桥式振荡器的工作原理，能判断是否振荡，会估算其振荡频率。

（4）了解石英晶体振荡器电路的构成和工作原理。

 技能目标

（1）能识读 LC 振荡器、RC 桥式振荡器、石英晶体振荡器的电路图。

（2）会用示波器观察振荡波形，会用频率计测量振荡频率。

（3）会搭建与调试正弦波振荡电路。

（4）能排除振荡器的常见故障。

4.1　调 谐 放 大 器

　　调谐放大器是指具有选频放大能力的放大电路，即放大器能从含有多种频率的信号群中，选出某个频率的信号加以放大，而对其他频率的信号不予放大。调谐放大器广泛应用于各类无线电发射机的高频放大级和接收机的高频与中频放大级。

4.1.1　调谐放大器的工作原理

　　调谐放大器是利用 LC 谐振回路的谐振特性来选频，也称为选频放大器。

　　从电工技术基础学习中知道，在图 4.1.1 所示 LC 并联回路中，随着信号频率 f 的变化，回路阻抗 Z 将跟着变化。

　　当信号频率 f 与 LC 回路固有频率 f_0 相等时，电路发生谐振，其谐振频率为

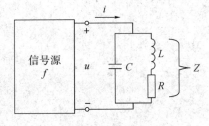

图 4.1.1　LC 并联电路

$$f_0 = \frac{1}{2\pi\sqrt{LC}}$$

回路谐振时，容抗和感抗相等，使电路对信号阻抗最大，且呈电阻性。图 4.1.2(a)所示

为 LC 并联回路的阻抗随频率变化的曲线，即阻抗特性曲线。

图 4.1.2(b)所示为 LC 并联电路的相位随频率变化的曲线，简称相频特性曲线。它显示了 LC 并联回路两端电压 u 和流进并联电路的电流 i 之间的相位角之差 φ 随信号频率 f 变化的特性。当 $f=f_0$(即谐振频率)时，$\varphi=0$，并联回路呈纯阻性；当 $f<f_0$ 时，$\varphi>0$，并联回路呈感性；当 $f>f_0$ 时，$\varphi<0$，并联回路呈容性。

通过图 4.1.2 所示特性曲线可知，在并联谐振时，电路阻抗最大，总电流最小。

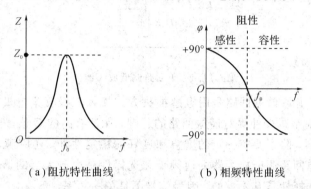

（a）阻抗特性曲线　　　　　　　（b）相频特性曲线

图 4.1.2　LC 并联回路的阻抗特性曲线和相频特性曲线

阻抗特性和相频特性统称为 LC 并联电路的频率特性。它说明了 LC 并联电路具有区别不同频率信号的能力，即具有选频特性。

从图 4.1.2 可看出，曲线越尖锐，选频能力越强。为了定量表述 LC 回路的选频能力，我们引入了品质因数 Q，将它定义为 LC 回路谐振时感抗 X_L 或容抗 X_C 与回路等效损耗电阻之比，即

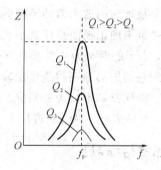

$$Q = \frac{X_L}{R} = \frac{\omega_0 L}{R} \text{ 或 } Q = \frac{X_C}{R} = \frac{1}{\omega_0 CR}$$

式中，R 为电路中等效损耗电阻。

从上式中可以看出，R 越小，Q 值越大，阻抗频率特性曲线越尖锐，LC 并联回路选频能力越强。反之，选频能力越弱，如图 4.1.3 所示。

图 4.1.3　阻抗特性与 Q 值的关系

由于 LC 并联电路具有选频能力，因此，在图 4.1.1 所示的电路中，对于频率 $f=f_0$ 的信号，并联电路呈现最大的阻抗，其两端有最大的输出电压；对于频率偏离 f_0 的信号，并联电路呈现小的阻抗，故电路两端输出电压很小，多被 LC 回路损耗。所以，利用并联谐振电路作为放大器应用输出端，可以选出频率为 f_0 的信号而衰减 f_0 以外的其他频率信号。

4.1.2　单回路调谐放大器

调谐放大器的电路形式虽然很多，但基本的单元电路有两种，其中一种是单回路调谐放大器。

如图 4.1.4 所示为单回路调谐放大器。它与一般的低频放大电路相仿，仅仅把集电极负载电阻 R_c 改为 LC 并联回路，并利用其谐振特性来完成选频作用。输入信号 u_i 经 T_1 通过 C_b 和 C_e 送到晶体管 V 的 b、e 极之间，放大后的信号由变压器 T_2 耦合输出。

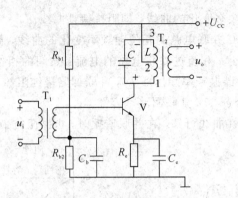

图 4.1.4 单回路调谐放大器

图 4.1.4 中 LC 并联谐振回路是用电感抽头方式接入三极管集电极电路中,使用抽头和变压器的作用主要是减少外界对谐振回路的影响,保证有高的 Q 值。

一个调谐放大器,除了要有一定的增益和良好的稳定性外,还应满足一定的通频带和选择性要求,这种单回路调谐放大器的通频带和选择性是由放大器的谐振曲线决定的。应当指出,通频带与选择性是有矛盾的。因为信号不是单一频率,而是由一个频带组成,故放大器的通频带宽度应大于信号频带宽度,才能保证信号正常放大。这就要求回路的谐振曲线宽而平,也就是 Q 低一点。但是谐振曲线平宽之后,进入频带的干扰信号也要被放大,从而使选择性变坏。

最理想的放大器的谐振曲线是矩形的,该矩形的宽度应等于要求的通频带宽度,在通频带范围内谐振曲线应是平直的,使得各频率成分同样放大,不产生失真,而在通频带之外,矩形的两个边立即垂直下降,使干扰信号不被放大。把单回路调谐放大器的谐振曲线和理想的矩形谐振曲线作比较,显然它们的差距是很大的。

单回路调谐放大器只能用于通频带和选择性要求不高的场合。其优点是电路比较简单,调整方便,易于做得稳定。

【思考与练习】

1. 什么是调谐放大器?
2. 简述调谐放大器的工作原理。

4.2 正弦波振荡器

在学习放大器时,我们用一个"正弦波信号发生器"生成一个频率和振幅均可以调整的正弦波信号,作为放大器的输入电压,以便观察放大器输出电压的波形,这种正弦波信号发生器内部就是一个正弦波振荡器。

4.2.1 自激振荡的原理

在会议室开会时,常常会遇到一种情况,就是喇叭里突然发出刺耳的尖叫。这种现象的原理在物理学上叫"自激",是把喇叭的声音传到麦克风里,再经过扩音器中三极管数百倍的放大,在喇叭中传出更大的声音,然后这些声音又被送进了麦克风,又经过数百倍的放大,又在喇叭中播出来……这样一直重复下去,形成正反馈,最后就形成啸叫声音,如图 4.2.1 所示。

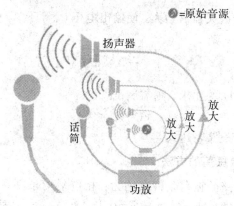

图 4.2.1　啸叫的原理

自激振荡是指不外加激励信号而自行产生的恒稳和持续的振荡。如果在放大器的输入端不加输入信号,输出端仍有一定幅值和频率的输出信号,这种现象就是自激振荡。

1. 自激振荡的条件

接通电源的瞬间,总会有通电瞬间的电冲击、电干扰、晶体管的热噪声等,尽管这些噪声很微弱,也不是单一频率的正弦波,但却是由许多不同频率的正弦波叠加组合而成的。在不断放大→反馈→选频→放大→反馈→选频……的过程中,振荡就可以自行建立起来。这个过程可简述为

电干扰→放大→选频→正反馈→放大→选频→正反馈→…

显然,振荡建立过程中,每一次反馈回来的信号都比前一次大。那么,振荡输出会不会无休止地增长呢?

如图 4.2.2 所示,当 $\dot{U}_i$ 接入放大电路时,若输出信号经由反馈电路产生的反馈信号 $\dot{U}_f$ 与输入信号 $\dot{U}_i$ 大小相等,相位相同,则即使无输入信号 $\dot{U}_i$,放大电路依然会有稳定的输出产生,此时,反馈信号就能代替放大电路的原输入信号。

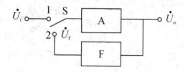

图 4.2.2　自激振荡方框图

故,振荡电路要产生自激振荡须同时满足下列两个条件:

1) 相位平衡条件

反馈信号 $\dot{U}_f$ 的相位与输入信号 $\dot{U}_i$ 的相位相同,即为正反馈,相位差是 $180°$ 的偶数倍,即

$$\varphi = 2n\pi(n = 0, 1, 2, 3, \cdots)$$

其中，φ 为 $\dot{U}_f$ 与 $\dot{U}_i$ 的相位差，n 是整数。

2）振幅平衡条件

假设输入电压 $\dot{U}_i$ 通过放大器后增大，使输出电压 $\dot{U}_o$ 等于 $A_u \cdot \dot{U}_i$，反馈电压 $\dot{U}_f = F \cdot \dot{U}_o$。（反馈系数 F 是小于 1 的），则

$$\dot{U}_f = F \cdot \dot{U}_o = F \cdot A_u \cdot \dot{U}_i$$

可见，为了保证 $\dot{U}_f = \dot{U}_i$ 的要求，则需满足

$$A_u \cdot F = 1$$

此式称为振荡器振幅平衡条件表达式。

2. 判断能否产生自激振荡的方法

通常将正弦波振荡电路的振荡条件归纳为：相位平衡条件和振幅平衡条件。相位平衡条件是指反馈必须是正反馈，即 $\varphi = 2n\pi (n=0, 1, 2, 3, \cdots)$。振幅平衡条件是指 $A_u \cdot F \geqslant 1$，即起振时大于 1，稳幅时等于 1。

两个判别条件中首先看振幅平衡条件，这个条件中包含两层意思：一是必须有反馈信号；二是反馈信号必须有一定的幅度。分析电路是否满足振幅条件时就可以从两个方面考虑：一是是否存在反馈信号；二是放大器能否起到正常的放大作用。

如果通过分析，知道电路满足振幅条件，那么第二步我们再来看相位平衡条件，它是指放大器的反馈信号与输入信号必须同相位。换句话说，就是电路中的反馈回路必须是正反馈。关于正、负反馈的判别我们可以用"瞬时极性法"来进行。

【例 4 - 1】 判断图 4.2.3(a)、(b)所示电路能否产生自激振荡。

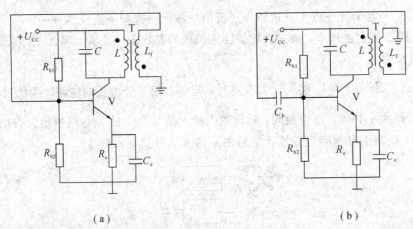

（a） （b）

图 4.2.3 例 4 - 1 电路

解 先分析图（a）：

（1）振幅条件。因 V 基极偏置电阻 R_{b2} 被反馈线圈 L_f 短路接地，使 V 处于截止状态，故电路不能起振。

（2）相位条件。采用瞬时极性法，设 V 基极电位为"＋"，根据共射电路的倒相作用，可知集电极电位为"－"，于是 L 同名端为"＋"，根据同名端的定义得知，L_f 同名端也为"＋"，则反馈电压极性为"－"。

显然，图（a）电路不能产生自激振荡。

再分析图（b）：

（1）振幅条件。因隔直电容 C_b 避免了 R_{b2} 被反馈线圈 L_f 短路，故电路可处于放大状态，且有 LC 组成选频回路，只要三极管 β 和变压器 L 与 L_f 匝数比选择恰当，即可满足振幅平衡条件。

（2）相位条件。用瞬时极性法可判断反馈电压极性为"＋"。

故图（b）电路满足振幅平衡条件和相位平衡条件，能产生自激振荡。

由上可知，一个能够产生自激振荡的电路，必然是既有正反馈又能正常放大的电路。也就是说，这个电路必须同时满足振幅条件和相位条件才能产生自激振荡，两个条件缺一不可。

3. 正弦波振荡电路组成框图

在振荡建立的初期，一般初始信号很微弱，很容易被干扰信号淹没，不能形成一定幅度的输出信号。因此，起振阶段必须使反馈信号大于原输入端的信号。也就是说，反馈信号必须一次比一次大，才能使振荡幅度逐渐增大，最后趋于稳定。另外，当振荡建立之后，还必须使反馈信号等于原输入端的信号，才能使已建立的振荡得以维持下去。当输出信号幅值增加到一定程度时，使振幅平衡条件从 $A_u \cdot F > 1$ 到 $A_u \cdot F = 1$，实现稳幅输出。

振荡器是一种能量转换装置，它能把直流形式的能量经振荡器转变为交变的形式，按自激振荡器产生交流的形式，分为正弦波振荡器和非正弦波振荡器。

正弦波振荡电路一般由基本放大电路、正反馈电路、选频电路和稳幅电路组成，其组成框图如图 4.2.4 所示。

图 4.2.4 正弦波振荡电路的组成框图

一般常用的正弦波振荡电路有 LC 振荡电路、RC 振荡电路和石英晶体振荡电路等。

*4.2.2 LC 振荡器

采用 LC 谐振回路作为选频网络的反馈式振荡器称为 LC 正弦波振荡器。LC 振荡电路的形式很多，按反馈网络的形式来分，有变压器耦合反馈式及电感或电容反馈式两种。

1. 变压器耦合反馈式 LC 振荡器

变压器耦合反馈式 LC 振荡器用变压器耦合方式把反馈信号送到输入端。

1）电路结构和工作原理

变压器耦合反馈式 LC 振荡器如图 4.2.5 所示，与图 4.1.4 所示单回路调谐放大器类似，不同的是在 LC 调谐回路的副边多了一个反馈绕组 L_2。LC 并联回路作为三极管的集电极负载，是振荡电路的选频网络。变压器耦合反馈式振荡电路由放大电路、反馈网络和选频网络三部分组成。电路中三个线圈作变压器耦合，线圈 L 与电容 C 组成选频电路，L_2 是反馈线圈，与负载相接的 L_1 为输出线圈。

相位平衡条件判断：设振荡器某瞬时基极电压极性为"＋"，集电极电压因倒相极性为"－"，按图中同名端的符号可以看出，L_2 上端电压极性为"＋"，反馈回基极的电压极性为"＋"，满足 $\varphi = 2n\pi(n=0,1,2,3,\cdots)$ 的条件。同时，只要三极管 β 和变压器 L_1 与 L_2 匝数比选择恰当，即可满足幅度平衡条件 $A_u \cdot F \geqslant 1$。

2）振荡条件及振荡频率

变压器耦合反馈式振荡电路的频率基本上由 LC 并联谐振回路决定，即

$$f_0 = \frac{1}{2\pi\sqrt{LC}}$$

3）电路特点

变压器耦合反馈式振荡电路的特点是电路结构简单，容易起振，改变电容大小可方便地调节振荡频率。在应用时要特别注意线圈 L_2 的极性，否则没有正反馈，无法振荡。

4）电路的其他形式

上面分析的变压器耦合反馈式振荡器属于共射集电极调谐电路，即放大器接成共射组态，LC 调谐回路在集电极。此外还有如图 4.2.6 所示的共基射极调谐振荡器电路。

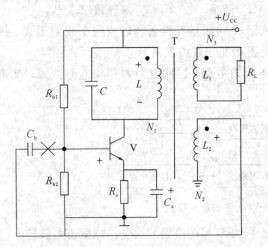

图 4.2.5　变压器耦合反馈式 LC 振荡器

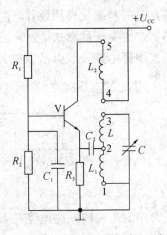

图 4.2.6　共基射极变压器耦合 LC 振荡器

2. 三点式 LC 振荡器

三点式振荡器分为电容三点式和电感三点式两种。它们的共同特点都是从 LC 振荡回路中引出三个端点和晶体管的三个电极相连接。

1）电感三点式 LC 振荡器

如图 4.2.7 所示为电感三点式 LC 振荡器，其中图（a）是用晶体管作放大电路，图（b）是用运放作放大电路。两个电路的特点是电感线圈有中间抽头，使 LC 回路有三个端点，并分别接到晶体管的三个电极上（交流电路），或接在运放的输入、输出端。

在图 4.2.7(a)中，用瞬时极性法判断相位条件，若给基极一个正极性信号，晶体管集电极得到负的信号。在 LC 并联回路中，1 端对"地"为负，3 端对"地"为正，故为正反馈，满足振荡的相位条件。振荡的幅值条件可以通过调整放大电路的放大倍数 A_u 和 L_2 上的反馈

量来实现。

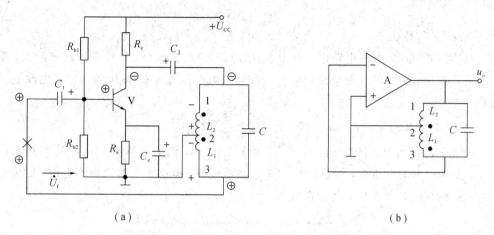

（a）　　　　　　　　　　　　　　　　（b）

图 4.2.7　电感三点式 LC 振荡器

电感三点式振荡电路的振荡频率基本上由 LC 并联谐振回路决定，即

$$f_0 \approx \frac{1}{2\pi \sqrt{LC}}$$

式中，$L = L_1 + L_2 + 2M$，M 表示 L_1 与 L_2 之间的互感系数。

在电感三点式 LC 振荡电路中，由于 L_1 和 L_2 是由一个线圈绕制而成的，耦合紧密，因而容易起振，并且振荡幅度和调频范围大，使得高次谐波反馈较多，容易引起输出波形的高次谐波含量增大，导致输出波形质量较差。

2）电容三点式 LC 振荡器

将电感三点式中的谐振电容和电感互换，就构成了电容三点式 LC 振荡器，如图 4.2.8 所示。电容 C_1、C_2 与电感 L 组成选频网络，C_1 和 C_2 串联分压，用瞬时极性法可判断图（a）、（b）均构成正反馈形式，满足相位条件。适当选择放大器放大倍数及 C_1 和 C_2 的参数值，就能满足幅值条件，电路就能产生振荡。

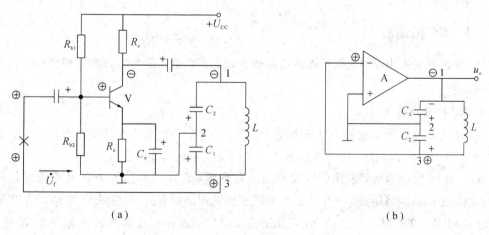

（a）　　　　　　　　　　　　　　　　（b）

图 4.2.8　电容三点式 LC 振荡器

振荡频率为

$$f_0 \approx \frac{1}{2\pi \sqrt{LC}}$$

式中，$C = C_1 \cdot C_2 / (C_1 + C_2)$。

在电容三点式 LC 振荡电路中，由于电容对高次谐波容抗小，反馈中谐波分量少，振荡产生的正弦波形较好，但这种电路调频不方便，因为改变 C_1、C_2 调频的同时，也改变了反馈系数。

3）改进型电容三点式 LC 振荡器

图 4.2.9 所示为改进的电容三点式 LC 电路，由于反馈电压取自 C_2，电容对高次谐波容抗小，反馈中谐波分量少，振荡产生的正弦波形较好，但这种电路调频不方便，因为改变 C_1、C_2 调频的同时，也改变了反馈系数。

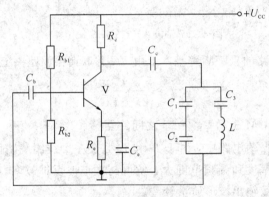

图 4.2.9　改进型电容三点式 LC 振荡器

一般取 $C_3 \ll C_1$，$C_3 \ll C_2$，振荡频率只取决于 C_3 和 L，其大小为

$$f_0 = \frac{1}{2\pi \sqrt{LC_3}}$$

由此可以看出，此时，振荡频率主要由 L、C_3 串联谐振回路决定，输出波形的稳定性和振荡波形较好。

*4.2.3　RC 振荡器

RC 振荡器主要由 RC 选频反馈网络和放大器组成。常见的类型有桥式和移相式两种电路形式。

1. RC 桥式振荡器

RC 桥式振荡器的振荡频率调节方便，波形失真小，一般工作在低频范围内，它的振荡频率约为 20 Hz～200 kHz。RC 桥式振荡器又称文式桥振荡器。

图 4.2.10 所示为典型的 RC 桥式振荡器原理图，它由同相放大器和具有选频作用的 RC 串并联正反馈网络组成。其中 RC 串并联正反馈网络由 R_2、C_2 并联后与 R_1、C_1 串联组成，通常取 $R_1 = R_2 = R$，$C_1 = C_2 = C$，如图 4.2.11（a）所示；其选频特性如图 4.2.11（b）所示，当输入信号 u_i 频率等于选频频率 f_0 时，输出电压 u_o 幅度最高，为 $u_i / 3$，且相位差为 0。

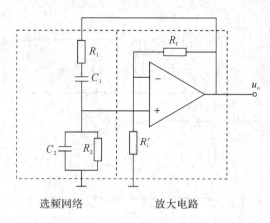

图 4.2.10　RC 桥式振荡器原理图

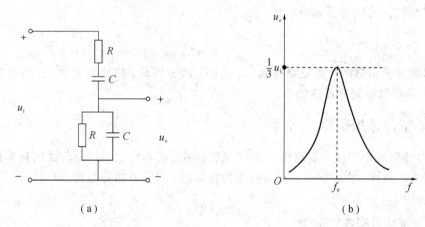

图 4.2.11　RC 串并联正反馈网络及其选频特性

RC 串并联网络选频频率 f_0 取决于选频网络 R、C 元件的数值，通常情况下，计算公式为

$$f_0 = \frac{1}{2\pi RC}$$

对于 RC 桥式振荡电路中的放大电路部分而言，输出同相的信号反馈至同相端，且通过 RC 串并联网络选频，则只有频率为 f_0 的电压反馈到输入端，且无相位差，此时属正反馈，满足相位平衡条件；同时，$u_f = u_o/3$，故只需 $u_o = 3u_i$，即 RC 串并联网络的反馈系数 $F = 1/3$ 或放大器的放大倍数 $A_u = 3$，就能满足振幅平衡条件。

由此可知，RC 桥式振荡器的振荡频率即为 RC 串并联网络选频频率 f_0。可以通过改变选频网络电阻 R 的大小，实现频率的粗调；也可以通过改变电容 C 的大小，实现频率的细调。因 RC 串并联网络及负反馈电路中的 R_f、R_1 正好构成电桥四臂，故称 RC 桥式振荡器。

2. RC 移相式振荡器

图 4.2.12 所示为 RC 移相式振荡器的原理图，其中 $R_1 = R_2 = R_c = R$，$C_1 = C_2 = C_3 = C$，其输出电压与输入电压倒相，即 $\varphi_a = -180°$。图中用三节 RC 超前移相电路，可使 $\varphi_f = +180°$，那么 $\varphi = \varphi_a + \varphi_f = 0°$，满足振荡的相位条件。若用三节 RC 滞后移相电路，使其中 $\varphi_f = -180°$，即 $\varphi = \varphi_a + \varphi_f = -360°$，同样可满足振荡的相位条件，调整放大倍数即可满足

振荡的幅值条件。

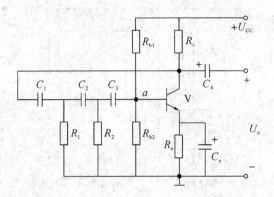

图 4.2.12　RC 移相式振荡器原理图

RC 移相式振荡器的振荡频率为

$$f_0 = \frac{\sqrt{6}}{2\pi RC}$$

RC 移相式振荡器的特点是结构简单、经济、起振容易、输出幅度强，但变换频率不方便，一般适用于单一频率振荡场合。

4.2.4　石英晶体振荡器

振荡器的频率稳定度一般总小于 10^{-5} 量级，用石英晶体组成的振荡器的频率稳定度可达 $10^{-6} \sim 10^{-11}$ 量级，大大提高了振荡频率的稳定度。目前石英晶振已经广泛应用于各种电子电器设备中。

1. 石英晶体谐振器

石英晶体谐振器，简称为晶振，常见石英晶体谐振器的外形及符号如图 4.2.13 所示。

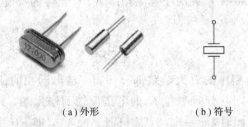

（a）外形　　　　　　　　　　（b）符号

图 4.2.13　石英晶体谐振器的外形及符号

石英晶体谐振器是在晶片的两个对面上喷涂一对金属极板，引出两个电极，加以封装所构成的器件，如图 4.2.14 所示。

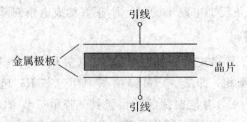

图 4.2.14　石英晶体谐振器的结构

若在石英晶体两极间加上电压，晶片将产生机械变形；反之，若在晶片上施加机械压力，晶片表面会产生电荷。这种物理现象称为压电效应。如果外加交变电压的频率与晶体固有频率相等，则振幅将达到最大，这就是晶体的压电谐振。产生谐振的频率称为石英晶体的谐振频率。

当晶体不振动时，可用静态电容 C_0 来等效，一般约为几皮法到几十皮法；当晶体振动时，机械振动的惯性可用电感 L 来等效，一般为 $10^{-3} \sim 10^{-2}$ H；晶片的弹性可用电容 C 来等效，一般为 $10^{-2} \sim 10^{-1}$ pF；晶片振动时的损耗可用电阻 R 来等效，阻值约为 10^2 Ω。由于石英晶体的这种特性，可以把它的内部结构等效成如图 4.2.15(a)所示的等效电路。

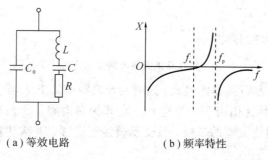

(a) 等效电路　　　　　　(b) 频率特性

图 4.2.15　石英晶体谐振器的等效电路及频率特性

由 $Q = \dfrac{1}{R}\sqrt{\dfrac{L}{C}}$ 可知，因为晶振的 L 很大，C 很小，R 很小，所以 Q 很大（$10^4 \sim 10^6$），加之晶体的固有频率只与晶片的几何尺寸有关，其精度高而稳定，因此，采用石英晶体谐振器组成振荡电路，可获得很高的频率稳定度。

由图 4.2.15(a)石英晶体谐振器等效电路可知，它有两个谐振频率：

(1) 在低频时，可把静态电容 C_0 看成开路。若 $f = f_s$，L、C、R 串联支路发生揩振，$X_L = X_C$，它的等效阻抗 $Z_0 = R$ 为最小值，则串联谐振频率为

$$f_s = \frac{1}{2\pi\sqrt{LC}}$$

(2) 当频率高于 f_s 时，$X_L > X_C$，L、C、R 支路呈现感性，C_0 与 L、C 构成并联谐振回路，其振荡频率为

$$f_p = \frac{1}{2\pi\sqrt{L\dfrac{C \cdot C_0}{C + C_0}}} = \frac{1}{2\pi\sqrt{LC}}\sqrt{\frac{C + C_0}{C_0}} = f_s\sqrt{1 + \frac{C}{C_0}}$$

通常 $C_0 \gg C$，所以 f_p 与 f_s 非常接近，f_p 略大于 f_s，也就是说感性区非常窄，故频率特性如图 4.2.15(b)所示。

2. 石英晶体振荡电路

石英晶体振荡电路的形式多样，但是基本电路有两类：一类为并联晶体振荡电路，其工作在 f_0 和 f_s 之间，石英晶体相当于电感；另一类为串联晶体振荡电路，其工作在串联谐振频率 f_s 处，利用阻抗最小的特性来组成振荡电路。

1）并联晶体振荡电路

并联晶体振荡电路如图 4.2.16(a)所示，振荡回路由 C_1、C_2 和晶体组成。其中，晶体起

电感 L 的作用,其交流等效电路如图 4.2.16(b)所示。

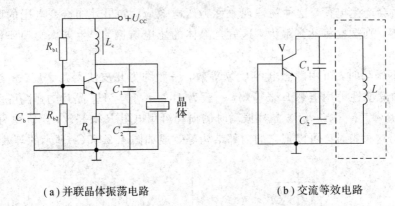

（a）并联晶体振荡电路　　　　　　　　　（b）交流等效电路

图 4.2.16　并联晶体振荡电路及其交流等效电路

选频回路由 C_1、C_2 和石英晶体组成。这时的谐振频率处于 f_0 与 f_s 之间,石英晶体在电路中起电感的作用,显然这相当于一个电容三点式振荡电路。谐振电压经 C_1、C_2 分压后,C_2 上的电压正反馈回到放大管的基极,只要反馈强度足够,电路就能起振并达到平衡。谐振频率近似为

$$f_0 \approx \frac{1}{2\pi \sqrt{LC}} = f_s$$

可见,振荡频率基本上取决于晶体的固有频率 f_s,故其频率稳定度高。

2）串联晶体振荡电路

串联晶体振荡电路及其交流等效电路如图 4.2.17 所示,这种振荡器与三点式振荡器基本类似,只不过在正反馈支路上增加了一个晶振。当 $f = f_s$ 时,$Z_0 = R$ 为最小,近乎短路,反馈量最大,且相移为零,符合振荡条件,此时电路与电容三点式振荡器一样。当 $f \neq f_0$ 时,晶体呈现较大阻抗,且相移不为零,不能产生谐振,所以该电路的振荡频率只能是 $f_0 = f_s$。显然,该电路的振荡频率就是此石英晶体的串联谐振频率,而这个频率是相当稳定的,所以串联型石英晶体振荡电路的振荡频率稳定度也是很高的。

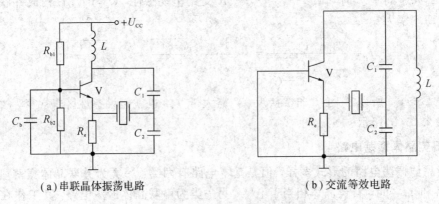

（a）串联晶体振荡电路　　　　　　　　　（b）交流等效电路

图 4.2.17　串联晶体振荡电路及其交流等效电路

3）单片机晶体振荡电路

单片机晶体振荡电路如图 4.2.18 所示。在单片机系统里晶振的作用非常大。晶体振荡

电路是给单片机提供工作信号脉冲的，这个脉冲的频率就是单片机的工作频率。比如 12 MHz 晶振提供给单片机的工作频率就是 12 MHz，并且工作频率是有范围的，一般小于 24 MHz。所配的电容 C_1 和 C_2 一般在 10～50 pF 之间。

如果单片机晶振提供的工作频率越高，那么单片机运行速度就越快。单片机的一切指令的执行都是建立在单片机晶振提供的时钟频率上的。

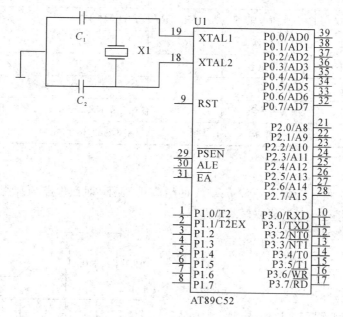

图 4.2.18　单片机晶体振荡电路

【思考与练习】

1. 正弦波振荡电路由哪几部分组成？各部分的作用是什么？
2. 为什么电路必须满足相位平衡条件和振幅平衡条件，电路才能产生自激振荡？
3. 电感三点式与电容三点式振荡电路结构有何特点？如何判断三点式振荡电路的相位平衡条件？
4. RC 桥式振荡器由几部分电路组成？分析图 4.2.10 所示电路中各元件的作用。
5. 石英晶体振荡电路有何特点？适用于什么场合？

4.3 技 能 实 训

技能实训 1　RC 正弦波振荡电路的搭建与测试

【实训目的】

（1）进一步理解 RC 正弦波振荡电路的构成和工作原理。
（2）掌握 RC 正弦波振荡电路的调试方法及振荡频率的测试方法。

【实训工具及器材】

（1）焊接工具及材料、直流稳压电源、双踪示波器、万用表。

（2）所需元器件清单见表4.3.1。

表4.3.1 RC 正弦波振荡电路元器件清单

序号	名　称	位号	规　格	数量
1	集成块		μA741	1
2	IC 座		8 脚	1
3	直插电阻	R_1、R_2、R_3	10 kΩ	3
4	电位器	R_P	50 kΩ	1
5	瓷片电容	C_1、C_2	0.1 μF	2
6	接线端子		301－3P	1
7	单股导线		0.5 mm×200 mm	若干
8	连孔板		8.3 cm×5.2 cm	1

【实训内容】

（1）图4.3.1所示为集成运放 μA741 的引脚排列图，对照电路原理图4.3.2，在连孔板上用分立元件搭建 RC 正弦波振荡电路。

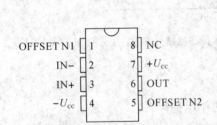

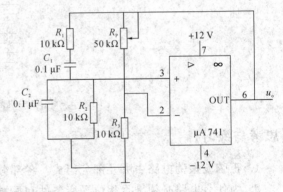

图4.3.1　集成运放 μA741 的引脚排列图　　　图4.3.2　RC 正弦波振荡电路原理图

（2）对搭建好的电路板进行输出电压波形的测量。

【实训操作步骤】

1. 清点与检测元器件

根据表4.3.1所示清点元器件，将元件置于一元件盒内。对元器件进行检测，看有无损坏的元器件，如果有，应立即进行更换，将元器件的检测结果记录在表4.3.2中。

表4.3.2　元器件检测记录表

序号	名称	位号	元器件检测结果
1	集成块		型号是＿＿＿＿＿
2	瓷片电容	C_1、C_2	容量标称值是＿＿＿＿＿；检测容量时，应选用万用表的＿＿＿＿＿挡位
3	直插电阻	R_1、R_2、R_3	测量值为＿＿＿＿＿ kΩ，选用的万用表挡位是＿＿＿＿＿
4	电位器	R_P	测量值为＿＿＿＿＿ kΩ，选用的万用表挡位是＿＿＿＿＿

2. 电路搭建

1）搭建步骤

（1）按电路原理图在电路板上对元器件进行合理的布局。

（2）按照元器件的插装顺序依次插装元器件。

（3）按焊接工艺要求对元器件进行焊接，直到所有元器件焊完为止。

（4）将元器件之间用导线进行连接。

（5）焊接电源输入线和信号输出引线。

2）搭建注意事项

（1）操作平台不要放置其他器件、工具与杂物。

（2）操作结束后，收拾好器材和工具，清理操作平台和地面。

（3）插装元器件前须按工艺要求对元器件的引脚进行成形加工。

（4）元器件排列要整齐，布局要合理并符合工艺要求。

（5）IC 芯片的引脚不能接错，以免损坏元器件。

（6）焊点表面要光滑、干净，无虚焊、漏焊和桥接。

（7）正确选用合适的导线进行器件之间的连接，同一焊点的连接导线不能超过 2 根。

（8）安装时，不得用工具敲击安装器材，以防造成器材或工具损坏。

3）搭建实物图

RC 正弦波振荡电路装接实物图如图 4.3.3 所示。

图 4.3.3　*RC* 正弦波振荡电路装接实物图

3. 电路通电

装接完毕，检查无误后，用万用表测量电路的电源两端，若无短路，方可接入正负电源。在接入电源时，注意电源与电路板极性一定要连接正确。当接入电源后，要随时观察电路有无异常现象，若有，应立即断电，对电路进行检查。

4. 电路测量与分析

（1）利用双踪示波器测量输出电压，调节电位器至输出正弦波形无失真并达到最大幅值时，绘制此时输出波形并记录到表 4.3.3 中。

表 4.3.3 RC 正弦波振荡电路测量记录表

测量内容	波形记录	示波器挡位及测量结果	电压测量
输出电压		扫描挡位：_____ 频率测量值：_____ 衰减挡位：_____ 峰值测量值：_____	测量挡位：_____ 测量结果：_____

（2）调节 R_P，当输出波形达到正弦输出时，此时电路中 $R_P/R_3 =$ _____。

【实训评价】

"RC 正弦波振荡电路的搭建与测试"实训评价如表 4.3.4 所示。

表 4.3.4 "RC 正弦波振荡电路的搭建与测试"实训评价表

项目	考核内容	配分/分	评分标准	得分/分
元器件检测	在表 4.3.2 中填写检测结果	20	每错一空扣 2 分，扣完为止	
电路焊接	焊点光滑无毛刺，焊锡量适中	10	每错一处扣 2 分，扣完为止	
电路布局	电路布局美观，无短路、开路	10	每错一处扣 2 分，扣完为止	
电路功能	用示波器观察输出波形，调节 R_P，直至输出最大幅值正弦波	40	每错一个扣 5 分	
安全文明操作	工作台上工具物品摆放整齐	10	工作台上物品随意摆放、脏乱，扣 1～5 分	
	严格遵照安全操作规程	10	违反安全操作规程扣 1～5 分	
合　计		100		
实训体会	学到的知识			
	学到的技能			
	收获			

技能实训 2　RC 桥式信号发生器的搭建与测试

【实训目的】

（1）进一步理解 RC 桥式信号发生器的构成和工作原理。

（2）掌握搭建与调试 RC 桥式信号发生器的方法。

（3）会用示波器观测振荡波形，能用频率计测量振荡频率。

（4）会排除振荡器的常见故障。

【实训工具及器材】

（1）焊接工具及材料、直流稳压电源、双踪示波器、频率计、万用表。

（2）所需元器件清单见表 4.3.5。

表 4.3.5　*RC* 桥式信号发生器元器件清单

序号	名称	位号	规　格	数量
1	IC 芯片	IC_1、IC_2	LM324	2
2	IC 座	IC_1、IC_2	14 脚	2
3	晶体二极管	VD_1、VD_2	1N4148	2
4	瓷片电容	C_1、C_2	0.1 μF	2
5	瓷片电容	C_3	1.5 μF	1
6	直插电阻	R_1、R_2	5.1 kΩ	2
7	直插电阻	R_3	1 kΩ	1
8	直插电阻	R_4	1.8 kΩ	1
9	直插电阻	R_5、R_6、R_7、R_8、R_9、R_{10}	10 kΩ	6
10	接线端子		301－3P（"＋""－""地"）	2
11	单股导线		0.5 mm×200 mm	若干
12	连孔板		8.3 cm×5.2 cm	1

【实训内容】

（1）图 4.3.4 所示为集成运放 LM324 的引脚排列图，对照电路原理图 4.3.5，在连孔板上用分立元件搭建 *RC* 桥式信号发生器电路。

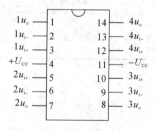

图 4.3.4　集成运放 LM324 的引脚排列图

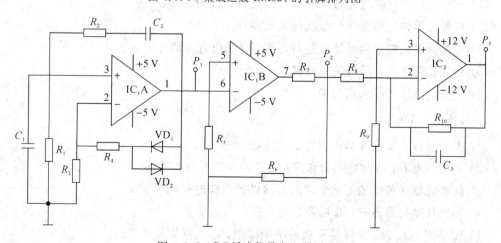

图 4.3.5　*RC* 桥式信号发生器原理图

（2）对搭建好的电路板进行输出电压波形的测量。

【实训操作步骤】

1. 清点与检测元器件

根据表 4.3.5 所示清点元器件，将元件置于一元件盒内。对元器件进行检测，看有无损坏的元器件，如果有，应立即进行更换，将元器件的检测结果记录在表 4.3.6 中。

表 4.3.6　元器件检测记录表

序号	名称	位号	规格	元件检测结果
1	IC 芯片	IC_1、IC_2	LM324	型号是_____
2	晶体二极管	VD_1、VD_2	1N4148	检测质量时，应选用的万用表挡位是_____；正向导通的那次测量中，黑表笔所接的是_____极，所测得的阻值为_____
3	瓷片电容	C_1、C_2	0.1 μF	容量标称值是_____；检测容量时，应选用万用表的_____挡位
4	瓷片电容	C_3	1.5 μF	容量标称值是_____；检测容量时，应选用万用表的_____挡位
5	直插电阻	R_1、R_2	5.1 kΩ	测量值为_____ kΩ，选用的万用表挡位是_____
6	直插电阻	R_3	1 kΩ	测量值为_____ kΩ，选用的万用表挡位是_____
7	直插电阻	R_4	1.8 kΩ	测量值为_____ kΩ，选用的万用表挡位是_____
8	直插电阻	R_5、R_6、R_7、R_8、R_9、R_{10}	10 kΩ	测量值为_____ kΩ，选用的万用表挡位是_____

2. 电路搭建

1）搭建步骤

（1）按电路原理图在电路板上对元器件进行合理的布局。

（2）按照元器件的插装顺序依次插装元器件。

（3）按焊接工艺要求对元器件进行焊接，直到所有元器件焊完为止。

（4）将元器件之间用导线进行连接。

（5）焊接电源输入线和信号输出引线。

2）搭建注意事项

（1）操作平台不要放置其他器件、工具与杂物。

（2）操作结束后，收拾好器材和工具，清理操作平台和地面。

（3）插装元器件前须按工艺要求对元器件的引脚进行成形加工。

（4）元器件排列要整齐，布局要合理并符合工艺要求。

（5）IC 芯片的引脚、二极管正负极不能接错，以免损坏元器件。

（6）焊点表面要光滑、干净，无虚焊、漏焊和桥接。

（7）正确选用合适的导线进行器件之间的连接，同一焊点的连接导线不能超过 2 根。

（8）安装时，不得用工具敲击安装器材，以防造成器材或工具损坏。

3）搭建实物图

RC 桥式信号发生器装接实物图如图 4.3.6 所示。

图 4.3.6　RC 桥式信号发生器装接实物图

3. 电路通电

装接完毕，检查无误后，用万用表测量电路的电源两端，若无短路，方可接入电源。在接入电源时，注意电源与电路板极性一定要连接正确。当接入电源后，要随时观察电路有无异常现象，若有，应立即断电，对电路进行检查。

4. 电路测量与分析

（1）利用双踪示波器分别测量 P_1、P_2、P_3 这三点的输出电压，绘制波形并分别记录到表 4.3.7 中。

表 4.3.7　RC 桥式信号发生器电路测量记录表

测量内容	波形记录							示波器挡位及测量结果	电压测量
P_1 点 输 出 电 压								扫描挡位：_____ 频率测量值：_____	测量挡位：_____
								衰减挡位：_____ 峰值测量值：_____	测量结果：_____

P_2点输出电压						扫描挡位：_____ 频率测量值：_____	测量挡位：_____
						衰减挡位：_____ 峰值测量值：_____	测量结果：_____
P_3点输出电压						扫描挡位：_____ 频率测量值：_____	测量挡位：_____
						衰减挡位：_____ 峰值测量值：_____	测量结果：_____

【实训评价】

"RC桥式信号发生器的搭建与测试"实训评价如表4.3.8所示。

表4.3.8 "RC桥式信号发生器的搭建与测试"实训评价表

项目	考核内容	配分/分	评分标准	得分/分
元器件检测	在表4.3.6中填写检测结果	20	每错一空扣2分，扣完为止	
电路焊接	焊点光滑无毛刺，焊锡量适中	10	每错一处扣2分，扣完为止	
电路布局	电路布局美观，无短路、开路	10	每错一处扣2分，扣完为止	
电路功能	用示波器观察输出波形	40	每错一个扣5分，扣完为止	
安全文明操作	工作台上工具物品摆放整齐	10	工作台上物品随意摆放、脏乱，扣1~5分	
	严格遵照安全操作规程	10	违反安全操作规程扣1~5分	
合　计		100		
实训体会	学到的知识			
	学到的技能			
	收获			

本 章 小 结

（1）调谐放大器是一种选频放大器，它利用LC并联谐振电路的选频特性在频率众多的信号中选出某一频率的信号加以放大。

（2）电路产生自激振荡必须同时满足相位平衡条件和振幅平衡条件。具体判别的关键为：电路必须是一个具有正反馈的正常放大电路。

（3）正弦波振荡电路用于产生一定频率和幅度的正弦波信号，一般由基本放大电路、正反馈电路、选频电路、稳幅电路组成，满足了起振条件和平衡条件才能输出稳定的正弦波信号。

（4）RC 正弦波振荡器适用于低频电路，采用 RC 桥式振荡电路，其振荡频率取决于 RC 串联选频网络的电阻和电容值。

（5）LC 振荡器有变压器反馈式、电感反馈式（电感三点式）和电容反馈式（电容三点式）三种类型，它的选频电路为 LC 谐振回路，其振荡频率近似等于 LC 谐振回路的谐振频率。

（6）石英晶体振荡器是采用石英晶体谐振器构成的振荡器，其优点是频率稳定性很高，缺点是振荡频率的可调范围很小。

自 我 测 评

一、填空题（每空 2 分，共 20 分）

1. 调谐放大器是具有＿＿＿＿能力的放大电路。

2. 单回路调谐放大器与一般的低频放大电路相仿，仅仅把集电极负载电阻 R_c 改为＿＿＿＿回路。

3. 振荡电路要产生自激振荡须同时满足下列两个条件：＿＿＿＿和＿＿＿＿。

4. 正弦波振荡电路一般由＿＿＿＿、＿＿＿＿、＿＿＿＿和稳幅电路组成。

5. 振荡器的振荡频率取决于＿＿＿＿。

6. 为提高振荡频率的稳定度，高频正弦波振荡器一般选用＿＿＿＿振荡器。

7. 并联型晶体振荡器中，晶体在电路中的作用等效于＿＿＿＿。

二、判断题（每题 3 分，共 30 分）

1. 振荡器电路满足振幅条件就可以产生正弦波。（　　　）

2. 电感三点式振荡器的输出波形比电容三点式振荡器的输出波形好。（　　　）

3. 串联型石英晶体振荡电路中，石英晶体相当于一个电感而起作用。（　　　）

4. 正弦波振荡器必须输入正弦信号。（　　　）

5. LC 振荡器是靠负反馈来稳定振幅的。（　　　）

6. 正弦波振荡器中如果没有选频网络，就不能引起自激振荡。（　　　）

7. 振荡器与放大器的主要区别之一是：放大器的输出信号与输入信号频率相同，而振荡器一般不需要输入信号。（　　　）

8. 若某电路满足相位条件（正反馈），则一定能产生正弦波振荡。（　　　）

9. 正弦波振荡器输出波形的振幅随着反馈系数 F 的增大而减小。（　　　）

10. RC 桥式振荡器的振荡频率调节方便，波形失真小，适用于所有频率电路，所以应用范围广泛。（　　　）

三、选择题（每题 3 分，共 30 分）

1. 一个振荡器要能够产生正弦波振荡，电路的组成必须包含（　　　）。

　　A. 放大电路、负反馈电路

B. 负反馈电路、选频电路

C. 放大电路、正反馈电路、选频电路

2. 振荡器是根据( )反馈原理来实现的,( )反馈振荡电路的波形相对较好。

A. 正、电感　　　　B. 正、电容　　　　C. 负、电感　　　　D. 负、电容

3. 反馈放大器的方框图如图 4-1 所示,当 $u_i = 0$ 时,要使放大器维持等幅振荡,其幅度条件是( )。

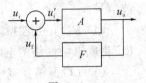

图 4-1

A. 反馈电压 u_f 要大于所需的输入电压 u_i

B. 反馈电压 u_f 要等于所需的输入电压 u_i

C. 反馈电压 u_f 要小于所需的输入电压 u_i

4. 一个正弦波振荡器的开环电压放大倍数为 A_u,反馈系数为 F,该振荡器要能自行建立振荡,其幅值条件必须满足( )。

A. $|A_uF| = 1$　　　　B. $|A_uF| < 1$　　　　C. $|A_uF| > 1$

5. 正弦波振荡器中正反馈网络的作用是( )。

A. 保证产生自激振荡的相位条件

B. 提高放大器的放大倍数,使输出信号足够大

C. 产生单一频率的正弦波

6. 振荡器与放大器的区别是( )。

A. 振荡器比放大器电源电压高

B. 振荡器无需外加激励信号,放大器需要外加激励信号

C. 振荡器需要外加激励信号,放大器无需外加激励信号

7. 如图 4-2 所示电路,以下说法正确的是( )。

A. 该电路由于放大器不能正常工作,不能产生正弦波振荡

B. 该电路由于无选频网络,不能产生正弦波振荡

C. 该电路由于不满足相位平衡条件,不能产生正弦波振荡

D. 该电路满足相位平衡条件,可能产生正弦波振荡

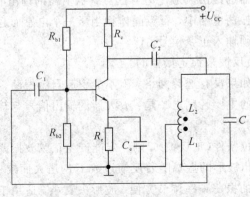

图 4-2

8. 在自激振荡电路中,下列( )说法是正确的。

A. *LC* 振荡器、*RC* 振荡器一定能产生正弦波

B. 石英晶体振荡器不能产生正弦波

C. 电感三点式振荡器产生的正弦波失真较大

D. 电容三点式振荡器的振荡频率做不高

9. 串联型晶体振荡器中，晶体在电路中的作用等效于（　　）。

　　A. 电容元件　　　　B. 电感元件　　　　C. 大电阻元件　　　　D. 短路线

10. 利用石英晶体的电抗频率特性构成的振荡器是（　　）。

　　A. $f = f_s$ 时，石英晶体呈感性，可构成串联型晶体振荡器

　　B. $f = f_s$ 时，石英晶体呈阻性，可构成串联型晶体振荡器

　　C. $f_s < f < f_p$ 时，石英晶体呈阻性，可构成串联型晶体振荡器

　　D. $f_s < f < f_p$ 时，石英晶体呈感性，可构成串联型晶体振荡器

四、判断图 4-3 中哪些电路可能产生振荡，哪些电路不能产生振荡。（每题 5 分，共 20 分）

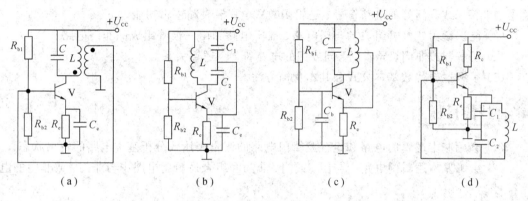

图 4-3

第5章 数字电路基础知识

 知识目标

（1）了解数字电路的特点，理解数字信号与模拟信号的区别。

（2）掌握晶体管的开关特性，掌握基本逻辑门电路中与门、或门、非门和组合逻辑门电路中与非门、或非门等的电路符号、逻辑函数式、真值表和逻辑功能。

（3）能识读由二极管组成的与门电路、或门电路和由三极管组成的非门电路。

（4）了解与或非门、异或门、同或门的电路符号、逻辑关系。

（5）了解逻辑代数基本公式和基本化简方法。

 技能目标

（1）会用基本逻辑门电路和组合逻辑门电路的逻辑表达式分析基本电路的输出状态。

（2）会画基本逻辑门电路中与门、或门、非门和组合逻辑门电路中与非门、或非门的电路符号。

（3）会写基本逻辑门电路中与门、或门、非门和组合逻辑门电路中与非门、或非门的表达式。

（4）会搭建由二极管和三极管组成的基本逻辑门电路。

5.1 脉冲与数字信号

5.1.1 脉冲的基本概念

如图 5.1.1 所示为一个简单的脉冲发生器示意图。设开关 S 原先是打开的，电阻两端电压 $U_R=0$，若在 t_1 时刻接通开关 S，则 R 两端电压将突然跳变到近于电源 G 的电压 U_G，即 $U_R=U_G$；若在 t_2 时刻突然断开 S，则 R 两端电压将从 U_G 又突然跳变到零，即 $U_R=0$。不断地通、断 S，则 R 两端电压就会如图 5.1.1(b)所示波形变化，这就是一串脉冲波。

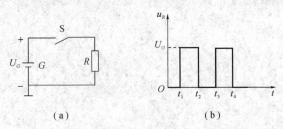

(a)   (b)

图 5.1.1 脉冲发生器示意图

这种瞬间突然变化、作用时间极短的电压或电流信号称为脉冲信号,简称脉冲。脉冲信号的特点是电压或电流波形为突变的、不连续的、离散的,它可以是周期性重复的,也可以是非周期性的或单次的。脉冲信号的形状多种多样,与普通模拟信号(如正弦波)相比,波形之间在时间轴不连续(波形与波形之间有明显的间隔)但具有一定的周期性是脉冲的特点。最常见的脉冲波是矩形波(也就是方波)。

5.1.2　矩形波脉冲

在脉冲技术中最常使用的是矩形波脉冲,简称矩形波。如图 5.1.2 所示,每个矩形波都有一个上升沿和下降沿,中间为平顶部分。这是个理想的矩形波。

矩形波脉冲常用参数如下:

(1) 脉冲幅度 U_m:脉冲电压变化的最大值。

(2) 脉冲上升时间 t_r:脉冲从幅度的 10% 处上升到幅度的 90% 处所需的时间。

(3) 脉冲下降时间 t_f:脉冲从幅度的 90% 处下降到幅度的 10% 处所需的时间。

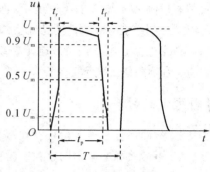

图 5.1.2　矩形波脉冲

(4) 脉冲宽度(指时间)t_p:脉冲出现后的持续时间,一般指上升沿和下降沿幅度为 50% 处的时间宽度。

(5) 脉冲周期 T:周期性脉冲相邻两脉冲波对应点间相隔的时间。它的倒数就是脉冲重复频率:$f = 1/T$。

(6) 占空比:有效电平在一个周期之内所占的时间比率。方波的占空比率为 50%,占空比为 0.5,说明高电平所占时间为 0.5 个周期。

5.1.3　数字电路及其特点

在电子技术中,传递和处理的信号分为两大类。一类是在数值和时间上都是连续变化的信号,称为模拟信号,如收音机、电视机接收到的声音和图像信号,而用以传递、加工和处理模拟信号的电路叫模拟电路。另一类是无论从时间上还是从大小上都是不连续且具有突变特点的脉冲信号,称为数字信号,如电子表的秒信号、生产线上记录零件个数的计数信号等,而传递、加工和处理数字信号的电路叫数字电路。

数字电路与模拟电路相比主要有下列优点:

(1) 数字电路工作状态的特点。数字电路中的半导体器件只需工作在截止、饱和导通两种极限状态,晶体管只要作为电子开关使用,就可以表示这两种电平或状态。因此电路对元件参数等方面要求低,电路简单,易于实现数字电路集成化。

(2) 数字电路信号的特点。数字信号通常取两个离散量,用二进制数 0 和 1 来反映电路中的两种状态。因此数字电路抗干扰能力强,还可以利用相关的数字技术实现数字信号的加密、压缩、检错、纠错等处理。

(3) 数字电路主要研究电路输入端与输出端之间的逻辑关系,它不仅能完成数值运算,还可以进行逻辑运算与判断,通常采用逻辑代数、真值表、波形图等方法进行运算和分析。

5.1.4 数字电路的发展及应用

数字电路的发展与模拟电路一样经历了由电子管、半导体分立器件到集成电路等几个时代，但其发展比模拟电路发展得更快。从 20 世纪 60 年代开始，数字集成器件以双极型工艺制成了小规模逻辑器件；随后发展到中规模逻辑器件；20 世纪 70 年代末，微处理器的出现，使数字集成电路的性能产生质的飞跃。TTL 逻辑门电路问世较早，其工艺经过不断改进，至今仍为主要的基本逻辑器件之一。近几年来，可编程逻辑器件 PLD，特别是现场可编程门阵列 FPGA 的飞速进步，使数字电子技术开创了新局面，不仅规模大，而且将硬件与软件相结合，使器件的功能更加完善，使用更加灵活。

数字电路在电子设备或电子系统中得到了越来越广泛的应用，如计算机、计算器、电视机、音响系统、视频记录设备、光碟、长途电信及卫星系统等，无一不采用了数字系统。

【思考与练习】

1. 脉冲信号与声音信号相比有什么不同？
2. 矩形波脉冲常用的参数有哪些？
3. 数字电路与模拟电路相比有哪些优点？
4. 简述数字电路的发展史。

5.2 晶体管的开关特性与反相器

5.2.1 二极管的开关特性

二极管的开关特性如图 5.2.1 所示。

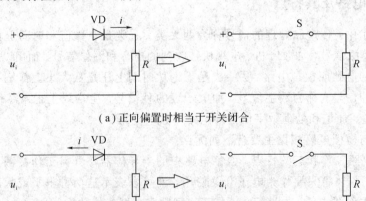

(a) 正向偏置时相当于开关闭合

(b) 反向偏置时相当于开关断开

图 5.2.1 二极管的开关特性

（1）正向偏置时，二极管的单向导通电压为 u_{VD}，$i \neq 0$，$u_R = u_i - u_{VD} \approx u_i$，电阻很小，相当于开关闭合。

（2）反向偏置时，$i = 0$，$u_R = 0$，电阻很大，相当于开关断开。

5.2.2 三极管的开关特性

如图 5.2.2(a)所示为一个 NPN 型硅三极管共射极电路。当输入电压 $U_i = -U_{G1}$ 时，三极管的发射结和集电结均反向偏置，只有很小的反向漏电流 I_{EBO} 和 I_{CEO} 分别流过这两个结，三极管工作在截止区，I_B 趋近于 0，c 极与 e 极间几乎呈断路状态，对应的等效电路如图 5.2.2(b)所示，相当于开关断开。

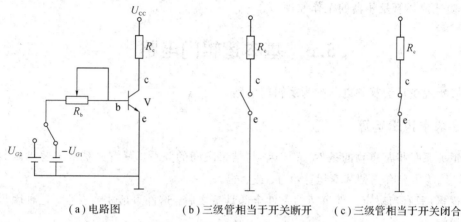

（a）电路图   （b）三级管相当于开关断开   （c）三级管相当于开关闭合

图 5.2.2 三极管的开关特性

当输入电压 $U_i = U_{G2}$ 时，调节 R_b，使基极电流增加，集电极电流不变，集电结和发射结均处于正向偏置，三极管工作在饱和区，c 极与 e 极间电压约为 0.3 V，此时 c 极与 e 极呈短路状态，对应的等效电路如图 5.2.2(c)所示，相当于开关闭合。

由此可见，三极管相当于一个由基极电流所控制的无触点开关，三极管截止时相当于开关"断开"，饱和时相当于开关"闭合"。

5.2.3 晶体管反相器

晶体管反相器的工作原理如图 5.2.3 所示。

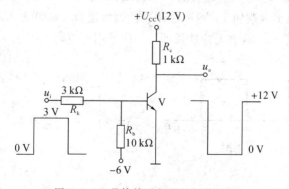

图 5.2.3 晶体管反相器的工作原理

当无输入信号（即输入端为零电位）时，晶体管截止，输出端电位接近 $+U_{CC}$，这时相当于开关断开的情况。当输入端加上信号（例如为 +3 V）时，晶体管处于饱和状态，输出端电位近似为零，电源电压几乎全部加在 R_c 上，这时相当于开关接通的情况。

由此可见，晶体管输入端状态与输出端状态刚好相反：输入为高电平时，输出为低电平；输入为低电平时，输出为高电平。所以，可称之为反相器。

【思考与练习】

1. 简述理想晶体二极管的正向特性和反向特性。
2. 简述晶体三极管工作在截止区和饱和区时 PN 结的工作状态。
3. 简述晶体管反相器的工作原理。

5.3　基本逻辑门电路

能够实现逻辑运算的电路称为逻辑门电路。

5.3.1　基本逻辑运算

逻辑关系是指某事物的条件(或原因)与结果之间的关系。逻辑关系常用逻辑函数来描述。逻辑代数中只有三种基本运算：与、或、非。

与逻辑：只有当决定一件事情的条件全部具备之后，这件事情才会发生，这种因果关系称为与逻辑。

或逻辑：当决定一件事情的几个条件中，只要有一个或一个以上条件具备，这件事情就会发生，这种因果关系称为或逻辑。

非逻辑：某事情发生与否，仅取决于一个条件，而且是对该条件的否定。即条件具备时事情不发生，条件不具备时事情才发生，这种逻辑关系称为非逻辑。

5.3.2　关于逻辑电路的几个规定

数字信号在电路中表现为突变的电压或电流。为了方便，数字信号一般用两个电平(高电平和低电平)分别表示两个逻辑值(逻辑 1 和逻辑 0)。若规定高电平(3～5 V)为逻辑 1，低电平(0～0.4 V)为逻辑 0，则称这种逻辑为正逻辑，波形如图 5.3.1 所示；反之，若规定高电平为逻辑 0，低电平为逻辑 1，则称这种逻辑为负逻辑。如图 5.3.2 所示为采用正逻辑体制表示的数字逻辑信号。本书无特殊说明，一律采用正逻辑。

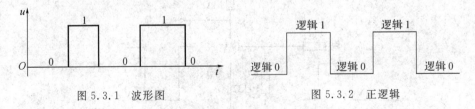

图 5.3.1　波形图　　　　　　　图 5.3.2　正逻辑

5.3.3　与门电路

能实现与逻辑关系的电路称为与逻辑门电路，简称与门电路。图 5.3.3(a)所示是由二极管和电阻组成的有两个输入端的与门电路。与门电路的逻辑符号如图 5.3.3(b)所示，输入输出关系用波形表示如图 5.3.3(c)所示。其中 A、B 为输入端，Y 为输出端。二极管与门电路的工作原理为：当 $U_A = U_B = 0$ V 时，二极管 VD$_1$ 和 VD$_2$ 都导通，$U_Y = 0$ V，输出低电平；当 $U_A = 0$ V，$U_B = 3$ V 时，VD$_1$ 优先导通，U_Y 被箝位在 0 V，VD$_2$ 反偏截止；当 $U_A = 3$ V，$U_B = 0$ V 时，VD$_2$ 优先导通，U_Y 被箝位在 0 V，VD$_1$ 反偏截止；当 $U_A = U_B = 3$ V 时，二极管 VD$_1$ 和 VD$_2$ 都导通，$U_Y = 3$ V，输出高电平。

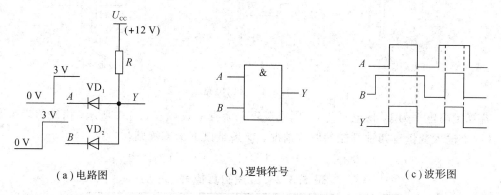

（a）电路图　　　　　　（b）逻辑符号　　　　　　（c）波形图

图 5.3.3　与门电路

若规定高电平为 1，低电平为 0，则逻辑变量和函数的各种取值的可能性可用表 5.3.1 表示。将输入与输出的逻辑关系用表格的形式表示出来，这样的表称为真值表。由真值表分析可知，A、B 两个输入变量有四种可能取值情况，应满足以下运算规则：

$$0 \cdot 0 = 0, \quad 0 \cdot 1 = 1, \quad 1 \cdot 0 = 0, \quad 1 \cdot 1 = 1$$

表 5.3.1　与逻辑真值表

输入		输出	输入		输出
A	B	Y	A	B	Y
0	0	0	1	0	0
0	1	0	1	1	1

根据真值表可得出与逻辑关系的功能为"有 0 出 0，全 1 出 1"。与逻辑关系用逻辑函数表达式表示为

$$Y = A \cdot B = AB$$

其中，"·"为逻辑乘符号，也可省略，读作 Y 等于 A 与 B。

5.3.4　或门电路

能实现或逻辑关系的电路称为或逻辑门电路，简称或门电路。图 5.3.4（a）所示是由二极管和电阻组成的有两个输入端的或门电路。其中，A、B 为输入端，Y 为输出端。根据二极管的导通和截止条件，只要输入端有一处为高电平，则与该输入端相连的二极管就导通，输出端 Y 即为高电平。或门电路的逻辑符号如图 5.3.4（b）所示，输入输出关系用波形表示如图 5.3.4（c）所示。

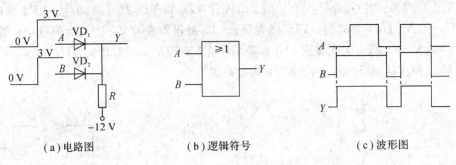

(a)电路图　　　　　　　(b)逻辑符号　　　　　　　(c)波形图

图 5.3.4　或门电路

若规定高电平为 1,低电平为 0,则或逻辑关系真值表如表 5.3.2 所示。由真值表可知, A、B 两个输入变量有四种可能的取值情况,应满足以下运算规则:

$$0+0=0, \quad 0+1=1, \quad 1+0=1, \quad 1+1=1$$

表 5.3.2　或逻辑真值表

输入		输出	输入		输出
A	B	Y	A	B	Y
0	0	0	1	0	1
0	1	1	1	1	1

综合得出或逻辑关系的功能为"全 0 出 0,有 1 出 1"。或逻辑关系用逻辑函数表达式表示为

$$Y=A+B$$

其中,"+"为逻辑加符号,读作 Y 等于 A 或 B。

5.3.5　非门电路

能实现非逻辑关系的电路称为非逻辑门电路,简称非门电路,如图 5.3.5(a)所示。该电路当输入端 A 为低电平时,三极管 V 截止,输出端 Y 为高电平;当输入端 A 为高电平时,三极管 V 饱和导通,输出端 Y 为低电平。电路的输入信号和输出信号总是反相。图 5.3.5(b)、(c)所示分别为非门电路的逻辑符号和波形图。

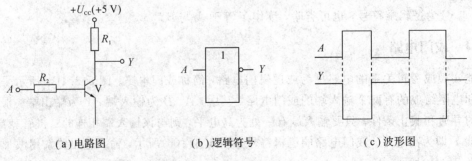

(a)电路图　　　　　　　(b)逻辑符号　　　　　　　(c)波形图

图 5.3.5　非门电路

非逻辑关系应满足以下运算规则:

$$\overline{0}=1, \quad \overline{1}=0$$

非逻辑关系用逻辑函数表达式表示为

$$Y=\overline{A}$$

其中，"—"为逻辑非符号，读作 Y 等于 A 非或 A 反。

【思考与练习】

1. 简述与、或、非三种基本逻辑运算关系的特点。
2. 画出与、或、非三种门电路的逻辑符号和电路图。
3. 写出与、或、非三种门电路的逻辑代数式，简述其逻辑功能。

5.4　组合逻辑门电路

由基本逻辑门电路组合而成的逻辑门电路，称为组合逻辑门电路。常见的组合逻辑门电路有：与非门、或非门、与或非门、异或门和同或门等。

5.4.1　与非门电路

与门后面接一个非门就是与非门，如图 5.4.1(a)所示，逻辑符号如图 5.4.1(b)所示。与非门的输入输出逻辑关系见表 5.4.1 所示的真值表。

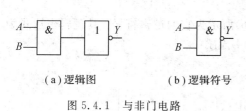

（a）逻辑图　　　（b）逻辑符号

图 5.4.1　与非门电路

表 5.4.1　与非门逻辑真值表

输入		输出	输入		输出
A	B	Y	A	B	Y
0	0	1	1	0	1
0	1	1	1	1	0

从真值表可以看出，与非门的逻辑功能是："全 1 出 0，有 0 出 1"。当输入端全为高电平时，输出端为低电平；只要输入端有一个为低电平，则输出端为高电平。其表达式为

$$Y=\overline{A \cdot B}$$

5.4.2　或非门电路

或门后面接一个非门就是或非门，如图 5.4.2(a)所示，逻辑符号如图 5.4.2(b)所示。或非门的输入输出逻辑关系见表 5.4.2 所示的真值表。

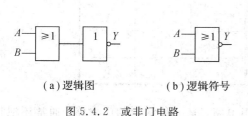

（a）逻辑图　　　（b）逻辑符号

图 5.4.2　或非门电路

表 5.4.2　或非门逻辑真值表

输入		输出	输入		输出
A	B	Y	A	B	Y
0	0	1	1	0	0
0	1	0	1	1	0

从真值表可以看出，或非门的逻辑功能是："全 0 出 1，有 1 出 0"。当输入端全为低电平时，输出端为高电平；只要输入端有一个为高电平，则输出端为低电平。其表达式为

$$Y = \overline{A + B}$$

5.4.3　与或非门电路

把两个(或两个以上)与门的输入端接到一个或门的各个输入端，便构成一个与或门；其后再接一个非门，就构成与或非门，如图 5.4.3(a)所示，逻辑符号如图 5.4.3(b)所示。与或非门输入输出的逻辑表达式为

$$Y = \overline{AB + CD}$$

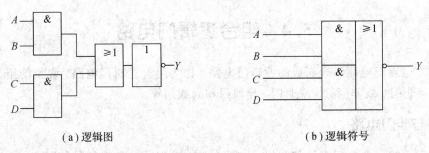

（a）逻辑图　　　　　　　　　（b）逻辑符号

图 5.4.3　与或非门电路

5.4.4　异或门电路

如图 5.4.4(a)所示为异或门逻辑图，图(b)所示为它的逻辑符号。其逻辑表达式为

$$Y = \overline{A}B + A\overline{B}$$

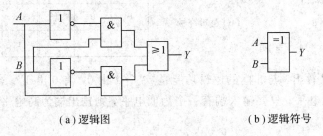

（a）逻辑图　　　　　　　（b）逻辑符号

图 5.4.4　异或门电路

异或门的输入输出逻辑关系见表 5.4.3 所示的真值表。

表 5.4.3　异或门逻辑真值表

输入		输出	输入		输出
A	B	Y	A	B	Y
0	0	0	1	0	1
0	1	1	1	1	0

异或门用于判断两个信号是否为不同的门电路，是一种常用的门电路，通常还把它的逻辑表达式写成

$$Y = A \oplus B$$

由于该电路输出为 1 时，必须是输入端异号相加的结果，故取名为异或门。

5.4.5 同或门电路

在异或门的基础上，最后加上一个非门就构成同或门，其逻辑符号如图 5.4.5 所示。逻辑表达式为

$$Y = AB + \overline{A}\,\overline{B}$$

由于该电路必须是输入端同号相加才能输出为 1，故取名为同或门。

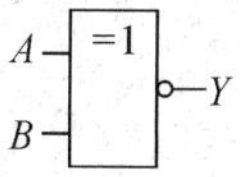

图 5.4.5 同或门逻辑符号

【思考与练习】

1. 画出与非门电路的逻辑符号，简述其逻辑功能。
2. 画出或非门电路的逻辑符号，写出逻辑表达式，简述其逻辑功能。
3. 画出异或门电路和同或门电路的逻辑符号，简述其逻辑功能。

*5.5 逻辑代数及其应用

5.5.1 逻辑代数的基本公式

逻辑代数是按一定逻辑规律进行运算的代数。逻辑变量用大写的英文字母表示，逻辑变量只有 0 和 1 两个取值，而且 0 和 1 不表示数量的大小，表示的是两种对立的逻辑状态。数字电路中利用逻辑代数，可以把一个电路的逻辑关系抽象为数学表达式，并且可以利用逻辑运算的规律进行恒等化简，以解决逻辑电路的分析和设计问题。常用的逻辑代数定律和公式如表 5.5.1 所示。

表 5.5.1 逻辑代数的基本定律和公式

名称	公式 1	公式 2
0—1 律	$A \cdot 0 = 0$ $A \cdot 1 = A$	$A + 0 = A$ $A + 1 = 1$
互补律	$\overline{A} \cdot A = 0$	$A + \overline{A} = 1$
交换律	$A \cdot B = B \cdot A$	$A + B = B + A$
结合律	$A \cdot B \cdot C = (A \cdot B) \cdot C = A \cdot (B \cdot C)$	$A + B + C = (A + B) + C = A + (B + C)$
分配律	$A \cdot (B + C) = A \cdot B + A \cdot C$	$A + B \cdot C = (A + B) \cdot (A + C)$
重叠律	$A \cdot A = A$	$A + A = A$
吸收律	$A \cdot (A + B) = A$	$A + AB = A$
反演律（摩根定律）	$\overline{A} + \overline{B} = \overline{AB}$	$\overline{A + B} = \overline{A} \cdot \overline{B}$
还原律	$\overline{\overline{A}} = A$	

上述公式的证明，只需用真值表验证等式两边的结果完全相同即可。例如，反演律的证明如表 5.5.2 所示。

表 5.5.2　真值表

A	B	$\overline{A+B}$	$\overline{A}\,\overline{B}$
0	0	1	1
0	1	0	0
1	0	0	0
1	1	0	0

由表可知 $\overline{A+B}=\overline{A}\,\overline{B}$，所以等式成立。

5.5.2　逻辑函数的化简

逻辑函数化简的意义在于将逻辑表达式简单化，在电路设计时可节省器件，降低成本，提高工作可靠性。因此，化简时必须使逻辑表达式为最简式，即乘积项最少，每个乘积项的变量个数最少。常用的化简方法有公式法化简和卡诺图法化简。本书只简要介绍公式法化简。

1. 并项法

利用公式 $AB+\overline{A}B=(A+\overline{A})B=B$，可以将两项合并为一项。例如：
$$\overline{A}\,\overline{B}C+\overline{A}\,\overline{B}\,\overline{C}=\overline{A}\,\overline{B}(C+\overline{C})=\overline{A}\,\overline{B}$$

2. 吸收法

利用公式 $A+AB=A(1+B)=A$，可以吸收多余项。例如：
$$AC+A\overline{B}CDE=AC$$

3. 消去法

利用公式 $A+\overline{A}B=A+B$，可消去多余因子。例如：
$$AB+\overline{B}C+\overline{A}C=AB+C(\overline{A}+\overline{B})=AB+\overline{AB}C=AB+C$$

4. 配项法

根据基本公式中的 $A+\overline{A}=1$，可以在逻辑函数式中重复写入某一项，同其他项的因子进行化简。例如：
$$AB+\overline{B}\,\overline{C}+A\overline{C}=AB+\overline{B}\,\overline{C}+(B+\overline{B})A\overline{C}=AB+\overline{B}\,\overline{C}$$

【例 5-1】　化简逻辑代数式 $Y=AB+A\overline{B}+\overline{A}\,\overline{B}+\overline{A}B$。

解
$$Y=AB+A\overline{B}+\overline{A}\,\overline{B}+\overline{A}B$$
$$=A(B+\overline{B})+\overline{A}(\overline{B}+B)$$
$$=A+\overline{A}$$
$$=1$$

【例 5-2】　化简逻辑代数式 $Y=AD+A\overline{D}+AB+\overline{A}C+BD$。

解
$$Y=AD+A\overline{D}+AB+\overline{A}C+BD$$
$$=(AD+A\overline{D})+AB+\overline{A}C+BD$$

$$=A+AB+\overline{A}C+BD$$
$$=(A+\overline{A}C)+BD$$
$$=A+C+BD$$

【例 5 - 3】 求证：$\overline{A\,\overline{B}+\overline{A}B}=AB+\overline{A}\,\overline{B}$。

证明　　　　左边 $=\overline{A\,\overline{B}+\overline{A}B}=(\overline{A\,\overline{B}})\cdot(\overline{\overline{A}B})$

$$=(\overline{A}+B)\cdot(A+\overline{B})$$
$$=AB+\overline{A}\,\overline{B}$$

所以

左边 $=$ 右边

5.5.3　逻辑代数在逻辑电路中的应用

根据一定的逻辑功能设计出的逻辑电路，并不是唯一的，有简有繁，应利用逻辑代数的基本定律，以得到简单合理的电路。

【例 5 - 4】 根据逻辑函数 $Y=AB+AC$，设计逻辑电路。

解　根据题意，相应的逻辑电路由两个与门和一个或门组成，如图 5.5.1(a)所示。如果将 $Y=AB+AC$ 化简，可得 $Y=A(B+C)$，则相应的逻辑电路更加简单，由一个或门和一个与门组成，如图 5.5.1(b)所示。

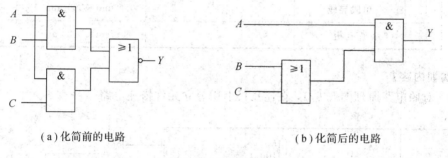

（a）化简前的电路　　　　　　　　（b）化简后的电路

图 5.5.1　逻辑电路

【思考与练习】

1. 试用逻辑真值表验证结合律 $A+B\cdot C=(A+B)\cdot(A+C)$。
2. 试画出 $Y=\overline{A}B+\overline{A}\overline{C}$ 的逻辑电路图。
3. 试化简逻辑代数式 $Y=AB+\overline{A}C+BCDEF$。

5.6　技能实训　基本逻辑门电路的搭建与测试

【实训目的】
掌握与门、或门、非门电路的逻辑功能。

【实训工具及器材】
(1) 焊接工具及材料、直流可调电源、万用表、连孔板等。
(2) 所需元器件清单见表 5.6.1。

表 5.6.1　三种基本逻辑门电路所需元器件清单

序号	名 称	图 号	规 格	数量
1	直插三极管	V	9013	1
2	拨动开关	S_1、S_2、S_3、S_4、S_5		5
3	直插二极管	VD_1、VD_2、VD_3、VD_4	1N4148	4
4	发光二极管	LED_1、LED_2、LED_3	$\phi5$ 红色	3
5	直插电阻	R_1、R_6	100 Ω	2
6	直插电阻	R_2、R_3、R_4、R_5	200 Ω	4
7	直插电阻	R_7	22 kΩ	1
8	单排针		2pin、2.54 间距	1
9	单排针		3pin、2.54 间距	1
10	单排针		1pin、2.54 间距	3
11	防反接线座子和防反线		2pin、2.54 间距	各 1
12	单股导线		0.5 mm×200 mm	1
13	连孔板		8.3 cm×5.2 cm	1

【实训内容】

(1) 对照电路原理图 5.6.1，在连孔板上用分立元件搭建电路。

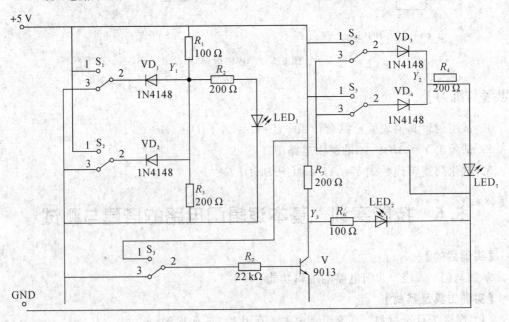

图 5.6.1　三种基本门电路原理图

（2）对搭建好的电路板进行逻辑功能测试，分别验证与门逻辑功能、或门逻辑功能和非门逻辑功能。

【实训操作步骤】

1. 清点与检查元器件

按表 5.6.1 所示清点元器件，对元器件进行检查，看有无损坏的元器件，如果有，应立即进行更换，将元器件的检测结果记录在表 5.6.2 中。

表 5.6.2 元器件检测记录表

序号	名称	图 号	元器件检测结果
1	直插三极管	V	类型为_____，引脚排列_____，质量及放大倍数_____
2	拨动开关	S_1、S_2、S_3、S_4、S_5	1、2 脚间的阻值为_____，2、3 脚间的阻值为_____
3	直插二极管	VD_1、VD_2、VD_3、VD_4	检测质量时，应选用的万用表挡位是_____；正向导通的那次测量中，黑表笔所接的是_____极，所测得的阻值为_____
4	发光二极管	LED_1、LED_2、LED_3	长脚为_____极，检测时应选用的万用表挡位是_____，红表笔接二极管_____极测量时，可使它微弱发光
5	直插电阻	R_1、R_6	测量值为_____Ω，选用的万用表挡位是____
6	直插电阻	R_2、R_3、R_4、R_5	测量值为_____Ω，选用的万用表挡位是____
7	直插电阻	R_7	测量值为_____kΩ，选用的万用表挡位是_____

2. 电路搭建

1）搭建步骤

（1）按电路原理图在电路板上对元器件进行合理的布局。

（2）按照元器件的插装顺序依次插装元器件。

（3）按焊接工艺要求对元器件进行焊接，直到所有元器件焊完为止。

（4）将元器件之间用导线进行连接。

（5）焊接电源输入线和信号输入、输出引线。

2）搭建注意事项

（1）操作平台不要放置其他器件、工具与杂物。

（2）操作结束后，收拾好器材和工具，清理操作平台和地面。

（3）插装元器件前须按工艺要求对元器件的引脚进行成形加工。

（4）元器件排列要整齐，布局要合理并符合工艺要求。

（5）二极管的正负极和三极管的引脚不能接错，以免损坏元器件。

（6）焊点表面要光滑、干净，无虚焊、漏焊和桥接。

（7）正确选用合适的导线进行器件之间的连接，同一焊点的连接导线不能超过2根。

（8）安装时，不得用工具敲击安装器材，以防造成器材或工具损坏。

3）搭建实物图

三种基本逻辑门电路装接实物图如图5.6.2所示。

图5.6.2 三种基本逻辑门电路装接实物图

3. 电路通电

装接完毕，检查无误后，用万用表测量电路的电源两端，若无短路，将稳压电源的输出电压调整为5 V。在接入电源时，注意电源与电路板极性一定要连接正确。当接入电源后，要随时观察电路有无异常现象，若有，应立即断电，对电路进行检查。

4. 电路逻辑功能的验证

（1）如图5.6.1所示，通过开关S_1、S_2控制与门电路输入0 V和5 V电压，LED_1显示输出状态，验证与门逻辑功能，完成表5.6.3。

表5.6.3 与门逻辑功能验证表

S_1的输入状态	S_2的输入状态	LED_1的工作状态	结论
0 V	0 V		
0 V	5 V		
5 V	0 V		
5 V	5 V		

（2）如图5.6.1所示，通过开关S_3、S_4控制或门电路输入0 V和5 V电压，LED_2显示输出状态，验证或门逻辑功能，完成表5.6.4。

表 5.6.4 或门逻辑功能验证表

S_3 的输入状态	S_4 的输入状态	LED_2 的工作状态	结论
0 V	0 V		
0 V	5 V		
5 V	0 V		
5 V	5 V		

(3) 如图 5.6.1 所示,通过开关 S_5 控制非门电路输入 0 V 和 5 V 电压,LED_3 显示输出状态,验证非门逻辑功能,完成表 5.6.5。

表 5.6.5 非门逻辑功能验证表

S_5 的输入状态	LED_3 的工作状态	结论
0 V		
5 V		

【实训评价】

"基本逻辑门电路的搭建与测试"实训评价如表 5.6.6 所示。

表 5.6.6 "基本逻辑门电路的搭建与测试"实训评价表

项 目	考核内容	配分/分	评分标准	得分/分
元器件检测	在表 5.6.2 中填写检测结果	20	每错一空扣 2 分,扣完为止	
电路焊接	焊点光滑无毛刺,焊锡量适中	15	每错一处扣 2 分,扣完为止	
电路布局	电路布局美观,无短路、开路	15	每错一处扣 2 分,扣完为止	
电路功能	与门电路逻辑功能正常	10	每错一个扣 2.5 分	
	或门电路逻辑功能正常	10	每错一个扣 2.5 分	
	非门电路逻辑功能正常	10	每错一个扣 5 分	
安全文明操作	工作台上工具物品摆放整齐	10	工作台上物品随意摆放、脏乱,扣 1~5 分	
	严格遵照安全操作规程	10	违反安全操作规程扣 1~5 分	
合 计		100		
实训体会	学到的知识			
	学到的技能			
	收获			

本 章 小 结

（1）瞬间变化、作用时间极短的电压或电流信号称为脉冲信号，简称脉冲。

（2）数字电路的工作信号是在数值上和时间上不连续变化的数字信号。数字信号只需用高电平和低电平表示。如果用"1"表示高电平，用"0"表示低电平，称为正逻辑；反之为负逻辑。

（3）晶体二极管和三极管在数字电路中的作用相当于一个无触点开关。

（4）逻辑是指事物的因果规律。逻辑电路反映的是输入状态和输出状态逻辑关系的电路。基本逻辑关系有与、或、非三种逻辑关系，分别由与门、或门、非门三种基本逻辑门电路实现。由基本逻辑门电路可组成简单或复杂的组合逻辑门电路，例如与非门、或非门、与或非门、异或门、同或门等。

（5）在数字电路中常用逻辑代数式、真值表、波形图等方法表示电路的逻辑功能。使用逻辑代数定律对逻辑函数进行化简，可以解决逻辑电路中的分析和设计问题。

自 我 测 评

一、填空题（每空 2 分，共 20 分）

1. 脉冲信号是指极短时间内的_____电信号。

2. 数字信号是指_____的信号，是脉冲信号的一种。

3. 数字电路研究的对象是电路的_____之间的逻辑关系。

4. 门电路中最基本的逻辑门是_____、_____、_____。

5. 正逻辑规定，逻辑"1"代表_____。

6. 逻辑函数的表示方法有真值表、逻辑函数表达式、逻辑图和_____四种。

7. "或"运算中，所有输入与输出的关系是：_____。

8. 表达式 $\overline{A+B}=$ _____。

二、判断题（每小题 3 分，共 30 分）

1. 数字电路与脉冲电路的研究对象是相同的。（　　）

2. 分析逻辑电路时，可采用正逻辑或负逻辑，这不会改变电路的逻辑关系。（　　）

3. 逻辑电路中的"1"比"0"大。（　　）

4. 在非门电路中，输入为高电平时，输出则为低电平。（　　）

5. 与门的逻辑功能可以理解为：输入端有"0"，则输出端必为"0"；只有输入端全为"1"时，输出端才为"1"。（　　）

6. 真值表能完全反映输入与输出之间的逻辑关系。（　　）

7. 门电路是一种具有一定逻辑关系的开关电路。（　　）

8. 与非门和或非门都是组合逻辑门电路。（　　）

9. 因为逻辑表达式 $A+B+AB=A+B$ 成立，所以 $AB=0$ 成立。（　　）

10. 证明两个逻辑函数是否相等，只要比较它们的真值表是否相同即可。（　　）

三、选择题（每小题 5 分，共 30 分）

1. 逻辑函数 $A\overline{B}(A+\overline{B})$ 化简后为（　　）。

A. $A+B$　　　　　　B. $A+\overline{B}$　　　　　　C. $A\overline{B}$　　　　　　D. $\overline{A}B$

2. 与非门的逻辑功能是（　　）。

A. 全 1 出 1，有 0 出 0　　　　　　　　B. 全 1 出 0，有 0 出 1

C. 全 1 出 1，有 1 出 0　　　　　　　　D. 全 0 出 0，有 1 出 1

3. 在数值上和时间上不连续变化的信号称为（　　）。

A. 数字信号　　　　B. 间断信号　　　　C. 模拟信号　　　　D. 变频脉冲

4. 逻辑电路中有两种逻辑体制，其中用"1"表示高电平，用"0"表示低电平，这是（　　）体制。

A. 高电平　　　　　B. 正逻辑　　　　　C. 低电平　　　　　D. 负逻辑

5. 在逻辑运算中，没有的运算是（　　）。

A. 逻辑加　　　　　B. 逻辑减　　　　　C. 逻辑与或　　　　D. 逻辑乘

6. 逻辑代数中 $A+A=$（　　）。

A. $2A$　　　　　　B. A　　　　　　C. 1　　　　　　D. 0

四、解答题（共 20 分）

1. 化简逻辑表达式，并列写出逻辑表达式的真值表。（每小题 5 分，共 10 分）

　　（1）$Y=AB(\overline{BC}+A)$；

　　（2）$Y=(\overline{A}+\overline{B}+\overline{C})(B+\overline{B}+C)(\overline{B}+C+\overline{C})$。

2. 画出逻辑函数 $Y=A\cdot B+\overline{A}\cdot\overline{B}$ 的逻辑图。（5 分）

3. 写出如图 5-1 所示逻辑图的函数表达式。（5 分）

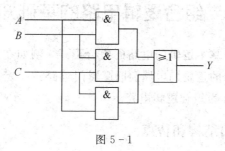

图 5-1

第6章　组合逻辑电路

 知识目标

(1) 了解组合逻辑电路的特点及其分析方法和设计步骤。

(2) 了解二进制数的概念及二进制数、十进制数之间的转换方法。

(3) 了解编码器、二-十进制编码器、译码器及二-十进制译码器的概念。

(4) 了解编码器、译码器及二-十进制编码器、译码器电路的组成及工作原理。

 技能目标

(1) 能识读组合逻辑电路的电路原理图，分析电路的工作原理。

(2) 认识并检测电路所需的元器件。

(3) 根据电路原理图，能根据装配工艺在万用电路板上正确组装电路。

6.1　组合逻辑电路的基础知识

在实际应用中，大多是基本逻辑门电路的组合形式，例如在数字计算机系统中使用的编码器、译码器等就是组合的逻辑门电路。把逻辑门电路按一定的规律组合在一起构成的具有各种功能的逻辑电路称为组合逻辑电路。

6.1.1　组合逻辑电路的结构和特点

1. 组合逻辑电路的结构

组合逻辑电路由若干个门电路组成，输出和输入之间没有反馈通路，电路中没有记忆单元，其组成框图如图6.1.1所示。

图6.1.1　组合逻辑电路的组成框图

2. 组合逻辑电路的特点

在组合逻辑电路中，任意时刻的输出状态只取决于该时刻的输入状态，与电路原来的状态无关，电路无记忆功能。

6.1.2　组合逻辑电路的分析

组合逻辑电路的分析是指根据已知的组合逻辑电路，运用逻辑电路运算法则，确定其逻辑功能的过程。其目的是试图确定输入和输出之间的逻辑关系。其分析步骤如下：

（1）根据给定的逻辑电路图写出表达式，由输入到输出逐级推出输出表达式。

（2）对写出的逻辑函数式进行化简。

（3）由化简后的表达式写出真值表。

（4）根据真值表，分析电路的逻辑功能并用文字进行描述。

【例 6‐1】　试分析图 6.1.2 所示组合电路的逻辑功能。

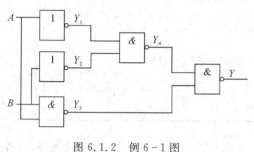

图 6.1.2　例 6‐1 图

表 6.1.1　例 6‐1 真值表

A	B	Y
0	0	1
0	1	0
1	0	0
1	1	1

解　（1）根据逻辑图写出表达式：

$$Y_1=\overline{A}, \quad Y_2=\overline{B}, \quad Y_3=\overline{AB}, \quad Y_4=\overline{Y_1Y_2}=\overline{\overline{A}\,\overline{B}}$$

$$Y=\overline{Y_3Y_4}=\overline{\overline{AB}\cdot\overline{\overline{A}\,\overline{B}}}$$

（2）化简逻辑函数式：

$$Y=\overline{Y_3Y_4}=\overline{\overline{AB}\cdot\overline{\overline{A}\,\overline{B}}}=AB+\overline{A}\,\overline{B}$$

（3）列真值表，如表 6.1.1 所示。

（4）确定电路的逻辑功能。从表 6.1.1 中可以看出，当 A 和 B 状态相同时，输出为 1；当 A 和 B 状态不同时，输出为 0。

【例 6‐2】　试分析图 6.1.3 所示组合电路的逻辑功能。

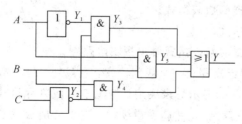

图 6.1.3　例 6‐2 图

解　（1）根据逻辑图写出表达式：

$$Y_1=\overline{A}, \quad Y_2=\overline{C}, \quad Y_3=Y_1Y_2=\overline{A}\overline{C}, \quad Y_4=BY_2=B\overline{C}, \quad Y_5=AB$$

$$Y=Y_3+Y_4+Y_5=\overline{A}\overline{C}+B\overline{C}+AB$$

（2）化简逻辑函数式：

$$Y=Y_3+Y_4+Y_5=\overline{A}\,\overline{C}+B\,\overline{C}+AB=AB+\overline{A}\,\overline{C}$$

（3）列真值表，如表 6.1.2 所示。

表 6.1.2　例 6 - 2 真值表

A	B	C	Y
0	0	0	1
0	0	1	0
0	1	0	1
0	1	1	0
1	0	0	0
1	0	1	0
1	1	0	1
1	1	1	1

（4）确定电路的逻辑功能。从表 6.1.2 中可以看出，当 A、B、C 的状态相同或 A、B 都为 1 或 A、C 都为 0 时，输出高电平，其他状态时输出低电平。

6.1.3　组合逻辑电路的设计

组合逻辑电路的设计与组合逻辑电路的分析过程刚好相反，是根据给定的实际逻辑问题，求出实现其逻辑功能的电路。

组合逻辑电路的设计步骤如下：

（1）分析设计要求，根据实际问题分析出哪些作为输入，哪些作为输出，从而确定输入、输出变量并赋值，同时确定什么情况下为 1，什么情况下为 0，将实际问题转化为逻辑问题。

（2）根据逻辑功能的描述列出对应的真值表。

（3）由真值表写出逻辑函数表达式。

（4）化简逻辑函数表达式。

（5）根据化简后的逻辑函数表达式画出逻辑电路图。

【例 6 - 3】　中国好声音比赛有三个裁判，一个主裁判，两个副裁判。选手是否能晋级，由每个裁判按一下自己面前的指示灯来决定，灯亮表示裁判允许选手晋级。只有两个以上裁判（其中要求必须要有主裁判）允许选手晋级时，选手才能成功晋级。试设计实现此功能的组合逻辑电路。

解　（1）分析设计要求，设输入、输出变量并逻辑赋值。

输入变量：主裁判 A、副裁判 B、副裁判 C；

输出变量：晋级选手 Y；

逻辑赋值：1 表示肯定，0 表示否定。

（2）列真值表，如表 6.1.3 所示。

表 6.1.3　例 6-3 真值表

输入变量			输出变量
A	B	C	Y
0	0	0	0
0	0	1	0
0	1	0	0
0	1	1	0
1	0	0	0
1	0	1	1
1	1	0	1
1	1	1	1

（3）由真值表写出逻辑函数表达式：

$$Y = A\bar{B}C + AB\bar{C} + ABC$$

（4）化简逻辑函数表达式：

$$\begin{aligned}
Y &= A\bar{B}C + AB\bar{C} + ABC \\
&= A\bar{B}C + AB(\bar{C} + C) \\
&= A(\bar{B}C + B) \\
&= A(B + C)
\end{aligned}$$

（5）画逻辑电路图，如图 6.1.4 所示。

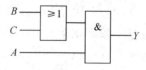

图 6.1.4　例 6-3 逻辑电路图

【思考与练习】

1. 试分析图 6.1.5 所示组合电路的逻辑功能。

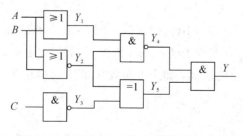

图 6.1.5　第 1 题图

2. 设计一个楼梯开关的控制逻辑电路，以控制楼梯灯，使之在上楼前，用楼下的开关打开电灯，上楼后，用楼上的开关熄灭电灯。或者在下楼前，用楼上开关打开电灯，下楼后，再用楼下开关熄灭电灯。

6.2 数制与编码

在日常生活中，我们用的都是十进制数。数字电路(计算机系统就是数字电路的典型应用)只有两种状态：高电位"1"和低电位"0"，所以在数字电路中采用二进制数作为计数的基础。二进制数既可以表示数值的大小，也可以通过编码来表示其他的信息，如二进制数可以表示十进制数。二进制数字码长，位数多，因此在数字计算机编程中，为了书写方便，常采用十六进制数。

数制是计数进位的简称。当人们用数字量表示一个物理量的多少时，只用一位数字量在多数情况下是不够的，因此必须采用多位数字量。多位数字量按某种进位方式实现计数，就是进位计数制。一种数制所具有的数码个数称为该数制的基数，该数制的数中不同位置上的数码的单位数值称为该数制的位权或权。

6.2.1 十进制数

十进制数(Decimal Number)采用 0，1，2，3，4，5，6，7，8，9 十个不同的数码来表示数，基数是 10，进位规则是"逢十进一"，从个位起各位的权分别为 10^0，10^1，10^2，…，10^{n-1}。

任何一个数 M 都可以用十进制数表示，例如，数 $a_{n-1}a_{n-2}\cdots a_2a_1a_0.a_{-1}a_{-2}\cdots a_{-m}$ 中，每一位都是十进制数中的一个数码，这样数值 M 的大小可以表示为

$$[M]_{10}=a_{n-1}\times10^{n-1}+a_{n-2}\times10^{n-2}+\cdots+a_2\times10^2+a_1\times10^1$$
$$+a_0\times10^0+a_{-1}\times10^{-1}+a_{-2}\times10^{-2}+\cdots+a_{-m}\times10^{-m}$$

上式中，以小数点为分界，向左位数依次为 0，1，2，3，…，$n-1$；向右位数依次为 -1，-2，-3，…，$-m$；10^{n-1}，10^{n-2}，…，10^2，10^1，10^0，10^{-1}，10^{-2}，…，10^{-m} 是各位数的位权；a_{n-1}，a_{n-2}，…，a_2，a_1，a_0，a_{-1}，a_{-2}，…，a_{-m} 是各位数的数码，由具体的数字来决定。

例如，587 可以表示为

$$587=5\times10^2+8\times10^1+7\times10^0$$

3.145 可以表示为

$$3.145=3\times10^0+1\times10^{-1}+4\times10^{-2}+5\times10^{-3}$$

十进制数的下标可以用 10 或 D(Decimal 的缩写)表示，也可以省略下标，标注时还可以直接把英文缩写写在数值的后面，如十进制数"678"，可以记作"678"或"678D"。

6.2.2 二数制数

二进制数(Binary Number)只有 0 和 1 两个数码，进位规则是"逢二进一"，从个位起各位的权分别为 2^0，2^1，2^2，…，2^{n-1}。

任何十进制数可以表示的数据，二进制数也可以表示。例如二进制数 $a_{n-1}a_{n-2}\cdots a_2a_1$ $a_0.a_{-1}a_{-2}\cdots a_{-m}$ 中，每一位都是二进制数中的一个数码，这样数值 M 的大小可以表示为

$$[M]_2 = a_{n-1} \times 2^{n-1} + a_{n-2} \times 2^{n-2} + \cdots + a_2 \times 2^2 + a_1 \times 2^1 + a_0 \times 2^0$$
$$+ a_{-1} \times 2^{-1} + a_{-2} \times 2^{-2} + \cdots + a_{-m} \times 2^m$$

上式中，以小数点为分界，向左位数依次为 $0, 1, 2, 3, \cdots, n-1$；向右位数依次为 -1，$-2, -3, \cdots, -m$；$2^{n-1}, 2^{n-2}, \cdots, 2^2, 2^1, 2^0, 2^{-1}, 2^{-2}, \cdots, 2^{-m}$ 是各位数的位权；a_{n-1}，$a_{n-2}, \cdots, a_2, a_1, a_0, a_{-1}, a_{-2}, \cdots, a_{-m}$ 是各位数的数码，由具体的数字来决定。

例如，二进制数 11010 可以表示为
$$[11010]_2 = 1 \times 2^4 + 1 \times 2^3 + 0 \times 2^2 + 1 \times 2^1 + 0 \times 2^0$$

二进制数 10.101 可以表示为
$$[10.101]_2 = 1 \times 2^1 + 0 \times 2^0 + 1 \times 2^{-1} + 0 \times 2^{-2} + 1 \times 2^{-3}$$

二进制数的下标常用 2 或 B(Binary 的缩写)表示。

6.2.3 十六进制数

十六进制数(Hexadecimal Number)采用 0，1，2，3，4，5，6，7，8，9，A，B，C，D，E，F 十六个不同的数码来表示数，基数是 16，进位规则是"逢十六进一"，从个位起各位的权分别为 16^0，16^1，16^2，$\cdots$，16^{n-1}。

例如，十六进制数 7D9 可以表示为
$$[7D9]_{16} = 7 \times 16^2 + 13 \times 16^1 + 9 \times 16^0$$

6.2.4 二-十进制数之间的相互转换

1. 二进制数转换为十进制数

规则：二进制数的每位数码乘以它所在数位的"权"再相加，即为相应的十进制数。这种方法称为"乘权相加法"。

【例 6–4】 把二进制数 11010 转换为十进制数。

解
$$[11010]_2 = [1 \times 2^4 + 1 \times 2^3 + 0 \times 2^2 + 1 \times 2^1 + 0 \times 2^0]_{10}$$
$$= [16 + 8 + 0 + 2 + 0]_{10}$$
$$= [26]_{10}$$

2. 十进制数转换为二进制数

规则：把十进制数不断地除以 2，直到出现商等于 0 为止，把每次得到的余数倒着顺序排列即为其对应的二进制数。这种方法称为"除二取余倒记法"。

【例 6–5】 把十进制数 37 转换为二进制数。

解

$$
\begin{array}{r|r|l}
2 & 37 & \cdots\cdots\ 1 \\
2 & 18 & \cdots\cdots\ 0 \\
2 & 9 & \cdots\cdots\ 1 \\
2 & 4 & \cdots\cdots\ 0 \\
2 & 2 & \cdots\cdots\ 0 \\
& 1 & \cdots\cdots\ 1 \\
\end{array}
$$

由此可得
$$[37]_{10} = [100101]_2$$

6.2.5 二进制编码

二进制数码可用来表示数量的大小，也可用来表示各种符号、文字等。二进制数与符号或文字一一对应的关系称为编码。编码时，要求不同的符号或文字采用不同的编码来表示，对应的关系是人为规定的。例如：

1 位二进制数有"0、1"两种状态，可以对两种不同状态进行编码；

2 位二进制数有"00、01、10、11"4 种状态，可以对 4 种不同状态进行编码；

3 位二进制数有"000、001、010、011、100、101、110、111"8 种状态，可以对 8 种不同状态进行编码。

因此，n 位二进制数有 2^n 种状态，可以对 2^n 种不同状态进行编码。

用 4 位二进制数码表示 1 位十进制数码的编码方法称为二-十进制编码（Binary Coded Decimal），简称 8421BCD 码。

二进制数码的含义是人为规定的，十进制数 0~9 有 10 个数码，为区分每一个数码，应至少采用 4 位二进制数码来对应表示 1 位十进制数码。表 6.2.1 所示为十进制数与 8421BCD 码之间的对应关系。

表 6.2.1　十进制数与 8421BCD 码的对应关系

十进制数	0	1	2	3	4	5	6	7	8	9
二进制数	0000	0001	0010	0011	0100	0101	0110	0111	1000	1001

用 8421BCD 码表示十进制数时，将十进制数的每个数码分别用对应的 8421BCD 码代入即可。例如，十进制数 278 用 8421BCD 码表示时，直接将十进制数 2、7、8 对应的 4 位二进制数码 0010、0111、1000 代入，即可得到转换的结果，即 $[278]_{10} = [0010\ 0111\ 1000]_{8421BCD}$。

【思考与练习】

1. 将下列二进制数转换为十进制数：

(1) 101　　(2) 1011　　(3) 10110　　(4) 11000111

2. 将下列十进制数转换为二进制数：

(1) 17　　(2) 38　　(3) 97　　(4) 184

3. 将下列十进制数转换为 8421BCD 码：

(1) 28　　(2) 852　　(3) 532　　(4) 1348

6.3　编　码　器

所谓编码，就是用文字、符号或数码表示特定的对象，使其代表某种特定的含义。比如给房间编房号，车管部门给每台车一个编号，给刚入学的学生编排学籍号等都是进行编码的过程。

在数字电路中，电路能识别的是 0 和 1 两个二进制数码，将若干个 0 和 1 按一定规律编排在一起，组成不同的代码，并将这些代码赋予特定的含义，这就是数字电路中的编码。能够实现编码功能的组合逻辑电路叫做编码器。常见的编码器有二进制编码器、二-十进制编码器（BCD 编码器）和优先编码器。

6.3.1　二进制编码器

能够将各种有特定意义的输入信息编成二进制代码的电路称为二进制编码器。由于 1 位二进制代码可以表示 0、1 两种不同的信号，2 位二进制代码可以表示 00、01、10、11 四种不同的输入信号，3 位二进制代码可以表示八种不同的信号，由此可知，n 位二进制代码可以表示 2^n 种不同的信号，如图 6.3.1 所示。二进制编码器的特点是任何时刻只允许出现一个有效信号，不允许同时出现两个或两个以上的有效信号。

图 6.3.2 所示为 3 位二进制编码器示意图。I_0、I_1、I_2、I_3、I_4、I_5、I_6、I_7 是编码器的 8 个编码对象，分别代表 0、1、2、3、4、5、6、7 八个数字，Y_2、Y_1、Y_0 是编码器输出的 3 位二进制代码，其中 Y_2 是高位，Y_0 是低位。

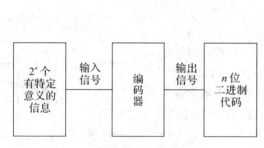

图 6.3.1　二进制编码器

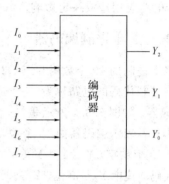

图 6.3.2　3 位二进制编码器示意图

编码器在任意时刻只能对 I_0 至 I_7 中的一个输入信号进行编码，即八个输入中只能有一个有效。我们把有效当做 1，无效当做 0，由此可得 3 位二进制编码器的真值表，如表 6.3.1 所示。

表 6.3.1　3 位二进制编码器的真值表

十进制数	输　入								输　出		
	I_7	I_6	I_5	I_4	I_3	I_2	I_1	I_0	Y_2	Y_1	Y_0
0	0	0	0	0	0	0	0	1	0	0	0
1	0	0	0	0	0	0	1	0	0	0	1
2	0	0	0	0	0	1	0	0	0	1	0
3	0	0	0	0	1	0	0	0	0	1	1
4	0	0	0	1	0	0	0	0	1	0	0
5	0	0	1	0	0	0	0	0	1	0	1
6	0	1	0	0	0	0	0	0	1	1	0
7	1	0	0	0	0	0	0	0	1	1	1

根据真值表可以写出逻辑函数表达式：

$$Y_2 = I_4 + I_5 + I_6 + I_7$$

$$Y_1 = I_2 + I_3 + I_6 + I_7$$

$$Y_0 = I_1 + I_3 + I_5 + I_7$$

上述逻辑函数表达式已经是最简式,据此可以画出或门组成的 3 位二进制编码器的逻辑电路图,如图 6.3.3 所示。图中 I_0 输入为 1 时的输出编码是 000,与所有输入端均无有效信号出入时电路默认的输出状态相同,称此编码为隐含码。隐含码对应的输入状态对输出结果没有影响,所以以图 6.3.3 中 I_0 输入端没有接入逻辑电路。隐含码的存在使得逻辑电路无法判断对应输入端的输入状态,给电路应用造成一定影响。

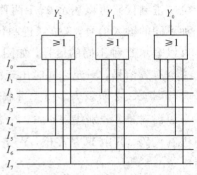

图 6.3.3 3 位二进制编码器逻辑电路图

6.3.2 二–十进制编码器

将十进制的 10 个数码 0、1、2、3、4、5、6、7、8、9 编成二进制代码的电路称为二–十进制编码,也称 10 线–4 线编码器。如图 6.3.4 所示是二–十进制编码器的示意图。图中 $I_0 \sim I_9$ 表示编码器的 10 个输入端,分别代表数字 0~9 这个 10 个数字,Y_3、Y_2、Y_1、Y_0 是编码器输出的 4 位二进制代码,其中 Y_3 是高位,Y_0 是低位。

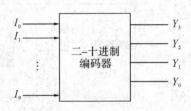

图 6.3.4 二–十进制编码器示意图

4 位二进制代码有 16 种状态组合,故可任意选出 10 种表示 0~9 这 10 个数字,不同的选取方式即表示不同的编码方法,如 8421BCD 码、余 3BCD 码、2421BCD 码、5211BCD 码等,我们主要介绍最常见的 8421BCD 码。

8421BCD 编码器的真值表如表 6.3.2 所示。

表 6.3.2 8421BCD 编码器的真值表

十进制数	输入										输出			
	I_9	I_8	I_7	I_6	I_5	I_4	I_3	I_2	I_1	I_0	Y_3	Y_2	Y_1	Y_0
0	0	0	0	0	0	0	0	0	0	1	0	0	0	0
1	0	0	0	0	0	0	0	0	1	0	0	0	0	1
2	0	0	0	0	0	0	0	1	0	0	0	0	1	0
3	0	0	0	0	0	0	1	0	0	0	0	0	1	1
4	0	0	0	0	0	1	0	0	0	0	0	1	0	0
5	0	0	0	0	1	0	0	0	0	0	0	1	0	1
6	0	0	0	1	0	0	0	0	0	0	0	1	1	0
7	0	0	1	0	0	0	0	0	0	0	0	1	1	1
8	0	1	0	0	0	0	0	0	0	0	1	0	0	0
9	1	0	0	0	0	0	0	0	0	0	1	0	0	1

根据真值表写出逻辑表达式：

$$Y_3 = I_8 + I_9 = \overline{\overline{I_8}\,\overline{I_9}}$$

$$Y_2 = I_4 + I_5 + I_6 + I_7 = \overline{\overline{I_4}\,\overline{I_5}\,\overline{I_6}\,\overline{I_7}}$$

$$Y_1 = I_2 + I_3 + I_6 + I_7 = \overline{\overline{I_2}\,\overline{I_3}\,\overline{I_6}\,\overline{I_7}}$$

$$Y_0 = I_1 + I_3 + I_5 + I_7 + I_9 = \overline{\overline{I_1}\,\overline{I_3}\,\overline{I_5}\,\overline{I_7}\,\overline{I_9}}$$

上述逻辑函数表达式已经是最简式，据此可以画出由或门和与非门组成的 4 位二进制编码器的逻辑电路图，如图 6.3.5 所示。

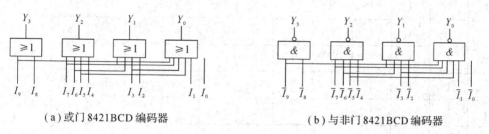

（a）或门 8421BCD 编码器　　　　　　　（b）与非门 8421BCD 编码器

图 6.3.5　8421BCD 编码器逻辑图

6.3.3　优先编码器

一般编码器在同一时刻仅允许有一个输入信号，如有两个或两个以上信号同时输入，输出就会出现错误的编码。优先编码器则不同，允许同时输入两个或两个以上输入信号，电路只接受优先级别高的输入信号编码，优先级别低的信号则不起作用。74LS148 是典型的 8 - 3 线优先编码器，其逻辑符号和外引线功能图如图 6.3.6 所示。

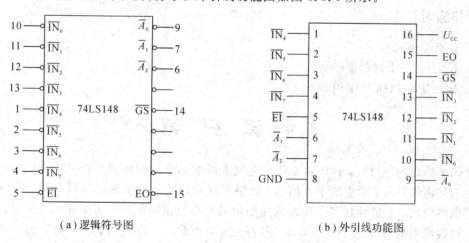

（a）逻辑符号图　　　　　　　　　　（b）外引线功能图

图 6.3.6　8 - 3 线优先编码器 74LS148

74LS148 具有 8 位输入端 $\overline{\mathrm{IN}}_0 \sim \overline{\mathrm{IN}}_7$，3 位输出端 $\overline{A}_0 \sim \overline{A}_2$，输入、输出均为低电平有效，且电路增加了扩展电路功能的使能端，包括：使能输入端 $\overline{\mathrm{EI}}$（低电平有效）、使能输出端 EO（高电平有效）、优先标志端 $\overline{\mathrm{GS}}$（低电平有效）。利用编码器的使能端，可以方便地实现电路输入/输出端个数的扩展。该优先编码器的功能表如表 6.3.3 所示。

表 6.3.3　74LS148 功能表

输入变量									输出变量				
$\overline{EI}$	$\overline{IN_7}$	$\overline{IN_6}$	$\overline{IN_5}$	$\overline{IN_4}$	$\overline{IN_3}$	$\overline{IN_2}$	$\overline{IN_1}$	$\overline{IN_0}$	$\overline{A_2}$	$\overline{A_1}$	$\overline{A_0}$	$\overline{GS}$	EO
0	0	×	×	×	×	×	×	×	0	0	0	0	1
0	1	0	×	×	×	×	×	×	0	0	1	0	1
0	1	1	0	×	×	×	×	×	0	1	0	0	1
0	1	1	1	0	×	×	×	×	0	1	1	0	1
0	1	1	1	1	0	×	×	×	1	0	0	0	1
0	1	1	1	1	1	0	×	×	1	0	1	0	1
0	1	1	1	1	1	1	0	×	1	1	0	0	1
0	1	1	1	1	1	1	1	0	1	1	1	0	1
0	1	1	1	1	1	1	1	1	1	1	1	1	0
1	×	×	×	×	×	×	×	×	1	1	1	1	1

　　由表 6.3.3 可知，当 $\overline{IN_7}$ 为 0（低电平有效）时，不论 $\overline{IN_0} \sim \overline{IN_6}$ 是 0 还是 1，均只按 $\overline{IN_7}$ 有效进行编码，编码器输出为 7 的 8421BCD 码的反码 000。表中"×"表示即可以是 0 还可以是 1。从表中可以看出优先编码器 74LS148 的优先级别由高到低依次为：$\overline{IN_7}$、$\overline{IN_6}$、$\overline{IN_5}$、$\overline{IN_4}$、$\overline{IN_3}$、$\overline{IN_2}$、$\overline{IN_1}$、$\overline{IN_0}$。

【思考与练习】

　　1. 什么是编码？
　　2. 什么是二-十进制编码器？
　　3. 什么是 8421BCD 编码器？

6.4　译　码　器

　　译码是编码的逆过程，译码器是将二进制数码按其原意翻译成相应的输出信号，如输入学生的学籍号，显示学生的个人信息。能够实现译码功能的电路称为译码器。译码器大多由门电路构成，它是具有多个输入端和输出端的组合逻辑电路，如图 6.4.1 所示，输入端数 n 和输出端数 m 的关系为 $2^n \geqslant m$。其特点是，每输入一组代码，多个输出端中仅一个输出端有输出信号。

图 6.4.1　译码器的方框图

当 $2^n = m$ 时称为全译码，当 $2^n > m$ 时称为部分译码。

译码器按照用途不同可分为二进制译码器、BCD 译码器等通用译码器和显示译码器。二进制译码器、BCD 译码器主要用来完成各种码制之间的转换；显示译码器主要用来译码并驱动显示器显示。

6.4.1 二进制译码器

二进制译码器是将 n 位二进制数翻译成 $m = 2^n$ 个输出信号的电路。2 位二进制译码器的示意图如图 6.4.2 所示，输入变量为 A、B，输出变量为 Y_0、Y_1、Y_2、Y_3，故为 2 线输入、4 线输出译码器。设输出高电平有效，其真值表如表 6.4.1 所示。

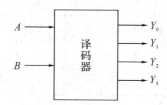

图 6.4.2 二进制译码器示意图

表 6.4.1 2 位二进制译码器真值表

输 入		输 出			
B	A	Y_3	Y_2	Y_1	Y_0
0	0	0	0	0	1
0	1	0	0	1	0
1	0	0	1	0	0
1	1	1	0	0	0

【例 6 - 6】 设计一个 3 位二进制代码的译码器。

解 (1) 画出逻辑功能图。

输入为 3 位二进制代码，由于 3 位二进制代码共有 8 种组合，故输出是与代码相应的 8 个信号。因此这种译码器也称为 3 - 8 线译码器，如图 6.4.3 所示。

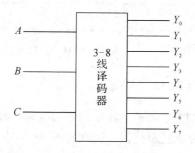

图 6.4.3 3 - 8 线译码器框图

(2) 列出 3 - 8 线译码器的逻辑真值表。

根据3-8线译码器的逻辑功能可以列出它的逻辑真值表，如表6.4.2所示。

表6.4.2　3-8线译码器的逻辑真值表

输　入			输　出							
C	B	A	Y_7	Y_6	Y_5	Y_4	Y_3	Y_2	Y_1	Y_0
0	0	0	0	0	0	0	0	0	0	1
0	0	1	0	0	0	0	0	0	1	0
0	1	0	0	0	0	0	0	1	0	0
0	1	1	0	0	0	0	1	0	0	0
1	0	0	0	0	0	1	0	0	0	0
1	0	1	0	0	1	0	0	0	0	0
1	1	0	0	1	0	0	0	0	0	0
1	1	1	1	0	0	0	0	0	0	0

（3）写出逻辑表达式。

根据真值表可写出逻辑表达式如下：

$Y_0 = \overline{C}\,\overline{B}\,\overline{A} = m_0$，　$Y_1 = \overline{C}\,\overline{B}A = m_1$，　$Y_2 = \overline{C}B\overline{A} = m_2$

$Y_3 = \overline{C}BA = m_3$，　$Y_4 = C\overline{B}\,\overline{A} = m_4$，　$Y_5 = C\overline{B}A = m_5$

$Y_6 = CB\overline{A} = m_6$，　$Y_7 = CBA = m_7$

（4）画出译码器的逻辑电路。

根据逻辑表达式画出3-8译码器的逻辑电路图，如图6.4.4所示。

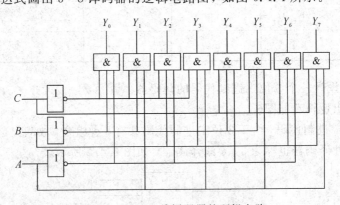

图6.4.4　3-8线译码器的逻辑电路

6.4.2　二-十进制译码器（BCD译码器）

将BCD码翻译成对应的10个十进制数字信号的电路，称为二-十进制译码器。这种译码器的输入是十进制数的4位二进制代码，输出的10个信号与十进制数的10个数字相对应。如图6.4.5所示为二-十进制译码器框图。

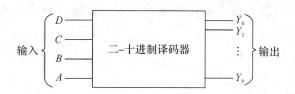

图 6.4.5　二-十进制译码器框图

二-十进制译码器的逻辑真值表如表 6.4.3 所示。

表 6.4.3　二-十进制译码器(8421BCD 译码器)的逻辑真值表

十进制数	输　入				输　出									
	D	C	B	A	Y_9	Y_8	Y_7	Y_6	Y_5	Y_4	Y_3	Y_2	Y_1	Y_0
0	0	0	0	0	0	0	0	0	0	0	0	0	0	1
1	0	0	0	1	0	0	0	0	0	0	0	0	1	0
2	0	0	1	0	0	0	0	0	0	0	0	1	0	0
3	0	0	1	1	0	0	0	0	0	0	1	0	0	0
4	0	1	0	0	0	0	0	0	0	1	0	0	0	0
5	0	1	0	1	0	0	0	0	1	0	0	0	0	0
6	0	1	1	0	0	0	0	1	0	0	0	0	0	0
7	0	1	1	1	0	0	1	0	0	0	0	0	0	0
8	1	0	0	0	0	1	0	0	0	0	0	0	0	0
9	1	0	0	1	1	0	0	0	0	0	0	0	0	0

由二-十进制译码器真值表,可得逻辑表达式如下:

$Y_0 = \overline{A}\,\overline{B}\,\overline{C}\,\overline{D}$,　$Y_1 = A\overline{B}\,\overline{C}\,\overline{D}$,　$Y_2 = \overline{A}B\overline{C}\,\overline{D}$,　$Y_3 = AB\overline{C}\,\overline{D}$

$Y_4 = \overline{A}\,\overline{B}C\overline{D}$,　$Y_5 = A\overline{B}C\overline{D}$,　$Y_6 = \overline{A}BC\overline{D}$,　$Y_7 = ABC\overline{D}$

$Y_8 = \overline{A}\,\overline{B}\,\overline{C}D$,　$Y_9 = A\overline{B}\,\overline{C}D$

由逻辑表达式可以看出,译码器能把 8421BCD 码译成相应的十进制数码,还能拒绝伪码。所谓拒绝伪码,是指当输入为 1010～1111 六个码中的一个时,$Y_0 \sim Y_9$ 均为 1,即得不到译码输出。

由逻辑表达式画出二-十进制译码器的逻辑电路图,如图 6.4.6 所示。

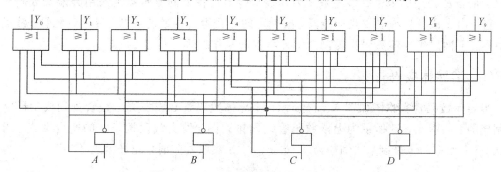

图 6.4.6　二-十进制译码器逻辑电路图

集成8421BCD译码器有输入低电平有效的，也有输入高电平有效的，可查阅相关资料。

【思考与练习】

1. 什么是二-十进制译码器？
2. 二-十进制译码器有什么特点？
3. 试写出图6.4.7中所示3位二进制译码器的逻辑表达式和真值表。

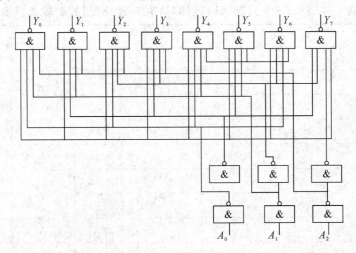

图 6.4.7　第3题图

6.5　显　示　器

在数字计算系统及数字式测量仪表中，常需要把二进制数或二-十进制数用人们习惯的十进制数码的字形直观地显示出来，这一工作常用显示器来完成。数字显示器一般与计数器、译码器、驱动器等配合使用，如图6.5.1所示。

图 6.5.1　显示电路方框图

当前广泛使用的电子钟表及数字万用表等仪器设备上的显示器常采用分段式数码显示器。它是由多段各自独立发光的线段，按一定的方式组合构成的，如半导体数码管、液晶显示器等。下面以半导体数码管为例介绍显示器的工作原理。

6.5.1　半导体数码管

半导体数码管实物图如图6.5.2所示。半导体数码管是将发光二极管排列成"日"字形状制成的，如图6.5.3所示为七段数码管线段排列图。发光线段按一定的组合发光，可显示从0～9相应的十进制数，例如当 a、b、c、d、g 线段发光时，能显示数字"3"。

图 6.5.2　半导体数码管实物图　　图 6.5.3　七段数码管线段排列图

数码管有七段数码管和八段数码管，八段数码管多一个小数点。数码管按发光二极管引脚连接方式有共阳极型和共阴极型两种。如图 6.5.4 所示为共阳极型数码管示意图，各发光二极管阳极相连作为公共端，接高电平（共阳极），当 $a \sim h$ 各引脚中任一脚接低电平时，该发光二极管导通发光。如图 6.5.5 所示为共阴极型数码管示意图。

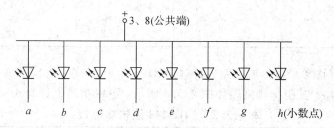

图 6.5.4　共阳极型数码管

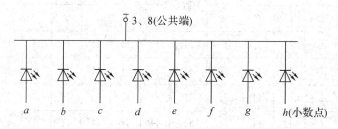

图 6.5.5　共阴极型数码管

半导体数码管有亮度高、字形清晰、工作电压低（1.5～3 V）、体积小、寿命长、响应速度快等优点，因此在数字化仪器设备中应用广泛。

6.5.2　分段数码管的译码原理

七段数码是用 $a \sim g$ 7 个发光线段组合来构成 10 个十进制数的，这就要求译码器电路输入端把每一个 4 位二进制代码翻译成数码管所要求的七段二进制代码，如表 6.5.1 所示。

表 6.5.1　七段译码器输入输出的关系

数字	输　入				输　出						
	D	C	B	A	a	b	c	d	e	f	g
0	0	0	0	0	1	1	1	1	1	1	0
1	0	0	0	1	0	1	1	0	0	0	0
2	0	0	1	0	1	1	0	1	1	0	1

数字	输入				输出						
	D	C	B	A	a	b	c	d	e	f	g
3	0	0	1	1	1	1	1	1	0	0	1
4	0	1	0	0	0	1	1	0	0	1	1
5	0	1	0	1	1	0	1	1	0	1	1
6	0	1	1	0	1	0	1	1	1	1	1
7	0	1	1	1	1	1	1	0	0	0	0
8	1	0	0	0	1	1	1	1	1	1	1
9	1	0	0	1	1	1	1	1	0	1	1

　　数码管译码电路常采用集成电路，如 74LS248、74LS48 等。74LS248 是 4 线-7 段译码器/驱动器集成电路，其引脚排列图如图 6.5.6 所示，逻辑功能表如表 6.5.2 所示。

表 6.5.2　74LS248 逻辑功能表

十进制数	输入						$\overline{RBO}$	输出							字形
	$\overline{LT}$	$\overline{RBI}$	D	C	B	A		a	b	c	d	e	f	g	
0	H	H	L	L	L	L	H	H	H	H	H	H	H	L	0
1	H	X	L	L	L	H	H	L	H	H	L	L	L	L	1
2	H	X	L	L	H	L	H	H	H	L	H	H	L	H	2
3	H	X	L	L	H	H	H	H	H	H	H	L	L	H	3
4	H	X	L	H	L	L	H	L	H	H	L	L	H	H	4
5	H	X	L	H	L	H	H	H	L	H	H	L	H	H	5
6	H	X	L	H	H	L	H	H	L	H	H	H	H	H	6
7	H	X	L	H	H	H	H	H	H	H	L	L	L	L	7
8	H	X	H	L	L	L	H	H	H	H	H	H	H	H	8
9	H	X	H	L	L	H	H	H	H	H	H	L	H	H	9

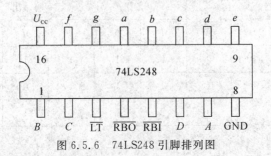

图 6.5.6　74LS248 引脚排列图

【思考与练习】

　　1．什么是半导体数码管？

　　2．数码管显示十进制数"2"时，哪些线段会亮？

　　3．什么是共阴极数码管？

6.6　技 能 实 训

技能实训 1　译码显示电路的搭建与测试

【实训目的】

　　(1) 熟悉译码器电路的组成及工作原理。

　　(2) 了解 74LS248 集成电路和数码管的使用方法。

　　(3) 通过电路的搭建和调试，提高学生的动手能力、理论分析能力及解决实际问题的能力。

【实训工具及器材】

　　(1) 电烙铁、焊锡、万用表、斜口钳、镊子、元器件套件、万用板及若干导线等。

　　(2) 所需元器件清单见表 6.6.1。

表 6.6.1　元器件清单

序　号	名　　称	位　号	规　格	数量
1	电阻	R_1、R_2、R_3、R_4	100 Ω	4
2	拨动开关	S_1、S_2、S_3、S_4	单刀双掷开关，2.54 间距	4
3	数码管	DS	F5161AN	1
4	集成块	U	74LS248	1
5	防反插座	JP	2pin、2.54 间距	1
6	连孔电路板		8.3 cm×5.2 cm	1
7	绝缘导线		0.5 mm²×20 cm	若干

【实训要求】

　　(1) 图 6.6.1 所示为芯片 74LS248 的内部结构与引脚排列图，图 6.6.2 所示为数码管的引脚排列图，对照电路原理图 6.6.3，在连孔板上用元器件搭建译码显示电路。

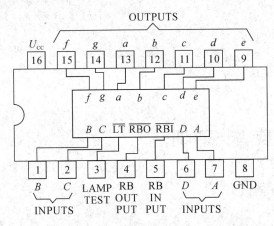

图 6.6.1 74LS248 的内部结构与引脚排列图

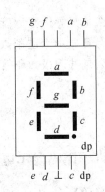

图 6.6.2 数码管的引脚排列图

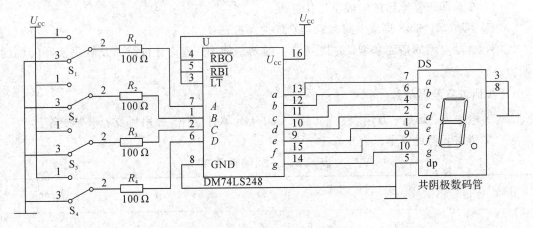

图 6.6.3 译码显示电路原理图

（2）检测电路功能是否正常。在正常情况下，随着开关的拨动会显示对应的数字。

（3）结合所学理论知识，回答相关问题。

【实训内容与步骤】

1. 清点与检测元器件

根据表 6.6.1 所示清点元器件，最好将元器件放在一个盒子内。对元器件进行检查，看有无损坏的元器件，如果有，应立即进行更换，将元器件的检测结果记录在表 6.6.2 中。

表 6.6.2 元器件检测记录表

序号	名称	图号	元器件检测结果
1	电阻	R_1、R_2、R_3、R_4	测量值为_____kΩ，选用的万用表挡位是_____
2	拨动开关	S_1、S_2、S_3、S_4	1、2 脚之间的电阻为_____，2、3 脚之间的电阻为_____
3	数码管	DS	检测时应选用的万用表挡位是_____
4	集成块	U	型号是_____

2. 电路搭建

1）搭建步骤

（1）按电路原理图 6.6.3 所示在电路板上对元器件进行合理的布局。

（2）按照元器件的插装顺序依次插装元器件。

（3）按焊接工艺要求对元器件进行焊接，直到所有元器件焊完为止。

（4）将元器件之间用导线进行连接。

（5）焊接电源输入线和信号输入、输出引线。

注意：必须将集成电路插座焊接在电路板上，再将集成电路插在插座上。

2）搭建注意事项

（1）不漏装、错装，不损坏元器件，无虚焊、漏焊和桥接，焊点表面要光滑、干净。

（2）元器件排列整齐，布局合理，并符合工艺要求，连接线使用要适当。

3）搭建实物图

译码显示电路装接实物图如图 6.6.4 所示。

图 6.6.4　译码显示电路装接实物图

3. 电路通电

装接完毕，检查无误后，用万用表测量电路板的电源两端，若无短路，方可接入 +5 V 电源。在接入电源时，注意电源与电路板极性一定要连接正确。当接入电源后，要随时观察电路有无异常现象，若有，应立即断电，对电路进行检查。

4. 电路功能测试与分析

通电后，按顺序变换开关，数码管显示对应的十六进制数，从 0 到 F。

（1）检测译码显示电路功能是否正常，并将测试结果填写在表 6.6.3 中。

表 6.6.3　译码显示电路测试结果

序号	开关接通状态				74LS248 输入				数码管显示
	S_1	S_2	S_3	S_4	A	B	C	D	
1	2→3	2→3	2→3	2→3	0	0	0	0	0
2									
3									
4									
5									
6									
7									
8									
9									
10									
11									
12									
13									
14									
15									
16									

(2) 如何判断数码管是共阴极型还是共阳极型？

(3) 当数码管显示"6"时，是哪几段线段亮？

(4) 当数码管显示"5"时，74LS248 的 1、2、6、7 引脚是怎么样编码的？

【实训评价】

"译码显示电路的搭建与测试"实训评价如表 6.6.4 所示。

表 6.6.4　"译码显示电路的搭建与测试"实训评价表

项目	考核内容	配分/分	评分标准	得分/分
元器件检测	在表 6.6.2 中填写检测结果	20	每错一空扣 2 分，扣完为止	
电路焊接	焊点光滑无毛刺，焊锡量适中	10	每错一处扣 2 分，扣完为止	
电路布局	电路布局美观，无短路、开路	10	每错一处扣 2 分，扣完为止	

项目	考核内容	配分/分	评分标准	得分/分
电路功能	译码器电路功能正常	20	每错一个扣 2 分，扣完为止	
	理论知识分析	20	每错一个扣 2 分，扣完为止	
安全文明操作	工作台上工具物品摆放整齐	10	工作台上物品随意摆放、脏乱，扣 1~5 分	
	严格遵照安全操作规程	10	违反安全操作规程扣 1~5 分	
	合　计	100		
实训体会	学到的知识			
	学到的技能			
	收获			

技能实训 2　三人表决器的搭建与调试

【实训目的】

（1）了解 CD4081 芯片的内部结构与引脚分布。

（2）掌握组合逻辑电路的实际应用。

（3）会设计简单的组合逻辑应用电路。

【实训工具及器材】

（1）电烙铁、焊锡、万用表、斜口钳、镊子、元器件套件、万用板及若干导线等。

（2）所需元器件清单见表 6.6.5。

表 6.6.5　元器件清单

序号	名　称	位　号	规　格	数量
1	电阻	R_1	470 Ω	1
2	电阻	R_2	10 kΩ	1
3	电阻	R_3、R_4	1 kΩ	2
4	拨动开关	S_1、S_2、S_3	单刀双掷开关，2.54 间距	3
5	二极管	VD_1	1N4007	1
6	二极管	VD_2、VD_3、VD_4	1N4148	3
7	发光二极管	LED_1	φ5 绿色	1
8	发光二极管	LED_2	φ5 红色	1
9	电解电容	C	22 μF	1

序号	名　称	位　号	规　格	数量
10	三极管	V	9013	1
11	集成块	U1	CD4081	1
12	防反插座	JP	2pin、2.54 间距	1
13	连孔电路板		8.3 cm×5.2 cm	1
14	绝缘导线		0.5 mm²×20 cm	1

【实训内容】

（1）图 6.6.5 所示为芯片 CD4081 的内部结构和引脚排列图，图 6.6.6 所示为电源插座图，对照原理图 6.6.7，在连孔板上用元器件搭建三人表决器电路。

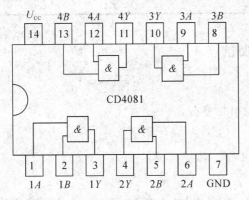

图 6.6.5　CD4081 内部结构和引脚排列图

图 6.6.6　电源插座

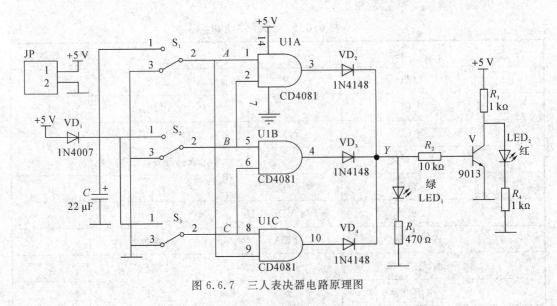

图 6.6.7　三人表决器电路原理图

（2）测试三人表决器电路功能是否正常。

（3）结合所学理论知识，回答相关问题。

【实训内容与步骤】

1. 清点与检测元器件

根据表 6.6.5 所示清点元器件，最好将元器件放在一个盒子内。对元器件进行检查，看有无损坏的元器件，如果有，应立即进行更换，将元器件的检测结果记录在表 6.6.6 中。

表 6.6.6　元器件检测记录表

序号	名称	位号	元器件检测结果
1	电阻	R_1	测量值为_____ kΩ，选用的万用表挡位是_____
2	电阻	R_2	测量值为_____ kΩ，选用的万用表挡位是_____
3	电阻	R_3、R_4	测量值为_____ kΩ，选用的万用表挡位是_____
4	拨动开关	S_1、S_2、S_3	1、2 脚之间的电阻为_____，2、3 脚之间的电阻为_____
5	二极管	VD_1	检测质量时，应选用的万用表挡位是_____；正向导通的那次测量中，黑表笔所接的是_____极，所测得的阻值为_____
6	二极管	VD_2、VD_3、VD_4	检测质量时，应选用的万用表挡位是_____；正向导通的那次测量中，黑表笔所接的是_____极，所测得的阻值为_____
7	发光二极管	LED_1、LED_2	长脚为_____极，检测时应选用的万用表挡位是_____，红表笔接二极管_____极测量时，可使它微弱发光
8	电解电容	C	长引脚为_____极，耐压值为_____ V
9	三极管	V	类型为_____，引脚排列_____，质量及放大倍数_____
10	集成块	U1	型号是_____

2. 电路搭建

1）搭建步骤

（1）按电路原理图 6.6.7 所示在电路板上对元器件进行合理的布局。

（2）按照元器件的插装顺序依次插装元器件。

（3）按焊接工艺要求对元器件进行焊接，直到所有元器件焊完为止。

（4）将元器件之间用导线进行连接。

（5）焊接电源输入线和信号输入、输出引线。

2）搭建注意事项

（1）不漏装、错装，不损坏元器件，无虚焊、漏焊和桥接，焊点表面要光滑、干净。

（2）元器件排列整齐，布局合理，并符合工艺要求，连接线使用要适当。

3）搭建实物图

三人表决器电路装接实物图如图 6.6.8 所示。

图 6.6.8 三人表决器电路装接实物图

3. 电路通电

装接完毕，检查无误后，用万用表测量电路板的电源两端，若无短路，方可接入＋5 V 电源。在接入电源时，使用 5 V 电源适配器，电源通过 JP 座接入，注意电源与电路板极性一定要连接正确。当接入电源后，要随时观察电路有无异常现象，若有，应立即断电，对电路进行检查。

4. 电路功能测试与分析

通电后，当通过控制开关输入两个或两个以上高电平时，LED_1 发光，反之 LED_2 发光，说明电路搭建成功。

(1) 根据电路图 6.6.7 中标示，令输入端 A、B、C 输入高电平时为 1，输入低电平时为 0，通过开关 S_1、S_2、S_3 输入不同电平，用万用表测 Y 的电位，高电平为 1，低电平为 0，将测量结果填入表 6.6.7 中。

表 6.6.7 三人表决器电路测试记录表

开关接通状态			CD4081 的输入			Y	LED_1 的状态	LED_2 的状态
S_1	S_2	S_3	A(1、9 脚)	B(2、5 脚)	C(6、8 脚)			
2→3	2→3	2→3	0	0	0	0	灭	亮

(2) 当电路中 LED_2 发光时，三极管 V 工作在什么状态？

(3) 当电路中 LED_1 发光时，三极管 V 工作在什么状态？Y 输出什么电平？

(4) 运用所学理论知识，根据表 6.6.7 写出 Y 的逻辑表达式，并化简。

【实训评价】

"三人表决器的搭建与测试"实训评价如表 6.6.8 所示。

表 6.6.8 "三人表决器的搭建与测试"实训评价表

项 目	考核内容	配分/分	评分标准	得分/分
元器件检测	在表 6.6.6 中填写检测结果	20	每错一空扣 2 分，扣完为止	
电路焊接	焊点光滑无毛刺，焊锡量适中	10	每错一处扣 2 分	
电路布局	电路布局美观，无短路、开路	10	每错一处扣 2 分	
电路功能	三人表决器电路功能正常	20	每错一个扣 2 分	
	理论知识分析	20	每错一个扣 2 分	
安全文明操作	工作台上工具物品摆放整齐	10	工作台上物品随意摆放、脏乱，扣 1～5 分	
	严格遵照安全操作规程	10	违反安全操作规程扣 1～5 分	
合 计		100		
实训体会	学到的知识			
	学到的技能			
	收获			

本 章 小 结

（1）组合逻辑电路中任意时刻的输出状态只取决于该时刻的输入状态，与电路原来的状态无关，电路无记忆功能。本章简明介绍了编码器、译码器和数码显示电路的基本原理及其分析方法。

组合逻辑电路的分析步骤如下：

① 根据给定的逻辑电路图写出表达式，由输入到输出逐级推出输出表达式。

② 对写出的逻辑函数式进行化简。

③ 由化简后的表达式写出真值表。

④ 根据真值表，分析电路的逻辑功能并用文字进行描述。

组合逻辑电路的设计步骤如下：

① 分析设计要求，根据实际问题分析出哪些作为输入、哪些作为输出，从而确定输入、输出变量并赋值，同时确定什么情况下为 1，什么情况下为 0，将实际问题转化为逻辑问题。

② 根据逻辑功能的描述列出对应的真值表。

③ 由真值表写出逻辑函数表达式。

④ 化简逻辑函数表达式。

⑤ 根据化简后的逻辑函数表达式画出逻辑电路图。

（2）用电路计数普遍采用的是二进制计数。在二进制计数中，只有两个数码：0 和 1，计数规则是"逢二进一"。

（3）把若干个 0 和 1 按一定规律编排起来的过程称为编码。能实现把某种特定信息转换为机器识别的二进制代码的组合逻辑电路称为编码器。二-十进制编码是用 4 位二进制代码表示 1 位十进制数（0～9）的编码电路。二-十进制编码器，简称 BCD 编码器。

(4) 把代码的特定含义翻译出来的过程叫做译码,而实现译码操作的电路称为译码器。将二-十进制代码翻译成 10 个十进制数字信号的电路,称为二-十进制译码器。

(5) 数码显示电路是译码器的终端,它将译码器输出的数字信号在数码管上直观地反映出数字(十进制数)。

自 我 测 评

一、判断题(共 20 分,每小题 2 分)

1. 组合逻辑电路的输出状态不取决于输入信号。(   )

2. 编码器的功能是将输入端的各种信号转换为二进制数。(   )

3. 任何时刻,编码器只能对一个输入信号进行编码。(   )

4. 译码器的功能是将二进制码还原成给定的信息符号。(   )

5. 十进制数 31 对应的二进制数是 11101。(   )

6. 组合逻辑电路具有记忆功能。(   )

7. 数字电路中,一个逻辑表达式对应一个逻辑电路。(   )

8. 半导体数码管的工作电压一般为 5 V。(   )

9. 若共阴极数码管的公共端接低电平,其他各引脚接高电平,则该发光二极管会发光。(   )

10. 译码器是编码器的逆过程,它将二进制代码翻译成给定的数码。(   )

二、填空题(共 44 分,每空 2 分)

1. 组合逻辑电路由_____门、_____门、_____门和_____门等几种门电路组合而成,它的输出直接由电路的_____决定。

2. 编码器的功能是把输入的_____信号,如:_____、_____、_____等,转化为_____数码。

3. 将_____译成数字信号的电路,称为二-十进制译码器。

4. 译码器按功能的不同,可分为_____译码器和_____译码器两大类。

5. 二-十进制编码器有_____个输入端,有_____个输出端。

6. 半导体数码管按内部发光二极管的接法不同,可分为_____和_____两种。

7. 半导体数码管有_____、_____、_____、_____和_____等优点。

三、选择题(共 20 分,每小题 2 分)

1. 要将二进制代码转换为十进制数,应选择的电路是(   )。

    A. 译码器　　　　B. 编码器　　　　C. 加法器　　　　D. 解码器

2. 2 线-4 线译码器有(   )。

    A. 2 条输入线,4 条输出线　　　　　　B. 4 条输入线,2 条输出线

    C. 4 条输入线,8 条输出线　　　　　　D. 8 条输入线,2 条输出线

3. 编码器输出的是(   )。

    A. 十进制数　　　　B. 二进制数　　　　C. 八进制数　　　　D. 十六进制数

4. 半导体数码管是由(   )排列成显示数字。

    A. 指示灯　　　　B. 液态晶体　　　　C. 辉光器件　　　　D. 发光二极管

5. 8421BCD 码 0110 表示十进制数( )。

　　A. 8　　　　　　　　B. 6　　　　　　　　C. 42　　　　　　　　D. 9

6. 进行组合逻辑电路设计的主要目的是获得( )。

　　A. 逻辑电路图　　　　　　　　　　　　B. 电路的逻辑功能

　　C. 电路的真值表　　　　　　　　　　　D. 电路的逻辑表达式

7. 输出只与当前的输入信号有关、与电路原来的状态无关的电路,属于( )。

　　A. 组合逻辑电路　　　　　　　　　　　B. 时序逻辑电路

　　C. 模拟电路　　　　　　　　　　　　　D. 数字电路

8. 二进制数是数字电路的数制基础,其基本特征是( )。

　　A. 逢二进一　　　　　B. 逢十进一　　　　　C. 借一当"零"　　　D. 借一当"十"

9. 十进制数 181 转换成 8421BCD 码为( )。

　　A. 10110101　　　　　B. 000110000001　　　C. 1100001　　　　D. 10100110

10. 二进制数 10101 转换为十进制数为( )。

　　A. 15　　　　　　　　B. 21　　　　　　　　C. 18　　　　　　　　D. 23

四、分析题(共 16 分,每小题 8 分)

1. 根据图 6-1(a)、(b)所示电路,分别写出逻辑表达式,并画出化简后的逻辑电路图。

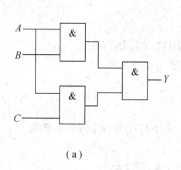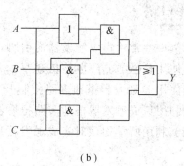

　　　　　　　(a)　　　　　　　　　　　　　　　　　　　(b)

图 6-1

2. 试分析图 6-2 所示 BCD 编码器 C304 的逻辑电路图,写出逻辑表达式与真值表,并分析电路编码功能。

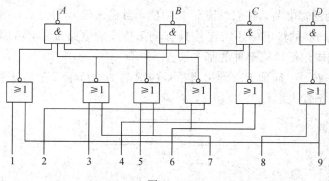

图 6-2

第7章 集成触发器

 知识目标

（1）掌握基本 RS 触发器的电路组成和逻辑功能。

（2）掌握同步 RS 触发器的电路结构、逻辑功能、真值表，理解同步 RS 触发器的空翻现象。

（3）了解主从 RS 触发器、JK 触发器的电路组成，掌握其逻辑功能和真值表，并理解其应用。

（4）理解 D 触发器、T 触发器的逻辑功能、真值表。

 技能目标

（1）了解一些常用集成触发器的引脚，理解常用触发器的作用。

（2）会使用普通与非门电路搭建基本 RS 触发器。

（3）会使用 D 触发器搭建多路控制开关电路。

（4）能利用集成触发器搭建多路抢答器电路。

（5）能够利用所学知识对集成触发器进行电路设计与简单电路故障排除。

7.1　集成触发器概述

在数字系统中，不仅需要对二进制信号进行各种算术运算、逻辑运算和逻辑操作，还需要把参与这些运算和操作的数据以及结果保存起来。例如，在第 6 章中介绍的编码器/译码器电路都是组合逻辑电路，它们没有记忆功能，当输入信号消失后，编码输出也会立即消失，因此，在编码器的输出端还需连接具有记忆功能的电路部件，将编码的结果保存起来。触发器就是构成记忆功能部件的基本器件。

触发器（Flip-Flop，简称 FF）的逻辑符号如图 7.1.1 所示，它有两个互非的输出端 Q 和 $\overline{Q}$，还有 1 或 2 个输入端。

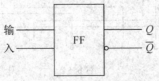

图 7.1.1　触发器的逻辑符号

实际中使用的触发器都应具有以下特点：

(1) 触发器具有两个稳定的状态,即 0 态和 1 态。通常规定触发器 Q 端的状态为触发器的状态,当 $Q=0$, $\overline{Q}=1$ 时,称触发器处于 0 态,这是一种稳定状态;当 $Q=1$, $\overline{Q}=0$ 时,称触发器处于 1 态,这是另一种稳定状态。

(2) 在没有外加输入信号作用时,触发器可以保持原来的状态不变,这是触发器所具有的保持功能或记忆功能。1 级触发器可以记忆 1 位二进制信息,共 2 个状态(即 0 和 1);N 级触发器可以记忆 N 位二进制信息,共 2^N 个状态。

(3) 在外加输入信号的作用(触发)下,触发器可以改变原来的状态,这是触发器所具有的置 0 和置 1 功能。当需要触发器记忆 0 信息时,就必须先将触发器置 0;当需要触发器记忆 1 信息时,就必须先将触发器置 1。为了方便叙述,一般把触发器原来的状态称为原态,用 Q^n 表示;改变后的状态称为现态,用 Q^{n+1} 表示。

根据电路结构和功能的不同,触发器有 RS 触发器、D 触发器、JK 触发器、T 触发器和 T′触发器等常用类型。

7.2 RS 触发器

7.2.1 基本 RS 触发器

基本 RS 触发器是各种触发器中结构形式最简单的一种,同时也是许多电路结构中复杂触发器的一个组成部分,其可以用与非门和或非门构成,本节主要介绍由与非门构成的基本 RS 触发器。

1. 电路组成

由两个与非门 G_1 和 G_2 的输入端与输出端交叉耦合构成的基本 RS 触发器如图 7.2.1(a)所示,图 7.2.1(b)是其逻辑符号,$\overline{R}_D$ 和 $\overline{S}_D$ 是两个输入端,Q 和 $\overline{Q}$ 是两个输出端。

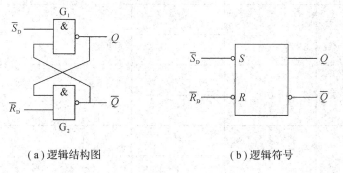

(a)逻辑结构图　　　　　　　　　(b)逻辑符号

图 7.2.1　与非门组成的基本 RS 触发器

2. 逻辑功能

(1) 当 $\overline{R}_D=1$, $\overline{S}_D=1$ 时,触发器保持原来的状态不变。

当输入 $\overline{R}_D=1$, $\overline{S}_D=1$ 时,若触发器的原态为 0(即 $Q=0$, $\overline{Q}=1$),则门 G_1 的输出 $Q=0$,使门 G_2 的输出 $\overline{Q}=1$ 保持不变,而 $\overline{Q}=1$ 与 $\overline{S}_D=1$ 又使门 G_1 的输出 $Q=0$ 保持不变;若触发器的原态为 1(即 $Q=1$, $\overline{Q}=0$),则门 G_2 的输出 $\overline{Q}=0$,使门 G_1 的输出 $Q=1$ 保持不变,

而 $Q=1$ 与 $\overline{R}_D=1$ 又使门 G_2 的输出 $\overline{Q}=0$ 保持不变。

（2）当 $\overline{R}_D=0$，$\overline{S}_D=1$ 时，触发器被置为 0 态。

当输入 $\overline{R}_D=0$，$\overline{S}_D=1$ 时，不管触发器的原态是 0 还是 1，都会由于 $\overline{R}_D=0$ 使门 G_2 的输出 $\overline{Q}=1$，而 $\overline{Q}=1$ 与 $\overline{S}_D=1$ 又使门 G_1 的输出 $Q=0$。这是基本 RS 触发器的置 0 功能，即在输入 $\overline{R}_D$ 为低电平的作用下，触发器的现态变为 0。

（3）当 $\overline{R}_D=1$，$\overline{S}_D=0$ 时，触发器被置为 1 态。

当输入 $\overline{R}_D=1$，$\overline{S}_D=0$ 时，不管触发器的原态是 0 还是 1，都会由于 $\overline{S}_D=0$ 使门 G_1 的输出 $Q=1$，而 $Q=1$ 与 $\overline{R}_D=1$ 又使门 G_2 的输出 $\overline{Q}=0$。这是基本 RS 触发器的置 1 功能，即在输入 $\overline{S}_D$ 为低电平的作用下，触发器的现态变为 1。

（4）当 $\overline{R}_D=0$，$\overline{S}_D=0$ 时，触发器的状态不确定。

如果 $\overline{R}_D=0$，$\overline{S}_D=0$，即两个输入端都是低电平时，那么 $\overline{R}_D=0$ 使门 G_2 的输出 $\overline{Q}=1$，$\overline{S}_D=0$ 使门 G_1 的输出 $Q=1$，两个输出均为高电平。这种情况不仅破坏了触发器输出互非的特性，而且当输入信号同时消失时，由于与非门传输延迟时间的不同而产生竞争，使电路的状态不确定。因此，输入组合 $\overline{R}_D=0$ 和 $\overline{S}_D=0$ 在实际使用中是不允许出现的，它是基本 RS 触发器的约束条件。

综上分析，基本 RS 触发器的逻辑功能如表 7.2.1 所示。

表 7.2.1　基本 RS 触发器的逻辑功能

输入信号		输出状态		逻辑功能
$\overline{R}_D$	$\overline{S}_D$	Q^n	Q^{n+1}	
0	0	0	×	不定
		1		
0	1	0	0	置0
		1		
1	0	0	1	置1
		1		
1	1	0	0	保持
		1	1	

3. 时序图

触发器的输出随输入变化的波形称为时序图。基本 RS 触发器的时序图如图 7.2.2 所示。虽然 $\overline{R}_D=0$ 和 $\overline{S}_D=0$ 是基本 RS 触发器的约束条件，使用时是不允许出现的，但为解释清楚触发器的特性，在图中有意识地加入了约束条件下的输入组合以及相应的输出波形。

为了便于分析，根据输入波形的变化把时序图分为 5 个时间阶段，即 1～5 时段。在第 1 时段前的触发器状态称为初态，它是触发器加上电源电压后的状态。触发器的初态是随机的，可能是 0 态，也可能是 1 态，因此画时序图时应首先假设触发器的初态，一般都把初态设置为 0 态。

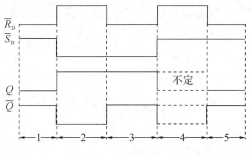

图 7.2.2　基本 RS 触发器的时序图

在时序图的第 1 时段，$\overline{R}_D=0$，$\overline{S}_D=1$，触发器被置 0，$Q=0$，$\overline{Q}=1$。在第 2 时段，$\overline{R}_D=1$，$\overline{S}_D=0$，触发器被置 1，$Q=1$，$\overline{Q}=0$。在第 3 时段，$\overline{R}_D=0$，$\overline{S}_D=0$（出现约束状态），触发器的 $Q=1$，$\overline{Q}=1$，使输出的互非特性被破坏。在第 4 时段，$\overline{R}_D=1$，$\overline{S}_D=1$，触发器应该处于保持状态。在此时段之前，触发器的输出 $Q=1$，$\overline{Q}=1$，此时，门 G_1 的输入 $\overline{S}_D=1$，$\overline{Q}=1$，这将使门 G_1 的输出 $Q=0$；而门 G_2 的输入 $\overline{R}_D=1$，$Q=1$，也将使门 G_2 的输出 $\overline{Q}=0$。但 G_1 和 G_2 的传输延迟时间是不同的，因此出现竞争。假设 G_1 比 G_2 的速度快，则 Q 先变为 0，使 $\overline{Q}=1$，触发器的现态为 0，并被保持下来；若 G_2 比 G_1 的速度快，则 $\overline{Q}$ 先变为 0，使 $Q=1$，触发器的现态为 1，并被保持下来。对于一个具体的触发器来说，并不知道哪一个门的速度快，因此也不知道触发器保持的是 0 态还是 1 态，一般把这种情况称为触发器的状态未知或者不确定。在时序图中，不确定状态用上下两条虚线表示。在第 5 时段，$\overline{R}_D=0$，$\overline{S}_D=1$，触发器被置 0。

4. 特点及用途

1）特点

（1）当输入端都为高电平时，触发器保持原态不变，因此高电平是无效的输入电平，它不能改变触发器的状态，也体现了基本 RS 触发器的记忆功能。

（2）当输入端为低电平时，能改变触发器的输出状态。当 $\overline{R}_D$ 端的输入为低电平时，触发器被置 0，所以把 $\overline{R}_D$ 称为置 0 端，也叫复位端；当 $\overline{S}_D$ 端的输入为低电平时，触发器被置 1，所以把 $\overline{S}_D$ 端称为置 1 端。

文字符号 R_D、S_D 上的非号"－"表示负脉冲触发，即加低电平有效，并在逻辑符号上标记一个小圆圈。不加非号的，表示正脉冲触发，即加高电平有效。文字符号 R_D、S_D 的下标 "D"，表示输入信号直接（Direct）控制触发器的输出，因此基本 RS 触发器也称为直接触发器，低电平有效。

2）用途

基本 RS 触发器电路结构简单，是构成其他功能触发器必不可少的组成部分，可以用作数码寄存器、无抖动开关单脉冲发生器和脉冲变换电路等。

【例7-1】 根据基本RS触发器输入信号的波形，如图7.2.3所示，试画出输出信号对应的波形图。

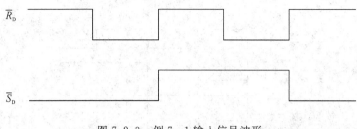

图7.2.3 例7-1输入信号波形

解 输出信号对应的波形如图7.2.4所示。

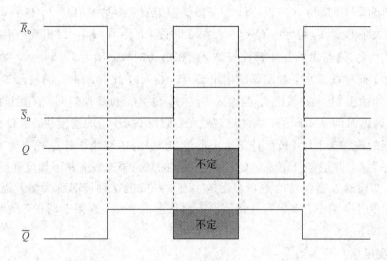

图7.2.4 例7-1输出信号对应的波形

7.2.2 同步RS触发器

在数字系统中，为了协调各部分电路的运行，常常要求某些触发器在时钟信号的控制下同时动作，有时钟控制端的触发器称为同步触发器。有的书中也称为钟控触发器。

1. 电路组成

同步RS触发器的逻辑结构图和逻辑符号如图7.2.5所示。同步RS触发器由4个与非门 $G_1 \sim G_4$ 构成，其中 G_1 和 G_2 构成基本RS触发器，G_3 和 G_4 构成输入控制电路。输入控制电路由时钟脉冲CP(Clock Pulse)控制，将 R、S 的信号传送到基本RS触发器。$\overline{R}_D$、$\overline{S}_D$ 不受时钟脉冲CP的控制，可以直接置0、置1，所以称 $\overline{R}_D$ 为异步置0端，$\overline{S}_D$ 为异步置1端。R、S 为输入端。

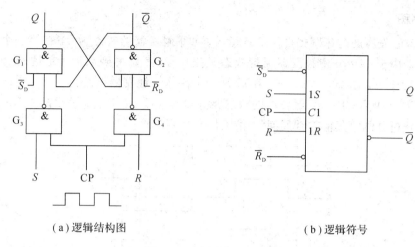

（a）逻辑结构图　　　　　　　　　　（b）逻辑符号

图 7.2.5　同步 RS 触发器

2. 逻辑功能

CP 脉冲有 0、1 两种电平的矩形波。

（1）当 CP＝0 时，与非门 G_3 和 G_4 被封锁，无论输入端 S 和 R 是什么信号，输出端的 Q 和 $\overline{Q}$ 保持原状态不变。

（2）当 CP＝1 时，与非门 G_3 和 G_4 打开，输入端 S 和 R 的信号才能分别通过 G_3、G_4 门加在基本 RS 触发器的输入端，从而使触发器发生翻转。

综上所述，同步 RS 触发器的逻辑功能如表 7.2.2 所示。

表 7.2.2　同步 RS 触发器的逻辑功能

时钟脉冲	输入信号		输出状态		逻辑功能
CP	R	S	Q^n	Q^{n+1}	
0	×	×	0	0	保持
			1	1	
1	0	0	0	0	保持
			1	1	
1	0	1	0	1	置 1
			1		
1	1	0	0	0	置 0
			1		
1	1	1	0	×	不定
			1		

3. 时序图

同步 RS 触发器的时序图如图 7.2.6 所示。如果触发器的初态为 0，在第一个 CP 高电平到来之前，由于 CP=0 使触发器保持 0 态不变。当 CP 脉冲到来后，先是 $R=0$，$S=1$，触发器被置为 1 态，使 $Q=1$，$\overline{Q}=0$。随后 $R=1$，$S=0$，触发器被置为 0 态，使 $Q=0$，$\overline{Q}=1$。第一个 CP 结束后 CP=0，触发器的状态保持 $Q=0$，$\overline{Q}=1$ 不变。按照同步 RS 触发器的特性，可以分析并画出其他时钟周期的输出波形。

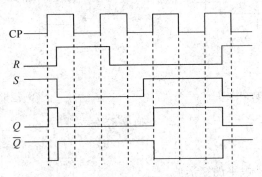

图 7.2.6 同步 RS 触发器的时序图

4. 特点

在 CP=1 的所有时间里，R、S 的变化都将引起触发器输出端状态的变化，这就是同步 RS 触发器的动作特点。

【例 7-2】 根据同步 RS 触发器输入信号的波形，如图 7.2.7 所示，试画出输出信号对应的波形图。

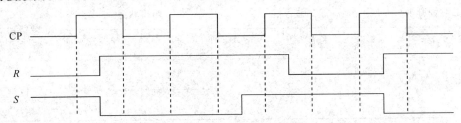

图 7.2.7 例 7-2 输入信号波形

解 输出信号对应的波形如图 7.2.8 所示。

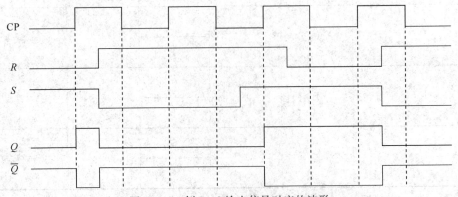

图 7.2.8 例 7-2 输出信号对应的波形

7.2.3　计数型同步 RS 触发器及其空翻现象

触发器的用途之一就是构成计数电路，具有计数功能。每输入一个计数脉冲，触发器的状态要改变一次，利用触发器状态的改变，把计数脉冲的个数记录下来。

1. 计数型同步 RS 触发器

计数型同步 RS 触发器如图 7.2.9 所示。触发器的输出端 Q 和输入端 R 相连，另一输出端 $\overline{Q}$ 和另一输入端 S 相连，计数脉冲从 CP 引进。设触发器初始状态为 0 态，因此 $R=Q=0$，$S=\overline{Q}=1$。当第一个 CP 计数脉冲到来时，触发器由 0 态翻转为 1 态，即 $Q=1$。电路完成了一次计数。同时，触发器的状态也发生了变化，即 $R=Q=1$，$S=\overline{Q}=0$。当第二个计数脉冲到来时，触发器又翻转为 0 态。这样，在正常情况下，每来一个 CP 脉冲，触发器的状态就发生一次翻转。触发器翻转的次数，反映了输入计数脉冲 CP 的个数，从而达到计数的目的。

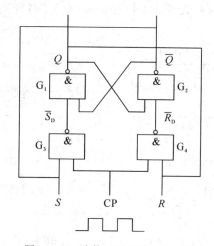

图 7.2.9　计数型同步 RS 触发器

2. 空翻的概念

在一个时钟脉冲作用下（CP=1 期间），输入信号变化使触发器状态变化多次的现象，称为空翻，如图 7.2.10 所示。

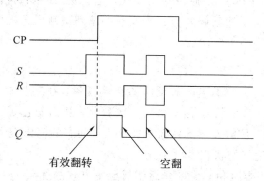

图 7.2.10　初态为 0 时空翻现象波形

3. 空翻的危害

在数字系统中，特别是在计数器中，触发器的 CP 端实质上是一个计数脉冲输入端，每接收一个计数脉冲 CP，计数器的状态就变化一次，如出现空翻，将使计数器无法正常计数，故要克服空翻。

7.2.4 触发器的几种触发方式

触发器的时钟脉冲触发方式分为：同步触发、边沿触发和主从触发三种类型。

1. 同步触发方式

同步触发方式采用电平触发，一般为高电平触发，即在 CP 为高电平期间，输入信号起作用。

2. 边沿触发方式

为了提高触发器的可靠性，增强抗干扰能力，希望触发器的现态仅仅取决于 CP 信号的下降沿（或上升沿）到达时刻输入信号的状态，而在此之前和之后输入状态的变化对触发器的次态没有影响。为实现这一设想，人们相继研制成了各种边沿触发的触发器电路，其时序图如图 7.2.11 所示。

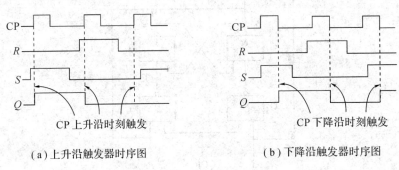

（a）上升沿触发器时序图　　　　　　　（b）下降沿触发器时序图

图 7.2.11　边沿触发器时序图

数字电路中，数字电平从低电平（数字"0"）变为高电平（数字"1"）的那一瞬间叫做上升沿。上升沿触发是指当信号有上升沿时的开关动作，即当电位由低变高时触发输出变化，也就是当测到的信号电位是从低到高（也就是上升）时就触发。反之，数字电平从高电平（数字"1"）变为低电平（数字"0"）的那一瞬间叫做下降沿。下降沿触发是指当信号有下降沿时的开关动作，即当电位由高变低时触发输出变化，也就是当测到的信号电位是从高到低（也就是下降）时就触发。但是，边沿触发方式也没有办法解决触发器的空翻现象，所以就需要引入主从触发方式。

3. 主从触发方式

采用主从结构的目的是为了防止触发器的空翻现象。在主从触发器中，当 CP＝1 时，不管输入信号怎样变化，输出状态最多发生一次变化，从而防止了空翻。只能发生一次变化的原因是 CP＝1 期间，从触发器的状态保持不变，而它的输出 Q 和 $\bar{Q}$ 直接控制主触发器的钟控门，防止了主触发器的状态多次变化。

下面以主从 RS 触发器为例，简单介绍主从触发方式的优点。

主从 RS 触发器由两个同样的同步 RS 触发器组成。其中一个同步 RS 触发器接收输入信号，其状态直接由输入信号决定，称为"主触发器"，主触发器的输出和另一个同步 RS 触发器的输入连接，该触发器为"从触发器"，其状态由主触发器的状态决定，两个同步 RS 触发器的时钟信号反相。主从 RS 触发器的逻辑结构如图 7.2.12 所示。

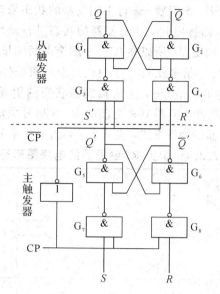

图 7.2.12 主从 RS 触发器逻辑结构图

在 CP＝0 时，主触发器被封锁，从触发器被打开，主触发器的状态决定从触发器的状态。由于 CP＝0，主触发器被封锁，因此 R、S 信号变化不能直接影响到输出。

在 CP＝1 时，主触发器被打开，从触发器被封锁，Q 维持不变，R、S 信号决定主触发器的状态。因此无论 CP 为高还是为低，主、从触发器总是一个被打开，另一个被封锁，R、S 状态的改变不能直接影响输出状态，从而解决了空翻现象。

综上所述，主从 RS 触发器的逻辑功能如表 7.2.3 所示。

表 7.2.3　主从 RS 触发器的逻辑功能

时钟脉冲	输入信号		输出状态		逻辑功能
CP	R	S	Q^n	Q^{n+1}	
0	×	×	0	0	保持
			1	1	
↓	0	0	0	0	保持
			1	1	
↓	0	1	0	1	置 1
			1		
↓	1	0	0	0	置 0
			1		
↓	1	1	0	×	不定
			1		

主从 RS 触发器的动作特点为：主从 RS 触发器的动作分两步完成。首先，在 CP＝1 期间，主触发器接收输入驱动 R、S 信号，进行主触发器的状态修改，但从触发器不动作。第二步，在 CP↓ 时刻，从触发器按照此时主触发器的状态进行动作。需要注意的是，因为主触发器本身是一个同步 RS 触发器，所以在 CP＝1 的全部时间里，输入 R、S 信号都将对主触发器起控制作用，而且 R、S 信号在 CP＝1 时仍然有约束条件。

主从触发方式（CP 下降沿有效）下，主从触发器状态的更新只发生在 CP 脉冲的下降沿，触发器的新状态由 CP 脉冲下降沿到来之前的 R、S 信号决定。

为了便于识别不同触发器的触发方式，表 7.2.4 列出了常见 RS 触发器的电路图形符号。

表 7.2.4　常见 RS 触发器的电路图形符号

触发器类型	电路符号
同步 RS 触发器	S——$1S$——Q CP——$C1$ R——$1R$——$\overline{Q}$
上升沿触发 RS 触发器	S——$1S$——Q CP——$>C1$ R——$1R$——$\overline{Q}$
下降沿触发 RS 触发器	S——$1S$——Q CP——$>C1$ R——$1R$——$\overline{Q}$
主从 RS 触发器 （CP 下降沿有效）	S——$1S$——Q CP——$>C1$ R——$1R$——$\overline{Q}$

【思考与练习】

1. 什么是触发器？它和门电路有什么区别？

2. 基本 RS 触发器和同步 RS 触发器的主要区别是什么？

3. 对于图 7.2.1 所示的基本 RS 触发器，其输入信号波形如图 7.2.13 所示，试画出输出信号的波形图。

图 7.2.13　第 3 题图

4. 对于图 7.2.5 所示的同步 RS 触发器，其输入信号波形如图 7.2.14 所示，试画出输出信号的波形图。

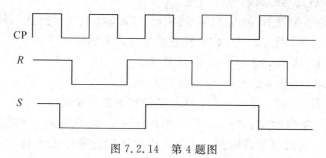

图 7.2.14　第 4 题图

5. 用两个与非门构成基本 RS 触发器，画出电路图，并写出真值表，指出置 1 端和置 0 端。

7.3　几种逻辑功能不同的触发器

7.3.1　电平触发 JK 触发器

JK 触发器是一种功能最全面、而且没有约束条件的触发器，是数字电路触发器中的一种基本电路单元。JK 触发器具有置 0、置 1、保持和翻转功能，在各类集成触发器中，JK 触发器的功能最为齐全。在实际应用中，它不仅有很强的通用性，而且能灵活地转换成其他类型的触发器。由 JK 触发器可以构成 D 触发器和 T 触发器。

1. 电路组成

电平触发 JK 触发器的逻辑结构图和逻辑符号如图 7.3.1 所示。由逻辑结构图可见，它是在同步 RS 触发器电路的基础上增加了两条反馈线，一条反馈线把 Q 的输出信号反馈到原 R 钟控门的输入端，并把 R 改名为 K；另一条反馈线把 $\overline{Q}$ 反馈到原 S 钟控门的输入端，并把 S 改名为 J。

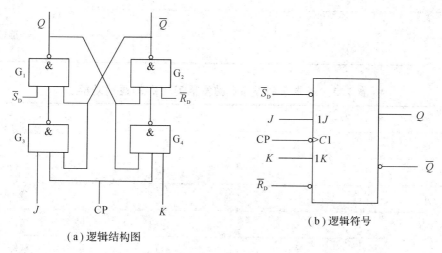

（a）逻辑结构图　（b）逻辑符号

图 7.3.1　JK 触发器

2. 逻辑功能

当 CP＝0 时，触发器的状态保持不变。

当 CP＝1 时，电平触发 JK 触发器的状态根据 J、K 输入的 4 种组合，具有 4 种逻辑功能。

(1) 当 $J=0$，$K=0$ 时，$Q^{n+1}=Q^n$，触发器保持原来的状态不变。

(2) 当 $J=0$，$K=1$ 时，$Q^{n+1}=0$，触发器置 0。

(3) 当 $J=1$，$K=0$ 时，$Q^{n+1}=1$，触发器置 1。

(4) 当 $J=1$，$K=1$ 时，$Q^{n+1}=\overline{Q^n}$，触发器的状态发生翻转。

在翻转功能下，如果触发器的原态是 0 则翻转为 1，若原态是 1 则翻转为 0。翻转是 JK 触发器增加的功能，在时序逻辑电路中，常常用翻转功能来完成计数，因此翻转也称为计数功能。

综上所述，JK 触发器的逻辑功能如表 7.3.1 所示，其简化后的逻辑功能如表 7.3.2 所示。

表 7.3.1 电平触发 JK 触发器的逻辑功能

时钟脉冲	输入信号		输出状态		逻辑功能
CP	J	K	Q^n	Q^{n+1}	
0	×	×	0	0	保持
			1	1	
1	0	0	0	0	保持
			1	1	
1	0	1	0	0	置 0
			1		
1	1	0	0	1	置 1
			1		
1	1	1	0	1	翻转
			1	0	

表 7.3.2 电平触发 JK 触发器简化后的逻辑功能

输入信号		输出信号	逻辑功能
J	K	Q^{n+1}	
0	0	Q^n	保持
0	1	0	置 0
1	0	1	置 1
1	1	$\overline{Q^n}$	翻转

电平触发 JK 触发器的逻辑功能口诀可描述为"同为 0 时态不变,相异之时随 J 变,同为 1 时态翻转,如此记忆真方便"。

图 7.3.1(a)所示的电平触发 JK 触发器结构,在实际使用中存在"空翻"现象。处于翻转功能的电平触发 JK 触发器,在 1 个时钟周期内最多只能翻转 1 次,超过 1 次的翻转就是空翻。存在空翻现象的触发器会造成数字系统误动作,在使用中会受到限制。电平触发 JK 触发器的空翻现象可用图 7.3.2 所示的时序图来说明。

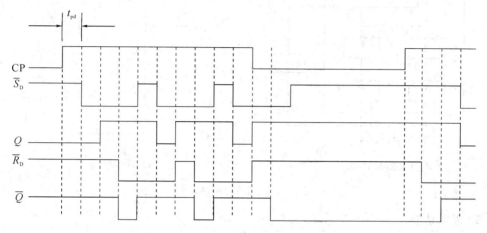

图 7.3.2 电平触发 JK 触发器的空翻现象

在时序图中,假设电平触发 JK 触发器处于翻转功能,即 $J=1$,$K=1$(J、K 的波形没有在图中画出),触发器的初态为 0,每个与非门的平均传输延迟时间为 t_{pd}。当 CP=1 到达后,由于触发器初态是 0,$Q=0$ 使门 G_4 截止,$\overline{Q}=1$ 使门 G_3 导通,经历 2 个 t_{pd} 时间后,Q 端输出由 0 变为 1,再经过 1 个 t_{pd} 后,$\overline{Q}$ 端输出由 1 变为 0,触发器完成了状态的第 1 次翻转。当触发器翻转为 1 态后,如果 CP=1 继续保持,则由 $\overline{Q}=0$ 使门 G_3 截止,$Q=1$ 使门 G_4 导通,经历 1 个 t_{pd} 时间后,$\overline{Q}$ 端输出由 0 变为 1,再经过 1 个 t_{pd} 后,Q 端输出由 1 变为 0,又使触发器完成状态的第 2 次翻转。如果 CP=1 持续时间较长,则触发器的状态将不断翻转,直至 CP 由 1 变为 0 为止。为了保证在 CP=1 期间触发器只翻转 1 次,则要求 CP 脉冲宽度应小于 $3t_{pd}$,而要触发器能可靠翻转,则要求 CP 的宽度大于 $2t_{pd}$,对 CP=1 的宽度要求十分苛刻,而且每个与非门的延迟时间也有差异,所以这种要求实际上是无法实现的。

7.3.2 主从 JK 触发器(边沿触发 JK 触发器)

1. 电路组成

主从 JK 触发器是由两个时钟控制的触发器串接而成的,如图 7.3.3 所示。图中 $G_1 \sim G_4$ 组成主触发器,输出为 Q_m 和 $\overline{Q}_m$;$G_5 \sim G_8$ 组成从触发器,输出为 Q 和 $\overline{Q}$。时钟 CP 直接控制主触发器,而用 $\overline{CP}$ 控制从触发器。另外,还把从触发器的输出 Q 和 $\overline{Q}$ 分别反馈到主触发器的时钟控制门 G_2、G_1 的输入端。

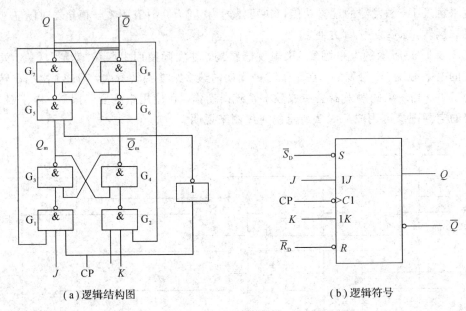

(a)逻辑结构图　　　　　　　　　　(b)逻辑符号

图 7.3.3　主从 JK 触发器

2. 逻辑功能

当 $CP=1(\overline{CP}=0)$ 时，G_5、G_6 被封锁，从触发器的 Q 和 $\overline{Q}$ 保持状态不变。同时 G_1、G_2 被开启，主触发器可以按照 J、K 特性发生 1 次状态变化。

当 $CP=0$ 时，主从 JK 触发器的状态和电平触发 JK 触发器一样，根据 J、K 输入的 4 种组合，也有 4 种逻辑功能。

（1）当 $J=0$，$K=0$ 时，$Q^{n+1}=Q^n$，触发器保持原来的状态不变。

此时，门 G_1、G_2 均被封锁。CP 脉冲到来后，触发器的状态并不发生翻转，即 $Q^{n+1}=Q^n$，触发器保持原来的状态不变。

（2）当 $J=0$，$K=1$ 时，$Q^{n+1}=0$，触发器置 0。

此时，如果触发器原态为 $Q^n=0$，$\overline{Q^n}=1$，则由于 $Q^n=0$ 封锁了门 G_2，$J=0$ 封锁了门 G_1，CP 脉冲到来后，触发器的状态并不发生翻转，即 $Q^{n+1}=Q^n=0$，触发器保持 0 态。

如果触发器原态为 $Q^n=1$，$\overline{Q^n}=0$，那么在 $CP=1$ 时，门 G_1 输出 1，门 G_2 输出 0，所以主触发器为 1 态，即 $Q_m=1$，$\overline{Q}_m=0$。当 CP 脉冲下降沿到来后，主触发器的状态就转存到从触发器中，电路状态翻转为 0 态，即 $Q^{n+1}=0$。

综上分析，不论触发器原来状态如何，CP 脉冲到来后，触发器均置 0。

（3）当 $J=1$，$K=0$ 时，$Q^{n+1}=1$，触发器置 1。

按照上面的分析方法，可以得知，不论原来触发器的状态如何，当 CP 脉冲到来后，触发器置 1，即 $Q^{n+1}=1$。

（4）当 $J=1$，$K=1$ 时，$Q^{n+1}=\overline{Q^n}$，触发器的状态发生翻转。

此时，可认为 J、K 端都悬空，不加输入信号。每当 CP 脉冲下降沿到来后，触发器的状态就发生翻转，$Q^{n+1}=\overline{Q^n}$。

根据以上分析，主从 JK 触发器的逻辑功能如表 7.3.3 所示，其简化后的逻辑功能如表 7.3.4 所示。

表 7.3.3　主从 JK 触发器的逻辑功能

时钟脉冲	输入信号		输出状态		逻辑功能
CP	J	K	Q^n	Q^{n+1}	
0	$\times$	$\times$	0	0	保持
			1	1	
$\downarrow$	0	0	0	0	保持
			1	1	
$\downarrow$	0	1	0	0	置0
			1	0	
$\downarrow$	1	0	0	1	置1
			1	1	
$\downarrow$	1	1	0	1	翻转
			1	0	

表 7.3.4　主从 JK 触发器简化后的逻辑功能

输入信号		输出信号	逻辑功能
J	K	Q^{n+1}	
0	0	Q^n	保持
0	1	0	置0
1	0	1	置1
1	1	$\overline{Q^n}$	翻转

3. 时序图

采用主从结构的目的是为了防止触发器的空翻现象，主从 JK 触发器防止空翻的时序图如 7.3.4 所示。由图可见，在 CP＝1 期间不管 J、K 输入信号怎样变化，主触发器的状态最多只能发生 1 次变化，因而防止了空翻。只能发生 1 次变化的原因是 CP＝1 期间，从触发器的状态保持不变，而它的输出 Q 和 $\overline{Q}$ 直接控制主触发器的钟控门，防止了主触发器的状态多次变化。

虽然主从 JK 触发器可以防止空翻现象发生，但由于在 CP＝1 期间，主触发器只能发生 1 次变化，又带来了 1 次变化问题。所谓 1 次变化问题，是指主从 JK 触发

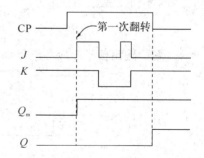

图 7.3.4　主从 JK 触发器的时序图

器在 CP＝1 期间，由于 J、K 的变化而使触发器的状态变化不符合其特性的现象。

为了解释清楚 1 次变化问题，再用如图 7.3.5 所示时序图加以说明。图中的时钟脉冲有 4 个周期，在每个时钟周期的 CP＝1 期间，输入 J、K 都有变化。从图中可见，在时钟第 1 个周期的 CP＝1 期间，由于 $J＝1$，$K＝0$，主触发器被置1(假设触发器的初态为0)，发生

了1次变化。此后，不管J、K如何变化，$Q_m=1$不再变化。当CP的下降沿到来时，从触发器接收主触发器的状态，使Q由0变为1，发生了状态变化。根据JK触发器的特性，在CP的下降沿到来时刻，输入$J=0$，$K=0$，触发器处于保持功能而不应该变化，此时的状态变化不符合JK触发器的特性，这就是1次变化问题。CP其他周期内的输出波形也是按照这种方法画出来的，即在CP=1期间，根据J、K的组合找出主触发器的1次变化（在图中标①处），然后在CP的下降沿到来时，将Q_m的状态传递给Q。

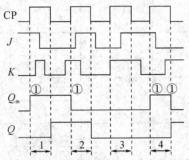

标记①处为主触发器发生1次变化的时刻

图7.3.5 存在1次变化的主从JK触发器的时序图

1次变化问题是由于CP=1期间，输入J、K发生变化造成的，因此为了防止1次变化问题出现，就要求输入J、K在CP=1期间不变化。使用窄脉冲作为CP，避开J、K的变化，也可以有效防止1次变化问题出现。

【例7-3】 主从JK触发器输入信号的波形如图7.3.6所示，试画出输出信号对应的波形图。

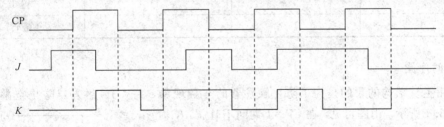

图7.3.6 例7-3输入信号波形

解 输出信号对应的波形如图7.3.7所示。

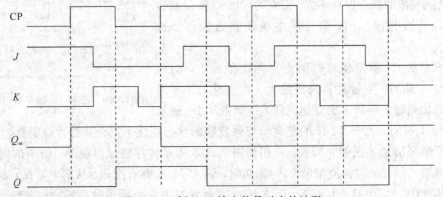

图7.3.7 例7-3输出信号对应的波形

7.3.3 D 触发器

本节将讨论由主从 JK 触发器构成的 D 触发器。D 触发器具有"置 1""置 0"的功能,主要用于存储二进制数。

1. 电路组成

D 触发器的逻辑结构图和逻辑符号如图 7.3.8 所示。其电路结构是把 JK 触发器的 J 端信号,通过非门接到 K 端,即使 $K=\overline{J}$。触发器的输入信号从 J 端输入,便构成了 D 触发器。

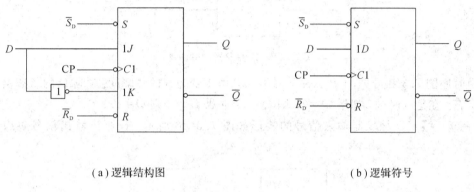

(a)逻辑结构图 (b)逻辑符号

图 7.3.8 D 触发器

2. 逻辑功能

根据主从 JK 触发器的特性,很容易推导出 D 触发器的工作原理。

(1)当 $D=0$ 时,触发器置 0。

当 $D=0$ 时,相当于 JK 触发器的 $J=0$,$K=1$。由 JK 触发器的逻辑功能可知,当 CP 脉冲下降沿到来后,触发器置 0,即 $Q^{n+1}=0$。

(2)当 $D=1$ 时,触发器置 1。

当 $D=1$ 时,相当于 JK 触发器的 $J=1$,$K=0$。由 JK 触发器的逻辑功能可知,当 CP 脉冲下降沿到来后,触发器置 1,即 $Q^{n+1}=1$。

综上所述,D 触发器的逻辑功能如表 7.3.5 所示。

表 7.3.5 D 触发器的逻辑功能

输入信号	输出状态		逻辑功能
D	Q^n	Q^{n+1}	
0	0	0	置 0
	1		
1	0	1	置 1
	1		

由表 7.3.5 可见，D 触发器只有置 0 和置 1 功能，它依靠 CP＝0 来保持状态不变（表中用 $Q^{n+1}=Q^n$ 来表示保持特性）。

3. 时序图

根据 D 触发器的特性，画出的时序图如图 7.3.9 所示。

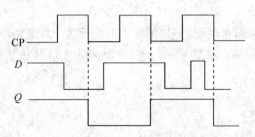

图 7.3.9 D 触发器的时序图

由时序图 7.3.9 可见，CP 脉冲下降沿（CP 由 1 变为 0 的一瞬间）对应 D 的状态决定了 Q 的状态。在这一时刻，如果 $D=0$，则 $Q=0$；如果 $D=1$，则 $Q=1$。

【例 7 - 4】 D 触发器输入信号的波形如图 7.3.10 所示，试画出输出信号对应的波形图。

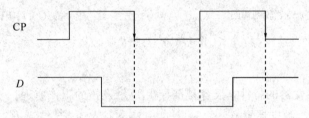

图 7.3.10 例 7 - 4 输入信号波形

解 输出信号对应的波形如图 7.3.11 所示。

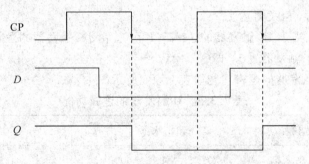

图 7.3.11 例 7 - 4 输出信号对应的波形

7.3.4 T 触发器

本节将讨论由主从 JK 触发器构成的 T 触发器。T 触发器是一种可控制的计数触发器。

1. 电路组成

T 触发器的逻辑结构图和逻辑符号如图 7.3.12 所示。T 触发器是把 JK 触发器的两个输入端合并为一个输入端得到的，并把这个输入端命名为 T 端。

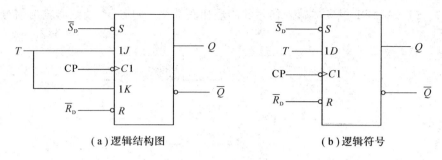

| （a）逻辑结构图 | （b）逻辑符号 |

图 7.3.12　T 触发器

2. 逻辑功能

（1）当 $T=0$ 时，触发器保持原态不变。

当 $T=0$ 时，相当于 JK 触发器的 $J=0$，$K=0$。由 JK 触发器的逻辑功能可知，当 CP 脉冲下降沿到来后，触发器保持原来状态不变，即 $Q^{n+1}=Q^n$。

（2）当 $T=1$ 时，触发器为计数状态。

当 $T=1$ 时，相当于 JK 触发器的 $J=1$，$K=1$。由 JK 触发器的逻辑功能可知，触发器处于计数状态。即每输入一个 CP 脉冲，触发器的状态就翻转一次，即 $Q^{n+1}=\overline{Q^n}$。

综上所述，T 触发器的逻辑功能如表 7.3.6 所示。

表 7.3.6　**T 触发器的逻辑功能**

输入信号	输出状态		逻辑功能
T	Q^n	Q^{n+1}	
0	0	0	保持
	1	1	
1	0	1	计数
	1	0	

T 触发器具有保持和计数两种逻辑功能，由 T 端的输入信号控制。$T=0$，保持状态不变；$T=1$，开始计数。因此，T 触发器也称为可控计数触发器。

3. 时序图

根据 T 触发器的特性，画出的时序图如图 7.3.13 所示。由时序图可见，CP 脉冲下降沿（CP 由 1 变为 0 的一瞬间）对应的 T 的状态决定了 Q 的状态。在这一时刻，若 $T=0$，则触发器输出状态 Q^{n+1} 保持原态不变；若 $T=1$，则触发器的状态发生翻转，即 $Q^{n+1}=\overline{Q^n}$。

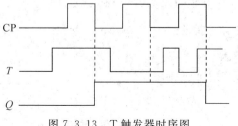

图 7.3.13　T 触发器时序图

【例 7 - 5】 基本 T 触发器输入信号的波形如图 7.3.14 所示,试画出输出信号对应的波形图。

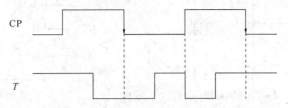

图 7.3.14 例 7 - 5 输入信号波形

解 输出信号对应的波形如图 7.3.15 所示。

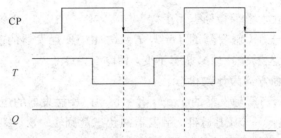

图 7.3.15 例 7 - 5 输出信号对应的波形

【思考与练习】

1. 画出两种 JK 触发器的逻辑符号:(a) CP 脉冲上升沿触发有效;(b) CP 脉冲下降沿触发有效。

2. JK 触发器与 RS 触发器的逻辑功能有什么不同?

3. 如图 7.3.16 所示是 JK 触发器,其中,图(a)是逻辑符号,图(b)是其输入 CP、J、K 各自对应的波形,试画出 Q 和 $\overline{Q}$ 相对应的波形(设 Q 初态为 0)。

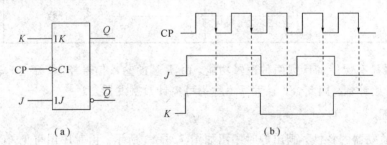

图 7.3.16 第 3 题图

4. 如图 7.3.17 所示是 D 触发器,其中图(a)是逻辑符号,图(b)是其输入 CP、D 各自对应的波形,试画出 Q 和 $\overline{Q}$ 相对应的波形(设 Q 初态为 0)。

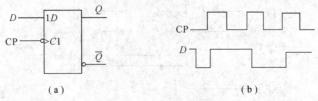

图 7.3.17 第 4 题图

7.4 技能实训

技能实训 1 基本 RS 触发器的搭建与调试

【实训目的】

(1) 了解芯片 74LS00 的内部结构与引脚分布。

(2) 掌握用 74LS00 与非门电路搭建基本 RS 触发器的方法。

(3) 验证基本 RS 触发器的逻辑功能。

【实训工具及器材】

(1) 焊接工具及材料、直流可调稳压电源、数字示波器、万用表、连孔板等。

(2) 所需元器件清单见表 7.4.1。

表 7.4.1 基本 RS 触发器电路所需元器件清单

序号	名称	位号	规格	数量
1	集成块	U1	74LS00	1
2	轻触按钮	S_1、S_2	6 mm×6 mm	2
3	LED 发光二极管	LED_1、LED_2	红色	2
4	电阻	R_1、R_2	470 Ω	2
5	电阻	R_3、R_4	1 kΩ	2
6	连孔板		8.3 cm×5.2 cm	1
7	单股导线		0.5 mm×200 mm	若干

【实训要求】

(1) 图 7.4.1 所示为芯片 74LS00 的内部结构与引脚排列图，对照电路原理图 7.4.2，在连孔板上用元器件搭建基本 RS 触发器。

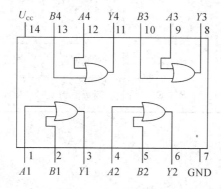

图 7.4.1 芯片 74LS00 的内部结构与引脚排列图

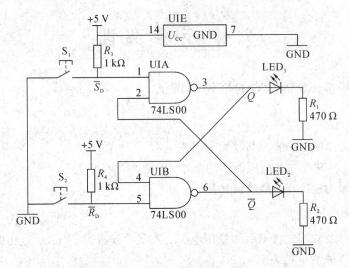

图 7.4.2　74LS00 搭建 RS 触发器电路原理图

（2）观察按钮 S_1、S_2 闭合或断开时，发光二极管 LED_1、LED_2 的状态。

（3）根据观察到的实验现象，分析基本 RS 触发器的逻辑功能。

【实训内容与步骤】

1. 清点与检查元器件

根据表 7.4.1 所示清点元器件，最好将元器件放在一个盒子内。对元器件进行检查，看有无损坏的元器件，如果有，应立即进行更换，将元器件的检测结果记录在表 7.4.2 中。

表 7.4.2　元器件检测记录表

序号	名称	位号	元器件检测结果
1	集成块	U1	型号是_____
2	LED 发光二极管	LED_1、LED_2	长脚为_____极，检测时应选用的万用表挡位是_____，红表笔接二极管_____极测量时，可使它微弱发光
3	电阻	R_1、R_2	测量值为_____kΩ，选用的万用表挡位是_____
4	电阻	R_3、R_4	测量值为_____kΩ，选用的万用表挡位是_____

2. 电路搭建

1）搭建步骤

（1）按电路原理图 7.4.2 所示在电路板上对元器件进行合理的布局。

（2）按照元器件的插装顺序依次插装元器件。

（3）按焊接工艺要求对元器件进行焊接，直到所有元器件焊完为止。

（4）将元器件之间用导线进行连接。

（5）焊接电源输入线和信号输入、输出引线。

2）搭建注意事项

（1）操作平台不要放置其他器件、工具与杂物。

（2）操作结束后，收拾好器材和工具，清理操作平台和地面。

（3）插装元器件前须按工艺要求对元器件的引脚进行成形加工。

（4）元器件排列要整齐，布局要合理并符合工艺要求。

（5）芯片 74LS00 的引脚顺序、二极管的正负极不要弄错，以免损坏元器件。

（6）不漏装、错装，不损坏元器件。

（7）焊点表面要光滑、干净，无虚焊、漏焊和桥接。

（8）正确选用合适的导线进行器件之间的连接，同一焊点的连接导线不能超过 2 根。

3）搭建实物图

基本 RS 触发器电路装接实物图如图 7.4.3 所示。

图 7.4.3　基本 RS 触发器电路装接实物图

3. 电路通电

装接完毕，检查无误后，用万用表测量电路的电源两端有无短路，电路正常方可接入 5 V 直流电源。在接入电源时，注意电源与电路板极性一定要连接正确。当接入电源后，要随时观察电路有无异常现象，若有，应立即断电，对电路进行检查。

4. 电路功能测试与分析

（1）$\overline{R}_{\mathrm{D}}$、$\overline{S}_{\mathrm{D}}$ 为输入信号，分别通过按钮开关 S_1、S_2 接入高电平、低电平，Q、$\overline{Q}$ 为输出信号，分别接发光二极管 LED_1、LED_2。通过按钮开关 S_1、S_2 改变输入信号，观察发光二极管 LED_1、LED_2 的亮灭情况。

（2）将观察到的现象记录下来并填写到表 7.4.3 中。

表 7.4.3　测量数据表

按钮的状态		输入信号		二极管的状态		输出信号	
S_1	S_2	$\overline{R}_D$	$\overline{S}_D$	LED_1	LED_2	Q	$\overline{Q}$

（3）根据表 7.4.3 分析总结基本 RS 触发器的逻辑功能并填入表 7.4.4 中。

表 7.4.4　基本 RS 触发器的逻辑功能表

输入信号		输出状态		逻辑功能
$\overline{R}_D$	$\overline{S}_D$	Q^n	Q^{n+1}	
		0		
		1		
		0		
		1		
		0		
		1		
		0		
		1		

【实训评价】

"基本 RS 触发器的搭建与测试"实训评价如表 7.4.5 所示。

表 7.4.5　"基本 RS 触发器的搭建与测试"实训评价表

项　目	考核内容	配分/分	评分标准	得分/分
元器件检测	在表 7.4.2 中填写检测结果	20	每错一空扣 2 分，扣完为止	
电路焊接	焊点光滑无毛刺，焊锡量适中	10	每错一处扣 2 分	
电路布局	电路布局美观，无短路、开路	10	每错一处扣 2 分	
电路功能	基本 RS 触发器逻辑功能正常	20	每错一个扣 2 分	
	基本 RS 触发器逻辑功能总结正确	20	每错一个扣 1 分	

项　目	考核内容	配分/分	评分标准	得分/分
安全文明操作	工作台上工具物品摆放整齐	10	工作台上物品随意摆放、脏乱，扣 1～5 分	
	严格遵照安全操作规程	10	违反安全操作规程扣 1～5 分	
合　计		100		
实训体会	学到的知识			
	学到的技能			
	收获			

技能实训 2　用 JK 触发器搭建多路控制开关电路

【实训目的】

（1）了解芯片 74HC112 的内部结构与管脚分布。

（2）掌握 JK 触发器的逻辑功能和应用常识。

（3）掌握数字集成器件的组装和调试方法。

【实训工具及器材】

（1）焊接工具及材料、直流可调稳压电源、数字示波器、万用表、连孔板等。

（2）所需元件清单见表 7.4.6。

表 7.4.6　多路控制开关电路所需元器件清单

序号	名　称	位　号	规　格	数量
1	集成块	U1	74HC112	1
2	集成块	U2	74HC04	1
3	轻触按钮	S_1、S_2、S_3	6 mm×6 mm	3
4	LED 发光二极管	LED	红色 ϕ3	1
5	电阻	R_1、R_2	2 kΩ	2
6	电阻	R_3	100 kΩ	1
7	继电器	K	HRS1H-S-DC5V	1
8	二极管	VD	1N4007	1
9	三极管	V	8050	1
10	连孔板		8.3 cm×5.2 cm	1
11	单股导线		0.5 mm×200 mm	若干

【实训要求】

（1）图 7.4.4 所示为芯片 74HC112 的内部结构和引脚排列图，对照电路原理图 7.4.5，在连孔板上用元器件搭建多路控制开关。

（2）检测多路控制开关电路功能是否正常。正常情况下，按任意一个开关按键，发光二极管都会产生一次亮灭的变化。

（3）结合前面所学知识，对电路工作过程进行分析。

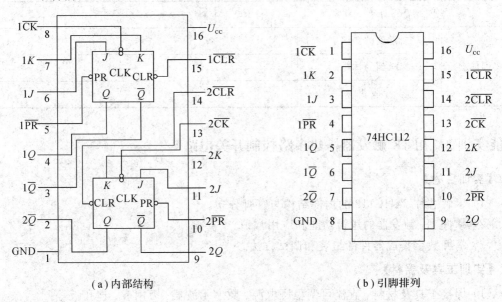

（a）内部结构　　　　　　　　　　　（b）引脚排列

图 7.4.4　芯片 74HC112 的内部结构图与引脚排列图

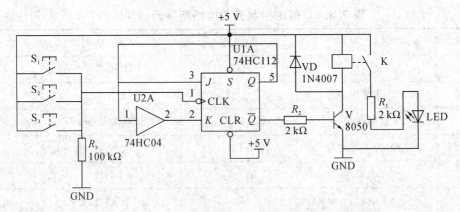

图 7.4.5　多路控制开关电路原理图

【实训内容与步骤】

1. 清点与检查元器件

根据表 7.4.6 所示清点元器件，最好将元器件放在一个盒子内。对元器件进行检查，看有无损坏的元器件，如果有，应立即进行更换，将元器件的检测结果记录在表 7.4.7 中。

表 7.4.7 元器件检测记录表

序号	名 称	位号	元件检测结果
1	集成块	U1	型号是_____
2	集成块	U2	型号是_____
3	LED 发光二极管	LED	长脚为_____极，检测时应选用的万用表挡位是_____，红表笔接二极管_____极测量时，可使它微弱发光
4	电阻	R_1、R_2	测量值为_____ kΩ，选用的万用表挡位是_____
5	电阻	R_3	测量值为_____ kΩ，选用的万用表挡位是_____
6	继电器	K	线圈的阻值为_____
7	二极管	VD	检测质量时，应选用的万用表挡位是_____；正向导通的那次测量中，黑表笔所接的是_____极，所测得的阻值为_____
8	三极管	V	类型_____，引脚排列_____

2. 电路搭建

1）搭建步骤

（1）按电路原理图 7.4.5 所示在电路板上对元器件进行合理的布局。

（2）按照元器件的插装顺序依次插装元器件。

（3）按焊接工艺要求对元器件进行焊接，直到所有元器件焊完为止。

（4）将元器件之间用导线进行连接。

（5）焊接电源输入线和信号输入、输出引线。

2）搭建注意事项

（1）操作平台不要放置其他器件、工具与杂物。

（2）操作结束后，收拾好器材和工具，清理操作平台和地面。

（3）插装元器件前须按工艺要求对元器件的引脚进行成形加工。

（4）元器件排列要整齐，布局要合理并符合工艺要求。

（5）芯片 74HC112 的引脚顺序、三极管的引脚、二极管的正负极不要弄错，以免损坏元器件。

（6）不漏装、错装，不损坏元器件。

（7）焊点表面要光滑、干净，无虚焊、漏焊和桥接。

（8）正确选用合适的导线进行器件之间的连接，同一焊点的连接导线不能超过 2 根。

3）搭建实物图

多路控制开关电路装接实物图如图 7.4.6 所示。

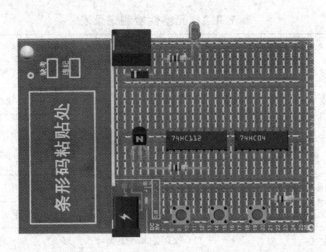

图 7.4.6 多路控制开关电路装接实物图

3. 电路通电

装接完毕，检查无误后，用万用表测量电路的电源两端有无短路，电路正常方可接入 12 V 直流电源。在接入电源时，注意电源与电路板极性一定要连接正确。当接入电源后，要随时观察电路有无异常现象，若有，应立即断电，对电路进行检查。

4. 电路功能测试与分析

（1）检测多路控制开关电路功能是否正常，并将测试结果填写在表 7.4.8 中。

表 7.4.8 多路控制开关电路测试结果

开关	开关状态	二极管的状态	多路开关的功能
S_1	接通		
	断开		
S_2	接通		
	断开		
S_3	接通		
	断开		

（2）结合所学理论知识，分析该电路的工作过程。

设未接通任何开关时，74HC112 的 1 脚为低电平。U1A 与 U2A 组成了一个 D 触发器，当 $S_1 \sim S_3$ 任意按键被按下并松开后，U1A 的 1 脚产生一个_____信号，从而使 U1A 的 6 脚电平_____，使三极管 V _____，继电器 K _____，发光二极管 LED _____。

再次按下 $S_1 \sim S_3$ 中任意按键后，U1A 的 6 脚翻转，控制三极管 V _____，继电器 K _____，发光二极管 LED _____。

【实训评价】

"用 JK 触发器搭建多路控制开关电路"实训评价如表 7.4.9 所示。

表 7.4.9　"用 JK 触发器搭建多路控制开关电路"实训评价表

项　目	考核内容	配分/分	评分标准	得分/分
元器件检测	在表 7.4.7 中填写检测结果	20	每错一空扣 2 分，扣完为止	
电路焊接	焊点光滑无毛刺，焊锡量适中	10	每错一处扣 2 分	
电路布局	电路布局美观，无短路、开路	10	每错一处扣 2 分	
电路功能	多路控制开关电路功能正常	20	每错一个扣 2 分	
	多路控制开关电路工作过程分析	20	每错一个扣 2 分	
安全文明操作	工作台上工具物品摆放整齐	10	工作台上物品随意摆放、脏乱，扣 1~5 分	
	严格遵照安全操作规程	10	违反安全操作规程扣 1~5 分	
合　计		100		
实训体会	学到的知识			
	学到的技能			
	收获			

技能实训 3　四人抢答器的搭建与调试

【实训目的】

(1) 了解 74LS175 芯片的内部结构与管脚分布。

(2) 掌握 D 触发器的逻辑功能和应用常识。

(3) 会用触发器设计简单的电路。

【实训工具及器材】

(1) 焊接工具及材料、直流可调稳压电源、数字示波器、低频数字信号发生器、万用表、连孔板等。

(2) 所需元器件清单见表 7.4.10。

表 7.4.10　四人抢答器电路所需元器件清单

序号	名　称	位　号	规　格	数量
1	集成块	U1	74LS175	1
2	集成块	U2	74LS00	1
3	轻触按钮	S_1、S_2、S_3、S_4、S_5	6 mm×6 mm	5
4	LED 发光二极管	LED_1、LED_2、LED_3、LED_4	红色	4
5	电阻	R_1、R_2、R_4、R_5、R_6	10 kΩ	5
6	电阻	R_3	270 Ω	1

序号	名 称	位 号	规 格	数量
7	二极管	VD_1、VD_2、VD_3、VD_4	4148	4
8	连孔板		8.3 cm×5.2 cm	1
9	单股导线		0.5 mm×200 mm	若干

【实训要求】

（1）图7.4.7所示为芯片74LS175的内部结构与引脚排列图，对照电路原理图7.4.8，在连孔板上用元器件搭建四人抢答器电路。

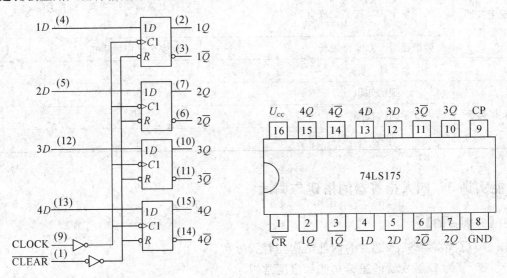

（a）内部结构　　　　　　　　　　　　（b）引脚排列

图 7.4.7　芯片 74LS175 的内部结构与引脚排列图

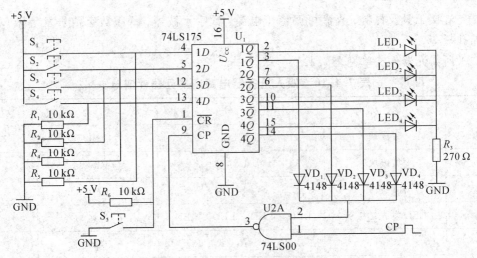

图 7.4.8　四人抢答器电路原理图

（2）测试四人抢答器电路功能是否正常。当有人抢答时，对应的发光二极管会亮。当按下开关 S_5 时，所有的二极管均熄灭。

（3）结合所学理论知识对电路工作过程进行分析。

【实训内容与步骤】

1. 清点与检查元器件

根据表 7.4.10 所示清点元器件，最好将元器件放在一个盒子内。对元器件进行检查，看有无损坏的元器件，如果有，应立即进行更换，将元器件的检测结果记录在表 7.4.11 中。

表 7.4.11 元器件检测记录表

序号	名 称	位 号	元件检测结果
1	集成块	U1	型号是_____
2	集成块	U2	型号是_____
3	LED 发光二极管	LED_1、LED_2、LED_3、LED_4	长脚为_____极，检测时应选用的万用表挡位是_____，红表笔接二极管_____极测量时，可使它微弱发光
4	电阻	R_1、R_2、R_4、R_5、R_6	测量值为_____ $k\Omega$，选用的万用表挡位是_____
5	电阻	R_3	测量值为_____ $k\Omega$，选用的万用表挡位是_____
6	二极管	VD_1、VD_2、VD_3、VD_4	检测质量时，应选用的万用表挡位是_____；正向导通的那次测量中，黑表笔所接的是_____极，所测得的阻值为_____

2. 电路搭建

1）搭建步骤

（1）按电路原理图 7.4.8 所示在电路板上对元器件进行合理的布局。

（2）按照元器件的插装顺序依次插装元器件。

（3）按焊接工艺要求对元器件进行焊接，直到所有元器件焊完为止。

（4）将元器件之间用导线进行连接。

（5）焊接电源输入线和信号输入、输出引线。

2）搭建注意事项

（1）操作平台不要放置其他器件、工具与杂物。

（2）操作结束后，收拾好器材和工具，清理操作平台和地面。

（3）插装元器件前须按工艺要求对元器件的引脚进行成形加工。

（4）元器件排列要整齐，布局要合理并符合工艺要求。

（5）芯片 74LS175 的引脚顺序、二极管的正负极不要弄错，以免损坏元器件。

（6）不漏装、错装，不损坏元器件。

（7）焊点表面要光滑、干净，无虚焊、漏焊和桥接。

（8）正确选用合适的导线进行器件之间的连接，同一焊点的连接导线不能超过 2 根。

3）搭建实物图

四人抢答器电路装接实物图如图 7.4.9 所示。

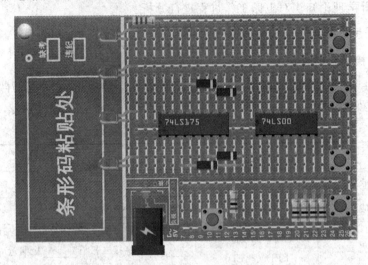

图 7.4.9　四人抢答器电路装接实物图

3. 电路通电

装接完毕，检查无误后，用万用表测量电路的电源两端有无短路，电路正常方可接入 5 V 直流电源。在接入电源时，注意电源与电路板极性一定要连接正确。当接入电源后，要随时观察电路有无异常现象，若有，应立即断电，对电路进行检查。

4. 电路功能测试与分析

（1）检测四人抢答器电路功能是否正常，并将测试结果填写在表 7.4.12 中。

表 7.4.12　四人抢答器电路测试结果

开关	开关状态	发光二极管的状态				四人抢答器的功能
		LED_1	LED_2	LED_3	LED_4	
S_1	接通					
	断开					
S_2	接通					
	断开					
S_3	接通					
	断开					
S_4	接通					
	断开					
S_5	接通					
	断开					

（2）结合所学理论知识，分析该电路的工作过程。

合上开关 S_5 时，74LS175 的 1 脚输入＿＿＿＿＿，2 脚输出＿＿＿＿＿，7 脚输出＿＿＿＿＿，10 脚输出＿＿＿＿＿，15 脚输出＿＿＿＿＿，此时熄灭的二极管为＿＿＿＿＿。

合上开关 S_1 后，74LS175 的 4 脚输入＿＿＿＿＿，2 脚输出＿＿＿＿＿，7 脚输出＿＿＿＿＿，10 脚输出＿＿＿＿＿，15 脚输出＿＿＿＿＿，此时亮的二极管为＿＿＿＿＿。

【实训评价】

"四人抢答器的搭建与测试"实训评价如表 7.4.13 所示。

表 7.4.13 "四人抢答器的搭建与测试"实训评价表

项 目	考核内容	配分/分	评分标准	得分/分
元器件检测	在表 7.4.11 中填写检测结果	20	每错一空扣 2 分，扣完为止	
电路焊接	焊点光滑无毛刺，焊锡量适中	10	每错一处扣 2 分，扣完为止	
电路布局	电路布局美观，无短路、开路	10	每错一处扣 2 分，扣完为止	
电路功能	四人抢答器功能正常	20	每错一个扣 2 分，扣完为止	
	四人抢答器电路工作过程分析	20	每错一个扣 2 分，扣完为止	
安全文明操作	工作台上工具物品摆放整齐	10	工作台上物品随意摆放、脏乱，扣 1~5 分	
	严格遵照安全操作规程	10	违反安全操作规程扣 1~5 分	
合 计		100		
实训体会	学到的知识			
	学到的技能			
	收获			

本 章 小 结

（1）触发器是一种具有记忆功能而且在触发脉冲作用下会翻转状态的电路。它具有两种可能的稳态——0 态或 1 态。当触发脉冲过后，触发器状态仍维持不变，这就是记忆能力。

（2）触发器按逻辑功能分，有 RS 型、JK 型、D 型、T 型等。

① 基本 RS 触发器是各种触发器的基础；

② 同步 RS 触发器具有计数功能，但易发生空翻现象；

③ 主从 RS 触发器可以防止空翻现象发生，同时具有记忆功能；

④ JK 触发器、D 触发器是应用广泛的触发器，T 触发器具有计数功能。

自 我 测 评

一、判断题(每题 2 分,共 20 分)

1. RS、JK、D 和 T 四种触发器中,唯有 RS 触发器存在输入信号的约束条件。(   )

2. 触发器是时序逻辑电路的基本单元。(   )

3. 触发器的反转条件是由触发输入与时钟脉冲共同决定的。(   )

4. 1 个触发器可以存放 2 个二进制数。(   )

5. 对边沿 JK 触发器,在 CP 为高电平期间,当 $J=K=1$ 时,状态会翻转一次。(   )

6. JK 触发器只要 J、K 端同时为 1,则一定引起状态翻转。(   )

7. JK 触发器在 CP 作用下,若 $J=K=1$,则其状态保持不变。(   )

8. RS 触发器的约束条件 $R=S=0$ 表示不允许出现 $R=S=1$ 的输入。(   )

9. 同步触发器存在空翻现象,而边沿触发器和主从触发器克服了空翻。(   )

10. 所谓上升沿触发,是指触发器的输出状态变化是发生在 CP=1 期间。(   )

二、选择题(每题 3 分,共 30 分)

1. 下列几种触发器中,(   )触发器的逻辑功能最灵活。

   A. D 型　　　　　　B. JK 型　　　　　　C. T 型　　　　　　D. RS 型

2. 由与非门组成的 RS 触发器不允许输入的变量组合 R、S 为(   )。

   A. 00　　　　　　　B. 01　　　　　　　C. 11　　　　　　　D. 10

3. 要使 JK 触发器的状态和当前状态相反,所加激励信号 J 和 K 应该是(   )。

   A. 00　　　　　　　B. 01　　　　　　　C. 10　　　　　　　D. 11

4. 激励信号有约束条件的触发器是(   )。

   A. RS 触发器　　　B. D 触发器　　　　C. JK 触发器　　　D. T 触发器

5. 对于同步触发的 D 型触发器,要使输出为 1,则输入信号 D 满足(   )。

   A. $D=1$　　　　　B. $D=0$　　　　　C. 不确定　　　　　D. $D=0$ 或 $D=1$

6. 要使 JK 触发器的状态由 0 转为 1,则所加激励信号 J、K 应为(   )。

   A. $0\times$　　　　　B. $1\times$　　　　　C. $\times 1$　　　　　D. $\times 0$

7. 对于 D 触发器,若 CP 脉冲到来前所加的激励信号 $D=1$,则可以使触发器的状态(   )。

   A. 由 0 变 0　　　　B. 由 $\times$ 变 0　　　C. 由 1 变 0　　　　D. 由 $\times$ 变 1

8. 使同步 RS 触发器置 0 的条件是(   )。

   A. $RS=00$　　　　B. $RS=01$　　　　C. $RS=10$　　　　D. $RS=11$

9. 若基本触发器的初始输入为 $\overline{R}=1$,$\overline{S}=0$,则当 $\overline{R}$ 由"0"→"1"且同时 $\overline{S}$ 由"1"→"0"时,触发器的状态变化为(   )。

   A. "0"→"1"　　　　B. "1"→"0"　　　　C. 不变　　　　　　D. 不定

10. 对于 T 触发器,当 $T=$(   )时,触发器处于保持状态。

   A. 0　　　　　　　　B. 1　　　　　　　　C. 0,1 均可　　　　D. 以上都不对

三、分析题(共 50 分)

1. 分析图 7-1 所示 RS 触发器的功能,并根据输入波形画出 Q 和 $\overline{Q}$ 的波形。(15 分)

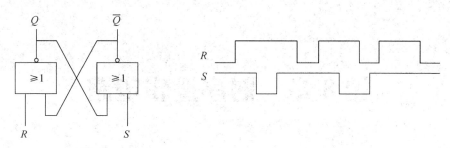

图 7 - 1

2. 下降沿触发的 JK 触发器输入波形如图 7 - 2 所示，设触发器初态为 0，画出相应输出波形。（15 分）

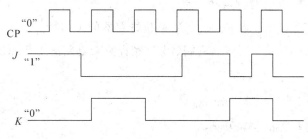

图 7 - 2

3. 边沿 T 触发器电路如图 7 - 3 所示，设初状态为 0，试根据 CP 波形画出 Q_1、Q_2 的波形。（20 分）

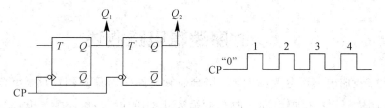

图 7 - 3

第8章 时序逻辑电路

 知识目标

（1）掌握时序逻辑电路的特点和分类。

（2）掌握数码寄存器的工作原理，了解移位寄存器的工作特点。

（3）了解计数器的功能，理解二进制、十进制计数器电路的工作原理。

 技能目标

（1）掌握移位寄存器的逻辑功能。

（2）会正确使用移位寄存器，能搭建简单的寄存器应用电路。

（3）能灵活使用常用集成计数器。

（4）能熟练搭建计数译码显示电路。

8.1 时序逻辑电路概述

常用的数字集成电路可分为两大类：组合逻辑电路和时序逻辑电路。组合逻辑电路的特点是：电路的输出状态仅仅由同一时刻的输入状态决定，与电路原有状态无关；输入状态消失则相应的输出状态立即随之消失，电路没有记忆能力。时序逻辑电路的特点是：电路的输出状态不仅与同一时刻的输入状态有关，还与电路原有状态有关；时序逻辑电路具有记忆能力。第7章学过的触发器是最简单的时序逻辑电路。

时序逻辑电路简称为时序电路，由组合逻辑电路和存储电路（通常由触发器组成）两部分组成。时序电路可分为同步时序电路和异步时序电路两大类。

1. 同步时序电路

在同步时序电路中，所有触发器都受同一个时钟脉冲控制，所有触发器的状态变化都在同一时刻发生，例如在 CP 脉冲的上升沿或下降沿。

2. 异步时序电路

在异步时序电路中，各触发器的时钟信号不是同一个，而是有先有后，故触发器的变化不是同时发生的，也有先有后。

数字系统中常见的时序逻辑电路有寄存器、计数器等。

8.2 寄 存 器

寄存器是一种重要的数字逻辑部件，常用来存放数据、指令等二进制代码。由于 1 个触发器可以存储 1 位二进制代码 0 或 1，因此 n 个触发器可以存放 n 位二进制代码，常用的寄存器有 4 位、8 位和 16 位等。

寄存器可分为数码寄存器和移位寄存器两大类。

8.2.1 数码寄存器

数码寄存器是一种能够存放二进制数码的电路，它具有接收、存放和清除原有数码的功能。

图 8.2.1 所示是由 4 个 D 触发器构成的 4 位数码寄存器的逻辑图。4 个触发器的时钟脉冲连在一起，作为接收数码的控制端。$D_0 \sim D_3$ 是寄存器并行的数据输入端，输入 4 位二进制数码；$Q_0 \sim Q_3$ 是寄存器并行的数据输出端。各触发器的直接置 0 端接到一起，作为总清零端 $\overline{R}_D$。

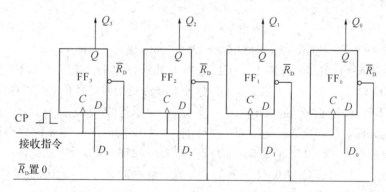

图 8.2.1 4 位数码寄存器

1. 清除数码

当 $\overline{R}_D = 0$ 时，$Q_3 Q_2 Q_1 Q_0 = 0000$，原来的数码被清除，清零后 $\overline{R}_D = 1$。

2. 接收数码

若要输入数码 1110，需将数码 1110 加到对应的数码输入端 D_3、D_2、D_1、D_0，即 $D_3 D_2 D_1 D_0 = 1110$，当 CP 脉冲上升沿到来时，寄存器的状态 $Q_3 Q_2 Q_1 Q_0 = 1110$，完成了数码的接收。

3. 存放数码

CP 脉冲消失后，只要 $\overline{R}_D = 1$，各 D 触发器的状态就保持不变，当需要这组数据时，可以直接从 $Q_3 Q_2 Q_1 Q_0$ 端读出。

由于数码寄存器既能同时输入各位数码，又能同时输出各位数码，故又称为并行输入、并行输出数码寄存器。

8.2.2 移位寄存器

移位寄存器不仅能够存储数码，而且在移位脉冲(时钟脉冲)的作用下，寄存器中的数码可以根据需要向左或向右移位。移位寄存器可分为单向移位寄存器和双向移位寄存器两类。

1. 单向移位寄存器

单向移位寄存器可分为左移寄存器和右移寄存器两类，它们的工作原理相同，下面以右移寄存器为例来说明。如图 8.2.2 所示是由 4 个 D 触发器组成的右移寄存器电路图。

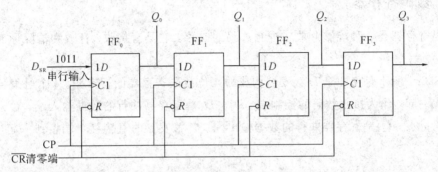

图 8.2.2　4 位右移寄存器

寄存器要先清零，使 $\overline{CR}=0$，则 $Q_0Q_1Q_2Q_3=0000$，然后 $\overline{CR}$ 置 1。

假设输入数码为 1011，当第 1 个 CP 脉冲上升沿到来时，第 1 个数码进入 FF_0，即 $Q_0=1$，则 $Q_0Q_1Q_2Q_3=1000$；当第 2 个 CP 脉冲上升沿到来时，第 2 位数码进入 FF_0 中，即 $Q_0=1$，同时 FF_0 原来的数码进入 FF_1 中，即 $Q_1=1$，于是 $Q_0Q_1Q_2Q_3=1100$；当第 3 个 CP 脉冲上升沿到来时，第 3 位数码进入 FF_0 中，即 $Q_0=0$，同时 FF_0 原来的数码进入 FF_1 中，FF_1 原来的数码进入 FF_2 中，于是 $Q_0Q_1Q_2Q_3=0110$；同理，第 4 个 CP 脉冲上升沿到来时，第 4 位数码进入 FF_0 中，$Q_0Q_1Q_2Q_3=1011$，完成了数码的寄存。上述串行输入数码右移寄存过程，列于表 8.2.1 中。

表 8.2.1　4 位右移寄存器状态表

CP 顺序	输入	输出				移动过程
	D_{SR}	Q_0	Q_1	Q_2	Q_3	
0	0	0	0	0	0	清零
1	1	1	0	0	0	右移一位
2	1	1	1	0	0	右移二位
3	0	0	1	1	0	右移三位
4	1	1	0	1	1	右移三位

2. 双向移位寄存器

从实用的角度看，移位寄存器大都设计成带移位控制端的双向移位寄存器，即在移位信号的作用下，电路既可以实现右移，又可以实现左移，同时还附有保持、异步清零等功能。

中规模集成寄存器 CT74LS194 为 4 位双向通用寄存器，其引脚排列如图 8.2.3 所示，S_1、S_0 为工作方式控制端，它们的不同取值决定了寄存器的不同工作方式，表 8.2.2 所示为 CT74LS194 的功能状态表。

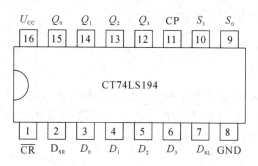

图 8.2.3　CT74LS194 引脚排列图

表 8.2.2　CT74LS194 的功能状态表

$\overline{CR}$	S_1	S_0	功能
0	×	×	清零
1	0	0	保持
1	0	1	右移
1	1	0	左移
1	1	1	并行输入

3. 应用举例

图 8.2.4 所示是用 CT74LS194 集成电路构成的环形脉冲分配器。它可以使一个矩形脉冲按一定的顺序在输出端 $Q_0 \sim Q_3$ 之间轮流分配，反复循环地输出。

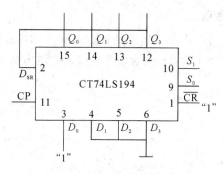

图 8.2.4　环形脉冲分配器

工作原理如下：

(1) 工作前，使 $S_1 S_0 = 11$，$\overline{CR} = 1$，此时电路处于并行输入状态，当 CP 的上升沿到来时，$Q_0 Q_1 Q_2 Q_3 = 1000$。

(2) 工作时，使 $S_1 S_0 = 01$，$\overline{CR} = 1$，此时电路处于右移状态，当 CP 的上升沿到来时，

$Q_0Q_1Q_2Q_3=1000$，寄存器的状态变化如下：

第 1 个 CP：$Q_0Q_1Q_2Q_3=0100$，$D_{SR}=Q_3=0$。

第 2 个 CP：$Q_0Q_1Q_2Q_3=0010$，$D_{SR}=Q_3=0$。

第 3 个 CP：$Q_0Q_1Q_2Q_3=0001$，$D_{SR}=Q_3=1$。

第 4 个 CP：$Q_0Q_1Q_2Q_3=1000$，回到初始状态。

【思考与练习】

1. 简述寄存器的功能。

2. 如果要寄存 8 位二进制数码，通常需要几个触发器来构成寄存器？

3. 某数码寄存器的原始状态为 1101，若输入的数码为 0101，则在 CP 脉冲的作用下，寄存器中的数码会怎样变化？

8.3　计　数　器

在数字系统中，常常需要对脉冲的个数进行计数，以实现测量、运算和控制等功能。具有计数功能的电路，称为计数器。计数器是最基本的电路之一，它不仅能累计脉冲的个数，还可以用于分频、定时等。

计数器的分类：

（1）按数字的增减分类，可分为加法计数器、减法计数器和可逆计数器。

（2）按触发器的翻转情况，可分为同步计数器和异步计数器。

（3）按进位制来分，可分为二进制计数器、十进制计数器、二-十进制计数器等。

计数器的应用十分广泛，从小型数字仪表到大型电子数字计算机均不可缺少计数器这一基本电路。

8.3.1　二进制计数器

二进制计数器是按二进制编码方式进行计数的电路。

1. 异步二进制加法计数器

每输入一个脉冲，就进行一次加 1 运算的计数器称为加法计数器。图 8.3.1 所示为由 4 个 JK 触发器组成的异步加法计数器。各触发器的 J、K 端均悬空，相当于 $J=K=1$，处于计数状态。

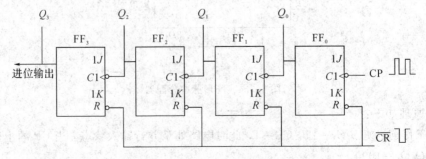

图 8.3.1　4 位异步二进制加法计数器

在计数脉冲输入前，先在 $\overline{CR}$ 加入负脉冲清零，使 $Q_3Q_2Q_1Q_0 = 0000$。$\overline{CR}$ 恢复高电平后，CP 每次下降沿到来后，触发器 FF_0 的状态 Q_0 翻转一次；Q_0 是触发器 FF_1 的时钟脉冲，所以 Q_0 每次下降沿到来后，触发器 FF_1 的状态 Q_1 翻转一次；Q_1 是触发器 FF_2 的时钟脉冲，所以 Q_1 每次下降沿到来后，触发器 FF_2 的状态 Q_2 翻转一次；Q_2 是触发器 FF_3 的时钟脉冲，所以 Q_2 每次下降沿到来后，触发器 FF_3 的状态 Q_3 翻转一次。Q_0、Q_1、Q_2、Q_3 的波形图如图 8.3.2 所示。

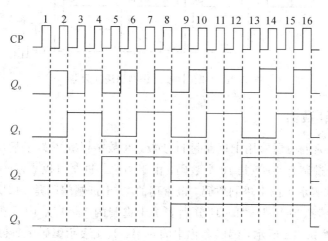

图 8.3.2　4 位异步二进制加法计数器波形图

从图 8.3.2 可以看出，每次 CP 脉冲下降沿过后，$Q_3Q_2Q_1Q_0$ 的状态就是脉冲个数对应的二进制码。例如，第 7 个脉冲下降沿后，$Q_3Q_2Q_1Q_0 = 0111$，从而实现了二进制计数的功能。4 位异步二进制加法计数器的计数范围是 $0000 \sim 1111$，对应十进制数 $0 \sim 15$，共有 16 种状态，第 16 个脉冲输入后，计数器又从初始状态 0000 开始递增计数。

上述异步二进制加法计数器中，各个触发器状态的变化是逐个依次进行的，期间有一段逐级触发的延时时间，即计数器完成计数状态的转换过程与输入的计数脉冲是不同步的，因而计数速度较慢。

2. 同步二进制加法计数器

为了克服异步计数器计数速度较慢的缺点，设计了同步计数器。同步计数器的特点是：计数器中的各触发器受同一时钟脉冲的控制，各触发器状态的转换与输入时钟脉冲同步，因而计数速度得到提高。

由二进制"逢二进一"的计数规律可知：计数值每次加一，最低位 Q_0 的状态就翻转一次；当 $Q_0 = 1$ 时，再来一个脉冲，计数值加一，向高位 Q_1 进位，Q_1 状态翻转一次；当 $Q_1Q_0 = 11$ 时，再来一个脉冲，计数值加一，向高位 Q_2 进位，Q_2 状态翻转一次；当 $Q_2Q_1Q_0 = 111$ 时，再来一个脉冲，计数值加一，向高位 Q_3 进位，Q_3 状态翻转一次。也就是说高位触发器翻转的条件是低位触发器状态全为 1。如图 8.3.3 所示是根据以上逻辑关系，用 JK 触发器和二输入端与门 G_1、G_2 组成的 4 位同步二进制加法计数器。

由图 8.3.3 可知，计数脉冲是同时加到各触发器的脉冲输入 C1 端，因此各触发器的状态变化几乎与计数脉冲同步，从而加快了计数速度。

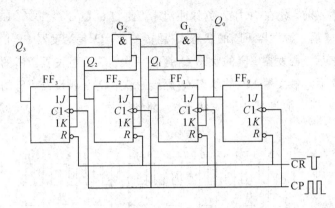

图 8.3.3　4 位同步二进制加法计数器

8.3.2　十进制计数器

在许多场合，人们习惯使用十进制进行计数，在数字仪表中为了显示读数的方便，也常采用十进制。十进制有 0~9 共 10 个数码，由于 4 位二进制可以表示 16 种状态，因此可以用 4 位二进制数表示 1 位十进制数码，最常用的二-十进制编码是 8421BCD 码，取 16 个编码中的前 10 种状态"0000"~"1001"分别表示十进制的 0~9 这 10 个数码。十进制数的 8421BCD 编码如表 8.3.1 所示，编码名称中的 8、4、2、1 表示编码中每位数的"权"。二-十进制的编码方式还有其他类型，如 5421BCD 编码等。

表 8.3.1　8421BCD 码表

计数脉冲	二进制数码				对应的十进制数码
	Q_3	Q_2	Q_1	Q_0	
0	0	0	0	0	0
1	0	0	0	1	1
2	0	0	1	0	2
3	0	0	1	1	3
4	0	1	0	0	4
5	0	1	0	1	5
6	0	1	1	0	6
7	0	1	1	1	7
8	1	0	0	0	8
9	1	0	0	1	9

如图 8.3.4 所示为十进制计数器。计数器从初态 0000 开始计数，一直计数到 1001，这其间计数状态中 Q_3、Q_1 没有同时为 1 的情况，所以与非门输出为 1，对计数没有影响；当第 10 个脉冲输入时，计数器的状态将变成 1010，此时与非门的输入全为 1，则其输出为 0，计

数器清零，返回初始状态 0000，重新开始计数，同时 Q_3 端形成一个完整的进位脉冲，使高一位的十进制计数器计数。

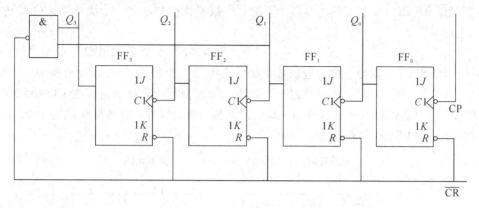

图 8.3.4　十进制加法计数器

　　在实际应用中已有各种类型的集成计数器可供使用，无需再用触发器来组成计数器，使用十分方便。如图 8.3.5 所示为十进制集成电路 74LS160 的外形和引脚排列图，该电路具有清零、预置数码、十进制计数以及保持原态等功能，表 8.3.2 所示为 74LS160 的主要功能。

（a）外形图

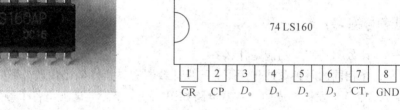

（b）引脚排列图

图 8.3.5　74LS160 外形及引脚排列图

表 8.3.2　计数器 74LS160 逻辑功能表

输 入									输 出			
$\overline{CR}$	$\overline{LD}$	CT_P	CT_T	CP	D_3	D_2	D_1	D_0	Q_3	Q_2	Q_1	Q_0
0	×	×	×	×	×	×	×	×	0	0	0	0
1	0	×	×	↑	d_3	d_2	d_1	d_0	d_3	d_2	d_1	d_0
1	1	1	1	↑	×	×	×	×	加法计数			
1	1	0	×	×	×	×	×	×	保持			
1	1	×	0	×	×	×	×	×	保持			

　　（1）当 $\overline{CR}=0$ 时，计数器清零，$Q_3Q_2Q_1Q_0=0000$。

(2) 当 $\overline{CR}=1$，$\overline{LD}=0$ 时，计数器进行预置数码，若输入数据为 $d_0 \sim d_3$，则 CP 上升沿到来后，存入数码，即 $Q_3Q_2Q_1Q_0=d_3d_2d_1d_0$。

(3) 当 $\overline{CR}=\overline{LD}=1$ 且 $CT_P=CT_T=1$ 时，计数器执行加法计数，满十从 CO 端送出正跳变进位脉冲。

(4) 当 $\overline{CR}=\overline{LD}=1$，$CT_P$ 或 CT_T 中有一个是低电平时，计数器输出 $Q_3Q_2Q_1Q_0$ 保持不变。

一片 74LS160 只能计一位十进制数，如果要构成一个模为 100（计数范围为 $0 \sim 99$）的计数器，可以将 2 片 74LS160 串联起来，如图 8.3.6 所示。低位的进位端 CO 接到高位的 CT_P 和 CT_T，只有低位片有进位输出，高位片才能计数。同理，若想得到模为 1000 的计数器，可将 3 片 74LS160 串联起来。

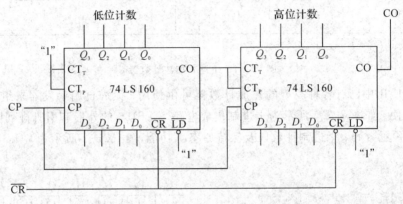

图 8.3.6 模为 100 的计数器连接图

【思考与练习】

1. 计数器的基本功能是什么？

2. 在相同的时钟脉冲作用下，同步计数器和异步计数器比较，哪个计数速度更快？

3. 由 D 触发器构成的计数器电路如图 8.3.7 所示，试画出各个触发器的输出波形，并说明电路的逻辑功能。

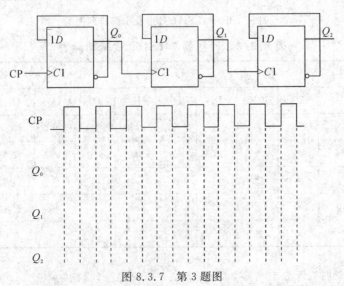

图 8.3.7 第 3 题图

4. 参考图 8.3.6，试将 3 片十进制计数器 74LS160 连接成模为 1000 的计数器。

8.4　技　能　实　训

技能实训 1　寄存器控制彩灯电路的搭建与测试

【实训目的】

掌握移位寄存器的使用方法，验证其逻辑功能。

【实训工具及器材】

（1）焊接工具及材料、连孔板、直流可调电源、万用表、信号发生器等。

（2）所需元器件清单见表 8.4.1。

表 8.4.1　寄存器控制彩灯电路所需元器件清单

序号	名　　称	位　　号	规　　格	数量
1	发光二极管	LED_1、LED_2、LED_3、LED_4、LED_5、LED_6、LED_7、LED_8	$\phi5$ 红色	8
2	拨动开关	S_0、S_1		2
3	直插电阻	R_1、R_2、R_3、R_4、R_5、R_6、R_7、R_8	510 Ω	8
4	单排针		1pin、2.54 间距	10
5	芯片底座		DIP - 16	2
6	集成块	U1、U2	74LS194	2
7	防反接线座子和防反线		2pin、2.54 间距	各 1
8	单股导线		0.5 mm×30 mm	1
9	连孔板		10 cm×6.3 cm（技能高考用板）	1
10	杜邦线		单头	4

【实训内容】

（1）参考图 8.2.3 中 74LS194 的引脚排列图，按照电路原理图 8.4.1，在连孔板上用元器件搭建电路。

（2）拨动 S_0、S_1 使其依次为 00、01、10、11，同时用杜邦线将电路连接成对应的模式，观察灯的亮灭情况，分析总结该通用寄存器的 4 种工作模式。

（3）结合所学理论知识，回答相关问题。

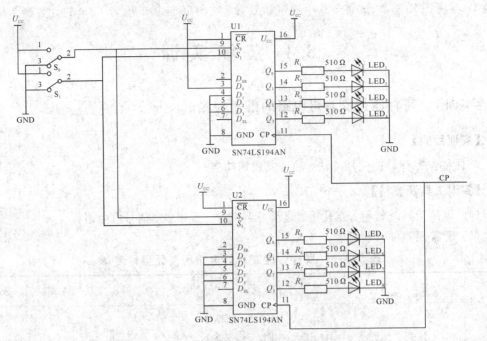

图 8.4.1 寄存器控制彩灯电路原理图

【实训操作步骤】

1. 清点与检测元器件

根据表 8.4.1 所示清点元器件，最好将元器件放在一个盒子内。对元器件进行检查，看有无损坏的元器件，如果有，应立即进行更换，将元器件的检测结果记录在表 8.4.2 中。

表 8.4.2 元器件检测记录表

序号	名称	位 号	元件检测结果
1	发光二极管	LED_1、LED_2、LED_3、LED_4、LED_5、LED_6、LED_7、LED_8	长脚为_____极，检测时应选用的万用表挡位是_____，红表笔接二极管_____极测量时，可使它微弱发光
2	拨动开关	S_0、S_1	1、2 脚之间的电阻为_____，2、3 脚之间的电阻为_____
3	直插电阻	R_1、R_2、R_3、R_4、R_5、R_6、R_7、R_8	测量值为_____Ω，选用的万用表挡位是_____
4	集成块	U1、U2	型号是_____

2. 电路搭建

1）搭建步骤

（1）按电路原理图 8.4.1 所示在电路板上对元器件进行合理的布局。

（2）按照元器件的插装顺序依次插装元器件。

（3）按焊接工艺要求对元器件进行焊接，直到所有元器件焊完为止。

（4）将元器件之间用导线进行连接。

（5）焊接电源输入线和信号输入、输出引线。

2）搭建注意事项

（1）不漏装、错装，不损坏元器件，无虚焊、漏焊和桥接，焊点表面要光滑、干净。

（2）元器件排列整齐，布局合理，并符合工艺要求，连接线使用要适当。

3）搭建实物图

寄存器控制彩灯电路的装接实物图如图 8.4.2 所示，10 个单排针分别装在 U1 的 2、7、12、15 脚，U2 的 2、7、12、15 脚，CP 端和 GND 端。

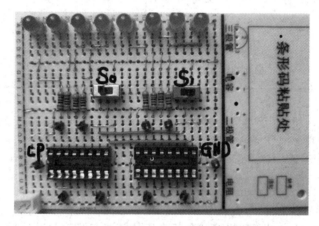

图 8.4.2　寄存器控制彩灯电路的装接实物图

3. 电路通电

装接完毕，检查无误后，用万用表测量电路的电源两端有无短路，电路正常方可接入 5 V 直流电源。在接入电源时，注意电源与电路板极性一定要连接正确。当接入电源后，要随时观察电路有无异常现象，若有，应立即断电，对电路进行检查。

4. 电路测试与分析

（1）调节信号发生器使其输出频率为 2 Hz、峰峰值为 5 V 的方波，将其输出信号连接到 CP，作为时钟脉冲。拨动开关，用杜邦线完成电路连接，如图 8.4.3 所示，检测寄存器控制彩灯电路功能是否正常，并将测试结果填写在表 8.4.3 中。

图 8.4.3　寄存器控制彩灯电路功能验证

表8.4.3 寄存器控制彩灯电路测试结果

开关状态	电路连接	发光二极管的亮灭情况	寄存器的工作模式(并行输入/保持/左移/右移)
$S_1=1$，$S_0=1$	U1 的 12 脚连到 U2 的 2 脚，U2 的 12 脚连到 U1 的 2 脚		
$S_1=0$，$S_0=1$	U1 的 12 脚连到 U2 的 2 脚，U2 的 12 脚连到 U1 的 2 脚		
$S_1=0$，$S_0=1$	U2 的 15 脚连到 U1 的 7 脚，U1 的 15 脚连到 U2 的 7 脚		
$S_1=0$，$S_0=0$	U2 的 15 脚连到 U1 的 7 脚，U1 的 15 脚连到 U2 的 7 脚		

(2) 分析电路，回答相关问题。

① 将电路怎样改变，可以实现两个灯亮且同时右移或左移?

② 将电路怎样改变，可以实现灯亮且从中间往两边移动?

【实训评价】

"寄存器控制彩灯电路的搭建与测试"实训评价如表8.4.4所示。

表8.4.4 "寄存器控制彩灯电路的搭建与测试"实训评价表

项　目	考核内容	配分/分	评分标准	得分/分
元器件检测	在表8.4.2中填写检测结果	15	每错一空扣2分，扣完为止	
电路焊接	焊点光滑无毛刺，焊锡量适中	15	每错一处扣2分，扣完为止	
电路布局	电路布局美观，无短路、开路	10	每错一处扣2分，扣完为止	
电路功能	寄存器控制彩灯电路工作正常	24	每空3分	
分析电路	分析电路，回答相关问题	16	每题8分	
安全文明操作	工作台上工具物品摆放整齐	10	工作台上物品随意摆放、脏乱，扣1~5分	
	严格遵照安全操作规程	10	违反安全操作规程扣1~5分	
合　计		100		
实训体会	学到的知识			
	学到的技能			
	收获			

技能实训 2　数码显示计数器的搭建与测试

【实训目的】

（1）掌握计数器的使用方法。

（2）熟练搭建计数译码显示电路。

【实训工具及器材】

（1）焊接工具及材料、万用表、连孔板、直流可调电源、信号发生器等。

（2）所需元器件清单见表 8.4.5。

表 8.4.5　数码显示计数器所需元器件清单

序号	名　称	位　号	规　格	数量
1	轻触开关	S	SW－PB	1
2	七段数码管	DS	SM42056	1
3	直插电阻	R_1、R_2、R_3、R_4、R_5、R_6、R_7	510 Ω	7
4	直插电阻	R_8	1 kΩ	1
5	集成块	U1	CD4518	1
6	集成块	U2	CD4511	1
7	芯片底座		dip－16	2
8	单排针		2pin、2.54 间距	3
9	单排针		4pin、2.54 间距	1
10	单排针		1pin、2.54 间距	2
11	单股导线		0.5 mm×40 mm	1
12	连孔板		10 cm×10 cm	1
13	杜邦线		单头	4

【实训内容】

（1）图 8.4.4 所示为计数器 CD4518、显示译码器 CD4511 和七段共阴极数码管的引脚排列图。对照电路原理图 8.4.5，在连孔板上用分立元件搭建计数器电路。

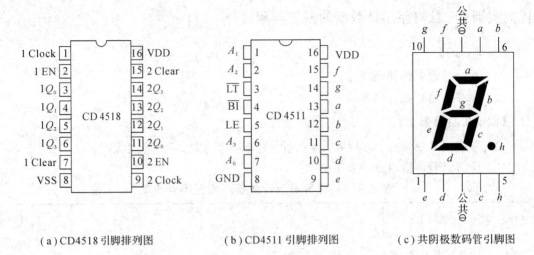

（a）CD4518 引脚排列图　　（b）CD4511 引脚排列图　　（c）共阴极数码管引脚图

图 8.4.4　CD4518、CD4511 和共阴极数码管引脚排列图

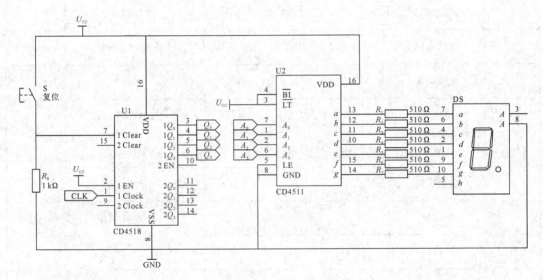

图 8.4.5　数码显示计数器电路原理图

（2）用杜邦线完成计数器与译码器之间的数据连接，验证电路功能是否正常。正常情况下，输入 CP 脉冲后，CD4518 对脉冲个数计数，数码管从 0～9 累加计数，并不断循环。

（3）结合所学理论知识，分析电路工作过程。

【实训操作步骤】

1. 清点与检测元器件

根据表 8.4.5 所示清点元器件，最好将元器件放在一个盒子内。对元器件进行检查，看有无损坏的元器件，如果有，应立即进行更换，将元器件的检测结果记录在表 8.4.6 中。

表 8.4.6　元器件检测记录表

序号	名称	位　号	元件检测结果
1	轻触开关	S	按下按钮，阻值为_____；松开按钮，阻值为_____
2	七段数码管	DS	检测时应选用的万用表挡位是_____
3	直插电阻	R_1、R_2、R_3、R_4、R_5、R_6、R_7	测量值为_____Ω，选用的万用表挡位是_____
4	直插电阻	R_8	测量值为_____Ω，选用的万用表挡位是_____
5	集成块	U1	型号是_____
6	集成块	U2	型号是_____

2. 电路搭建

1）搭建步骤

（1）按电路原理图 8.4.5 所示在电路板上对元器件进行合理的布局。

（2）按照元器件的插装顺序依次插装元器件。

（3）按焊接工艺要求对元器件进行焊接，直到所有元器件焊完为止。

（4）将元器件之间用导线进行连接。

（5）焊接电源输入线和信号输入、输出引线。

（6）安装排针。在 U1 的 1、2～7 脚，U2 的 1、2、6、7 脚各安装 1 个排针，在 U_{CC} 和 GND 处各安装 1～2 单排针。

2）搭建注意事项

（1）不漏装、错装，不损坏元器件，无虚焊、漏焊和桥接，焊点表面要光滑、干净。

（2）元器件排列整齐，布局合理，并符合工艺要求，连接线使用要适当。

3）搭建实物图

数码显示计数器电路装接实物图如图 8.4.6 所示。

图 8.4.6　数码显示计数器电路装接实物图

3. 电路通电

用杜邦线将计数器 CD4518 的输出 $Q_0 \sim Q_3$ 分别连接到显示译码器 CD4511 的输入 $A_0 \sim A_3$。装接完毕，检查无误后，用万用表测量电路的电源两端有无短路，电路正常方可接入 5 V 直流电源。在接入电源时，注意电源与电路板极性一定要连接正确。当接入电源后，要随时观察电路有无异常现象，若有，应立即断电，对电路进行检查。

4. 电路测试与分析

(1) 检测数码显示计数器功能是否正常。

调节信号发生器使其输出频率为 2 Hz、峰峰值为 5 V 的方波，将其输出信号连接到 CP，作为计数脉冲。数码显示计数器通电测试的效果如图 8.4.7 所示。

图 8.4.7　数码显示计数器通电测试

按下按键 S 瞬间，U1 的 7 脚变为_____(高/低)电平，计数值变为_____。观察数码管显示数据，是否从 0 到 9 循环计数？

(2) 结合所学理论知识，分析该电路的工作过程。

该数码管为_____(共阳/共阴)数码管，_____(高/低)电平点亮。当计数值为 2 时，显示译码器 CD4511 的输入为 $A_3 A_2 A_1 A_0 =$ _____，输出 $gfedcba =$ _____；当计数值为 4 时，显示译码器 CD4511 的输入为 $A_3 A_2 A_1 A_0 =$ _____，输出 $gfedcba =$ _____。

【实训评价】

"数码显示计数器的搭建与测试"实训评价如表 8.4.7 所示。

表 8.4.7　"数码显示计数器的搭建与测试"实训评价表

项目	考核内容	配分/分	评分标准	得分/分
元器件检测	在表 8.4.6 中填写检测结果	10	每错一空扣 2 分，扣完为止	
电路焊接	焊点光滑无毛刺，焊锡量适中	15	每错一处扣 2 分，扣完为止	
电路布局	电路布局美观，无短路、开路	15	每错一处扣 2 分，扣完为止	

续表

项目	考核内容	配分/分	评分标准	得分/分
电路功能	计数值清零	8	每空 4 分	
	计数器正常计数	14	能实现此功能得 14 分，不能实现此功能该项不得分	
电路分析	数码显示计数器工作过程分析	18	每空 3 分	
安全文明操作	工作台上工具物品摆放整齐	10	工作台上物品随意摆放、脏乱，扣 1～5 分	
	严格遵照安全操作规程	10	违反安全操作规程扣 1～5 分	
合 计		100		
实训体会	学到的知识			
	学到的技能			
	收获			

技能实训 3　秒计数器的搭建与测试

【实训目的】

(1) 了解两位计数器的级联方法。

(2) 会使用逻辑门电路改变计数模。

【实训工具及器材】

(1) 焊接工具及材料、单孔板、直流可调电源、万用表、信号发生器等。

(2) 所需元器件清单见表 8.4.8。

表 8.4.8　秒计数器所需元器件清单

序号	名 称	位 号	规 格	数量
1	轻触开关	S	SW - PB	1
2	七段数码管	DS1、DS2	SM42056	2
3	直插电阻	R_1、R_2、R_3、R_4、R_5、R_6、R_7、R_8、R_9、R_{10}、R_{11}、R_{12}、R_{13}、R_{14}	510 Ω	14
4	直插电阻	R_{15}	1 kΩ	1
5	集成块	U1	CD4518	1
6	集成块	U2、U3	CD4511	2
7	集成块	U4	74LS08	1
8	芯片底座		dip - 16	3
9	芯片底座		dip - 14	1

续表

序号	名称	位号	规格	数量
10	单股导线		0.5 mm×30 mm	1
11	连孔板		10 cm×10 cm	2
12	杜邦线		单头	11
13	单排针		2pin、2.54 间距	7
14	单排针		4pin、2.54 间距	2
15	单排针		1pin、2.54 间距	4

【实训内容】

（1）对照电路原理图 8.4.8，在连孔板上用元器件搭建秒计数器。

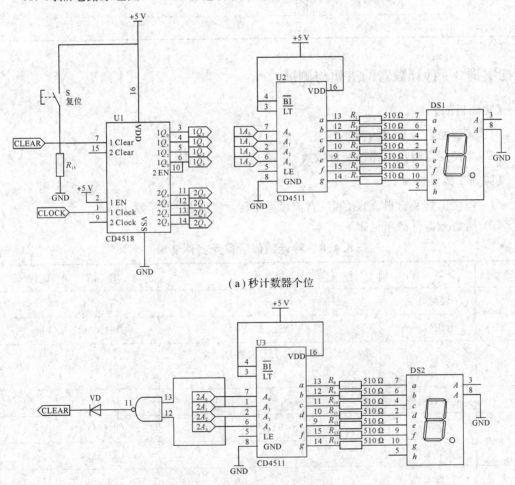

（a）秒计数器个位

（b）秒计数器十位

图 8.4.8　秒计数器电路原理图

（2）用杜邦线将 $1Q_0 \sim 1Q_3$ 分别与 U2 的 $1A_0 \sim 1A_3$ 相连，将 $2Q_0 \sim 2Q_3$ 分别与 U3 的 $2A_0 \sim 2A_3$ 相连，连接二极管 VD 负极到 U1 的 7 脚（清零端），将原理图 8.4.8 中（a）、（b）两部分的电源和地相连，然后观察秒计数器是否从 $00 \sim 59$ 循环计数。

（3）结合所学理论知识，回答相关问题。

【实训操作步骤】

1. 清点与检测元器件

根据表 8.4.8 所示清点元器件，最好将元器件放在一个盒子内。对元器件进行检查，看有无损坏的元器件，如果有，应立即进行更换，将元器件的检测结果记录在表 8.4.9 中。

表 8.4.9　元器件检测记录表

序号	名称	位　号	元器件检测结果
1	轻触开关	S	按下按钮，阻值为＿＿＿＿＿＿；松开按钮，阻值为＿＿＿＿＿
2	七段数码管	DS1、DS2	检测时应选用的万用表挡位是＿＿＿＿＿
3	直插电阻	R_1、R_2、R_3、R_4、R_5、R_6、R_7、R_8、R_9、R_{10}、R_{11}、R_{12}、R_{13}、R_{14}	测量值为＿＿＿＿＿ Ω，选用的万用表挡位是＿＿＿＿＿
4	直插电阻	R_{15}	测量值为＿＿＿＿＿ Ω，选用的万用表挡位是＿＿＿＿＿
5	集成块	U1	型号是＿＿＿＿＿
6	集成块	U2、U3	型号是＿＿＿＿＿
7	集成块	U4	型号是＿＿＿＿＿

2. 电路搭建

1）搭建步骤

（1）按电路原理图 8.4.8 所示在电路板上对元器件进行合理的布局。

（2）按照元器件的插装顺序依次插装元器件。

（3）按焊接工艺要求对元器件进行焊接，直到所有元器件焊完为止。

（4）将元器件之间用导线进行连接。

（5）焊接电源输入线和信号输入、输出引线。

（6）安装排针，在 U1 的 1、$2 \sim 7$ 脚、$11 \sim 14$ 脚，U2 的 1、2、6、7 脚，U3 的 1、2、6、7 脚各安装 1 个单排针，在 U_{CC} 和 GND 处各装 $1 \sim 2$ 个单排针。

2）搭建注意事项

（1）不漏装、错装，不损坏元器件，无虚焊、漏焊和桥接，焊点表面要光滑、干净。

（2）元器件排列整齐，布局合理，并符合工艺要求，连接线使用要适当。

3）搭建实物图

秒计数器电路装接实物图如图 8.4.9 所示。

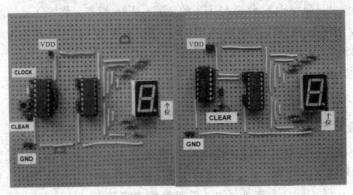

(a)秒计数器个位装接实物图　　　(b)秒计数器十位装接实物图

图 8.4.9　秒计数器电路装接实物图

3. 电路通电

装接完毕，检查无误后，用万用表测量电路的电源两端有无短路，电路正常方可接入 5 V 直流电源。在接入电源时，注意电源与电路板极性一定要连接正确。当接入电源后，观察电路有无异常现象，若有，应立即断电，对电路进行检查。调节信号发生器，使其输出频率为 1 Hz、峰峰值为 5 V 的方波，将其输出信号连接到 1Clock(U1 的 1 脚)，作为秒计数脉冲。

4. 电路测试与分析

(1)验证电路功能。

观察数码管显示数据，秒计数器个位显示是否正常？秒计数器十位显示是否正常？

(2)结合所学理论知识，分析该电路的工作过程。

输入第 25 个脉冲过后，CD4518 第一组计数器输出 $Q_3Q_2Q_1Q_0 =$ _____，CD4518 第二组计数器输出 $Q_3Q_2Q_1Q_0 =$ _____，与门 U4 输入信号分别为 _____、_____，输出为 _____，计数器 U1 计数是否清零？

输入第 60 个脉冲过后，CD4518 第一组计数器输出 $Q_3Q_2Q_1Q_0 =$ _____，CD4518 第二组计数器输出 $Q_3Q_2Q_1Q_0 =$ _____，与门 U4 输入信号分别为 _____、_____，输出为 _____，计数器 U1 计数是否清零？

【实训评价】

"秒计数器的搭建与测试"实训评价如表 8.4.10 所示。

表 8.4.10　"秒计数器的搭建与测试"实训评价表

项目	考核内容	配分/分	评分标准	得分/分
元器件检测	在表 8.4.9 中填写检测结果	10	每错一空扣 2 分，扣完为止	
电路焊接	焊点光滑无毛刺，焊锡量适中	15	每错一处扣 2 分	
电路布局	电路布局美观，无短路、开路	15	每错一处扣 2 分	

续表

项目	考核内容	配分/分	评分标准	得分/分
电路功能	秒计数器功能正常	20	个位、十位计数显示均正常得20分,有一位不正常扣10分	
	秒计数器电路工作过程分析	20	每错一空扣2分,扣完为止	
安全文明操作	工作台上工具物品摆放整齐	10	工作台上物品随意摆放、脏乱,扣1~5分	
	严格遵照安全操作规程	10	违反安全操作规程扣1~5分	
合　计		100		
实训体会	学到的知识			
	学到的技能			
	收获			

本 章 小 结

(1) 时序逻辑电路是数字电路的重要组成部分,它由逻辑门电路和具有记忆功能的触发器构成,它任意时刻的输出,不仅与当时的输入有关,还与原来的状态有关。常用的时序逻辑电路有寄存器、计数器等。

(2) 寄存器是具有存储数码或信息功能的逻辑电路,可分为数码寄存器和移位寄存器两类。数码寄存器常采用并行输入-并行输出的工作方式;移位寄存器的特点是不仅能存放数码组成的数据,而且能将存放的数码依次左移或右移。

(3) 计数器的功能是可对输入的计数脉冲 CP 进行加法或减法计数。计数器有二进制和十进制、异步和同步、加减可逆计数等类别,可以用分散的组合逻辑门和集成触发器组成,也有现成的集成电路。

(4) 时序逻辑电路与组合逻辑电路相结合可以实现多种逻辑功能,如计数译码显示电路等。

自 我 测 评

一、填空题(共 20 分,每空 2 分)

1. 时序电路主要由_____和_____组成。

2. 寄存器的功能是用来暂存_____进制数码,按输入数码方式的不同可分为_____和_____两种。

3. 4 位移位寄存器经过_____个 CP 脉冲后,4 位数码恰好全部移入寄存器。

4. 计数器按计数进位制,常用的有_____、_____计数器;按 CP 脉冲控制触发方式不同,可分为_____计数器和_____计数器。

二、判断题(共 30 分，每小题 5 分)

1. 计数器电路必须包含具有记忆功能的器件。(   )

2. 同步加法计数器应将低位的 Q 端与高位的 CP 端相连接。(   )

3. 计数器只能用边沿触发的 JK 触发器组成。(   )

4. 用 4 个触发器可以构成 4 位十进制计数器。(   )

5. 在时钟脉冲相同的情况下，同步计数器的计数速度高于异步计数器。(   )

6. 移位寄存器不仅可以存储数码，还可以用来实现数据的串行-并行转换。(   )

三、选择题(共 30 分，每小题 5 分)

1. 下列电路中不属于时序电路的是(   )。

    A. 同步计数器　　　　B. 数码寄存器　　　　C. 编码器　　　　D. 异步计数器

2. 同步时序逻辑电路和异步时序逻辑电路比较，其差异在于后者(   )。

    A. 没有触发器　　　　　　　　　　　　B. 没有稳定状态

    C. 输出只与内部状态有关　　　　　　　D. 没有统一的时钟脉冲控制

3. 一个 4 位二进制加法计数器起始状态为 0111，当最低位接到 4 个 CP 脉冲后，触发器状态为(   )。

    A. 1001　　　　　　　B. 1100　　　　　　　C. 1011　　　　　　　D. 1010

4. 4 位二进制计数器有(   )个计数状态。

    A. 16　　　　　　　　B. 32　　　　　　　　C. 8　　　　　　　　D. 64

5. 一位 8421BCD 码十进制计数器至少需要(   )个触发器。

    A. 3　　　　　　　　　B. 4　　　　　　　　C. 5　　　　　　　　D. 10

6. 利用移位寄存器产生 10010011 序列，至少需要(   )级计数器。

    A. 2　　　　　　　　　B. 4　　　　　　　　C. 8　　　　　　　　D. 16

四、分析题(20 分)

图 8-1 所示是由 3 个 D 触发器组成的二进制计数器，工作前先通过 $\overline{S}_D$(置 1 端)使电路输出呈 111 状态。

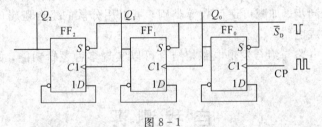

图 8-1

(1) 按输入脉冲顺序在表 8-1 中填写 Q_2、Q_1、Q_0 相应的状态(0 或 1)。

表 8-1　图 8-1 状态表

CP 个数	Q_2	Q_1	Q_0
0	1	1	1
1			
2			

续表

CP 个数	Q_2	Q_1	Q_0
3			
4			
5			
6			
7			
8			

（2）此计数器是二进制加法计数器还是减法计数器？

第9章　脉冲波形的产生与变换

知识目标

(1) 掌握锯齿波发生器的参数，理解锯齿波发生器的基本原理。

(2) 掌握 RC 微分电路、RC 积分电路的组成形式、工作原理和波形变换形式。

(3) 了解单稳态触发器、施密特触发器、多谐振荡器的电路形式和工作原理。

(4) 了解 555 集成应用电路的工作原理，掌握其工作特点。

技能目标

(1) 会搭建单稳态触发器、施密特触发器、多谐振荡器等常用电路。

(2) 会使用电子仪器仪表测试单稳态触发器、施密特触发器、多谐振荡器等电路的基本功能。

脉冲信号是数字电路中最常用的工作信号。脉冲信号的获得经常采用两种方法。一是利用振荡电路直接产生所需要的波形，这种电路不需要外加触发脉冲信号，只要电源电压和电路参数设置合适，电路就能自动产生脉冲信号，这一类电路称为多谐振荡电路或多谐振荡器。二是利用脉冲变换电路，将已有的性能不符合要求的脉冲信号变换成符合要求的脉冲信号。变换电路本身不产生脉冲信号，它所做的工作仅仅是变换波形，这一类电路包括单稳态触发器和施密特触发器。

实用的脉冲电路有分立件结构，也有专门的集成电路，还可用数字逻辑电路构成。

9.1　常见的脉冲产生电路

9.1.1　锯齿波发生器

锯齿波电压在脉冲技术中应用非常广泛，如示波器、雷达、自动控制和测量仪器等。锯齿波电压信号是指电压升降如锯齿的周期性信号，如图 9.1.1 所示。其中，电压上升过程

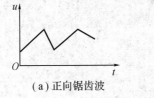

(a) 正向锯齿波

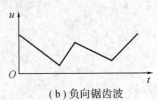

(b) 负向锯齿波

图 9.1.1　锯齿波电压信号

所占时间较长的称为正向锯齿波，电压下降过程所占时间较长的称为负向锯齿波。理想的锯齿波，其电压上升、下降过程均为线性变化。

1. 锯齿波发生器的参数

锯齿波发生器的波形参见图 9.1.2，其主要参数如下：

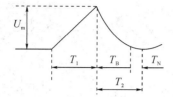

图 9.1.2　锯齿波发生器的波形

（1）扫描期 T_1：要求在 T_1 时间内电压随时间线性变化。

（2）回扫期 T_B：电压在此期间迅速回到起始值，要求越小越好。

（3）休止期 T_N：是扫描结束到下次扫描开始的间隔时间。

（4）恢复期 T_2：$T_2 = T_B + T_N$。

（5）重复周期 T：$T = T_1 + T_2$。

（6）频率 f：$f = 1/T$。

（7）扫描幅度 U_m：扫描期内电压的幅值。

2. 锯齿波电压发生器的基本原理

锯齿波电压通常是利用电容器的充放电原理来产生的，其简单电路如图 9.1.3(a) 所示。

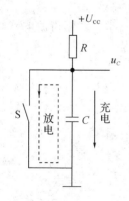
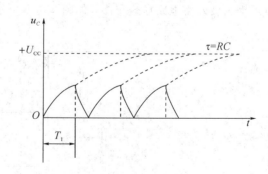

（a）简单锯齿波电压产生电路　　　　　（b）充放电波形图

图 9.1.3　产生锯齿波电压原理图

开关 S 闭合时，电容上的电压为零，即 $u_C = 0$。若将 S 断开，则电容 C 开始充电，时间常数 $\tau = RC$，u_C 按指数规律上升，经短暂时间 $T_1 (T_1 \ll \tau)$ 后，再合上 S，电容器被短路而快速放电。如果不断重复上述过程，就得到一连串锯齿波电压，如图 9.1.3(b) 所示。

正是利用电容器的缓慢充电和快速放电的过程特点，便可在电容器两端得到锯齿波电压。上述电路产生的是正向锯齿波，在正程扫描时间内波形是逐渐上升的。同理，如果将电源改为 $-U_{CC}$，则会产生正程扫描期内波形逐渐下降的负向锯齿波。

在实际电路中，通常用三极管 V 代替图 9.1.3(a) 中的开关 S，如图 9.1.4(a) 所示，图 9.1.4(b) 所示是其振荡波形图。

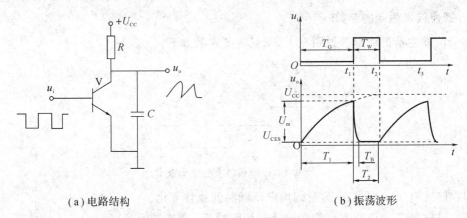

（a）电路结构　　　　　　　　　　（b）振荡波形

图 9.1.4　三极管控制的电压锯齿波发生器及其振荡波形

其工作原理是：

当输入低电平时，三极管 V 截止，$+U_{CC}$ 通过 R 向电容器 C 充电，输出电压 $u_o = u_C$ 逐渐上升，当时间常常 $\tau = RC$ 远大于输入脉冲周期时，u_o 的上升基本上呈线性。

当输入为高电平时，三极管 V 饱和导通，电容器 C 通过三极管 V 放电，最终使 $U_o = U_{CES}$。

当输入脉冲再一次为低电平时，三极管 V 再一次截止，电容器再一次充电，如此反复，就会在电容器 C 的两端产生锯齿波电压输出。

3. 自举补偿锯齿波电路

电压锯齿波发生电路形式很多，如图 9.1.5 所示是一种自举补偿锯齿波电路。

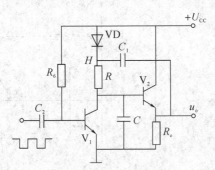

图 9.1.5　自举补偿锯齿波电路

图中，C_1 为容量很大的电容器，$+U_{CC}$ 通过 VD、C_1、R_e 对电容器 C_1 充电后，C_1 相当于一个电源；V_2 是射极跟随器，其射极输出电压和它的基极输入电压 u_C（电容器 C 两端电压）同相且相等；二极管 VD 起隔离 $+U_{CC}$ 与 H 点电位的作用；V_1 起开关作用。

当 V_1 截止时，$+U_{CC}$ 通过二极管 VD、电阻器 R 对电容器 C 充电，V_2 输出锯齿波正程电压；当 V_1 饱和导通时，电容器 C 通过 V_1 迅速放电，V_2 输出锯齿波逆程电压。同时 $+U_{CC}$ 通过 VD、C_1、R_e 对 C_1 再充电补足被放掉的电荷。因二极管 VD 的正向压降较小，故 u_{C_1} 可充至 $+U_{CC}$，以上过程不断反复，就能连续输出锯齿波电压。

*9.1.2　*RC* 波形变换电路

在脉冲电路中经常用到的由 R 和 C 构成的简单电路，叫 RC 电路。RC 电路主要用于脉冲波形变换，常用电路有微分电路、积分电路。

1. *RC* 电路的充放电过程

如图 9.1.6 所示为电容器的充放电电路。其中电容器上的电压和流过的电流如图 9.1.6 中所示。

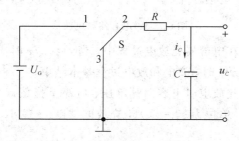

图 9.1.6　电容器的充放电电路

1) 充电过程

设图中的开关 S 原来 2、3 触点闭合，电容器 C 上没有电荷，所以 $u_C=0$。当开关 S 的 2、1 触点闭合后，电压 U_G 通过电阻 R 对电容器 C 充电。因电容器两端的电压不能突变，故在充电开始的瞬间，$u_C=0$（电容器相当于短路）。这时电源电压 U_G 全部加在电阻 R 上，所以充电电流 i_C 为最大，即有 $i_C=\dfrac{U_G}{R}$。而电阻 R 上的电压也最大，有 $u_R=U_G=i_C\cdot R$。随着电容器 C 上的电荷积累，电压 u_C 随之上升，而 u_R 随之下降，所以 i_C 也逐渐下降。最后 $u_C=U_G$，$u_R=0$，$i_C=0$。此时，充电过程结束。RC 电路在充电过程中，电容器两端的电压、电流变化波形如图 9.1.7 所示。

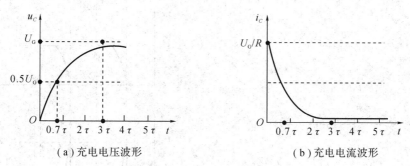

（a）充电电压波形　　　　　　　　　　　（b）充电电流波形

图 9.1.7　电容器充电波形

2) 放电过程

在电容器充电结束后，将开关 S 的 2、3 触点闭合，电容器将通过电阻 R 放电。开始瞬间，因为电容器两端的电压不能突变，u_C 仍为 U_G。此时，放电电流 i_C 也最大。随后 $i_C=\dfrac{U_G}{R}$，u_C 按指数规律逐渐下降，i_C 也随之下降。最后 $u_C=0$，$i_C=0$，放电过程结束。RC 电路在放电过程中，电容器两端的电压、电流变化波形如图 9.1.8 所示，i_C 取负值表示放电电流与充电电流的方向相反。

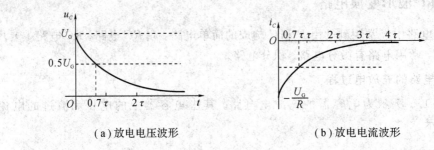

（a）放电电压波形　　　　　　　　（b）放电电流波形

图 9.1.8　电容器放电波形

通过实验研究发现：在电容器充放电过程中，当 $t=0.7\tau$ 时，充电电压和放电压 u_C 均为 U_G 的一半；当 $t=(3\sim5)\tau$ 时，充电和放电过程基本结束。

可以得到以下结论：充放电时电容两端电压、电流呈指数规律变化；充放电的速度与时间常数 τ 有关，$\tau=RC$，单位为 s，τ 越大，充放电越慢，τ 越小，充放电越快。

2. RC 微分电路

微分电路是脉冲电路中一种常用的波形变换电路，其主要特点是能把矩形脉冲变换成一对正、负极性的尖峰脉冲波，其电路形式及波形如图 9.1.9 所示。RC 微分电路的输出脉冲反映了输入脉冲的变化部分，即反映了 u_i 在 t_1 和 t_2 时刻的跳变，此时输出电压幅度最大；而在 $t_1\sim t_2$ 期间，输入电压保持不变，输出电压基本为 0。概括地说，微分电路能对输入脉冲起到"突出变化量，压低恒定量"的作用。

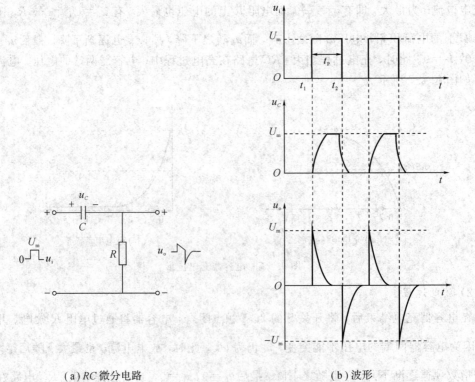

（a）RC 微分电路　　　　　　　　（b）波形

图 9.1.9　RC 微分电路及波形

3. RC 积分电路

RC 积分电路也是一种常用的波形变换电路，它能把矩形脉冲波变换为三角波。如图 9.1.10 所示是一个简单的 RC 积分电路，如果输入矩形脉冲信号，则电容上的电压不会突然增长，而是会有一个充电变大的过程。脉冲过后，电容上的电压也不会突然减小消失，而是会有一个放电减小的过程，于是在电容上就会出现一个锯齿状的波形，而 $u_o = u_C$，输出的也是锯齿波，又叫三角波，如图 9.1.11 所示。

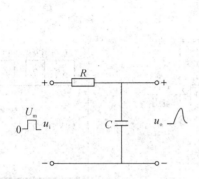

图 9.1.10　RC 积分电路

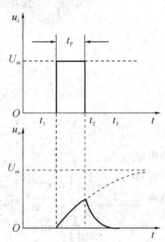

图 9.1.11　RC 积分电路的波形变换

RC 积分电路的工作特点是：在输入矩形脉冲的稳定部分，输出电压有明显的变化；而在输入矩形脉冲的跳变时刻，输出电压保持不变。这种情况恰好与 RC 微分电路相反，它对输入脉冲信号起到"突出恒定量，压低变化量"的作用。

【思考与练习】

1. 简述锯齿波发生器的基本工作原理。
2. RC 波形变换电路有哪些应用形式？各有什么功能？
3. 画出 RC 滤波电路图。

9.2　555 时基电路

555 时基电路又称 555 定时器，是电子工程领域中广泛使用的一种中规模集成电路，它将模拟与逻辑功能巧妙地组合在一起，配以外部元件，可以构成多种实际应用电路，具有结构简单、使用电压范围宽、工作速度快、定时精度高、驱动能力强等优点，广泛应用于产生多种波形的脉冲振荡器、检测电路、自动控制电路、家用电器以及通信产品等电子设备中。

9.2.1　555 时基电路的组成

1. 电路组成

555 时基电路的外形、内部结构和引脚排列如图 9.2.1 所示。

（a）外形图

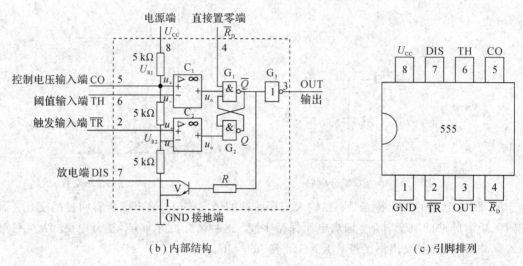

（b）内部结构　　　　　　　　　　（c）引脚排列

图 9.2.1　555 时基电路

由内部结构图可以看出，555 时基电路由分压器、比较器、触发器、放电三极管及缓冲器组成。

（1）由 3 个阻值为 5 kΩ 的电阻组成分压器（555 由此得名），其作用是：当控制电压输入端 CO 悬空或外接一抗干扰电容时，电压比较器 C_1 同相输入端电压为 $\frac{2}{3}U_{CC}$，电压比较器 C_2 反相输入端电压为 $\frac{1}{3}U_{CC}$。

控制电压输入端 CO 外接一电源时，电压比较器 C_1 同相输入端电压为 U_{CC}，电压比较器 C_2 反相输入端电压为 $\frac{1}{2}U_{CC}$。

（2）对于两个电压比较器 C_1 和 C_2，当 $u_+ > u_-$ 时，输出 u_o 为正电压，看做高电平"1"输出；当 $u_+ < u_-$ 时，输出 u_o 为负电压，看做低电平"0"输出。

（3）基本 RS 触发器由两个与非门 G_1、G_2 组成，电压比较器 C_1、C_2 的输出端即为基本 RS 触发器的输入端 $\overline{R}$、$\overline{S}$，其工作过程如下：

当 C_1 输出为 1，C_2 输出为 0，即 $\overline{R}=1$，$\overline{S}=0$ 时，$Q=1$，$\overline{Q}=0$；

当 C_1 输出为 0，C_2 输出为 1，即 $\overline{R}=0$，$\overline{S}=1$ 时，$Q=0$，$\overline{Q}=1$；

当 C_1 输出为 1，C_2 输出为 1，即 $\overline{R}=1$，$\overline{S}=1$ 时，RS 触发器保持原状态不变。

如果 $\overline{R}_D=0$，则 $Q=0$，故 $\overline{R}_D$ 为直接置 0 端，平时 $\overline{R}_D$ 应接高电平 1。

555 时基电路的输出 $OUT=Q$。

（4）放电三极管 V 和缓冲器 G_3 的功能如下：

三极管 V 作为放电开关，它的基极受基本 RS 触发器 $\overline{Q}$ 端状态的控制。若 $Q=0$，则三极管 V 的基极为高电平，三极管导通，否则三极管截止。

缓冲器 G_3 的主要功能是提高电流驱动能力，同时还起到隔离负载对 555 时基电路影响的作用。

2. 引脚功能

图 9.2.1(c) 为 555 时基电路的外部引脚排列图，其外部引脚及功能如表 9.2.1 所示。

表 9.2.1　555 时基电路外部引脚及功能

引脚编号	引脚符号	名称	功能说明
1	GND	电源负端	接地端
2	$\overline{TR}$	触发端	触发端，当该引脚电压 $U_{TR}<\frac{1}{3}U_{CC}$ 时，比较器 C_2 的输出电压 u_o 为低电平
3	OUT	输出端	输出端
4	$\overline{R}_D$	复位端	复位端，当该引脚与 U_{CC} 相连时，定时器工作；当该引脚与地相连时，使 RS 触发器复位，输出端 OUT 为低电平
5	CO	控制电压端	控制端，当该引脚悬空时，参考电压 $U_{R1}=\frac{1}{3}U_{CC}$，$U_{R2}=\frac{2}{3}U_{CC}$；当该引脚外接电压时，可改变"阈值"和"触发"端的比较电平，即改变比较器的基准电压；不用时，可通过一个小电容接地，防止电路噪声进入
6	TH	阈值输入端	阈值输入端，当该引脚的电压 $U_{TH}>\frac{2}{3}U_{CC}$ 时，比较器 C_1 输出 u_o 为低电平
7	DIS	放电端	放电端，内部三极管的导通与关断可为外部 R、C 回路提供放电通路
8	U_{CC}	电源正端	该引脚与电路的电源电压相连

9.2.2　555 时基电路的功能

555 时基电路的逻辑功能如表 9.2.2 所示，表中"1"表示高电平，"0"表示低电平，"×"表示任意电平。TH、$\overline{TR}$ 是触发器的电平触发端，我们把 $U_{TH}>\frac{2}{3}U_{CC}$ 时作为 1 状态，$U_{TH}<\frac{2}{3}U_{CC}$ 时作为 0 状态；把 $U_{TR}>\frac{1}{3}U_{CC}$ 时作为 1 状态，$U_{TR}<\frac{1}{3}U_{CC}$ 时作为 0 状态。这样

在 $\overline{R}_D=1$ 时，555 时基电路的输入端 TH、$\overline{TR}$ 与输出 OUT 端的状态关系可归纳为：1、1 出 0；0、0 出 1；0、1 不变。

表 9.2.2　555 时基电路的逻辑功能

复位端 $\overline{R}_D$（4 脚）	高触发端 TH（6 脚）	低触发端 $\overline{TR}$（2 脚）	Q	输出端 OUT（3 脚）	三极管（V）
0	$\times$	$\times$	0	0	导通
1	$>\dfrac{2}{3}U_{CC}$	$>\dfrac{1}{3}U_{CC}$	0	0	导通
1	$<\dfrac{2}{3}U_{CC}$	$>\dfrac{1}{3}U_{CC}$	保持	保持	导通
1	$<\dfrac{2}{3}U_{CC}$	$<\dfrac{1}{3}U_{CC}$	1	1	导通

值得注意的是，当 $U_{TH}>\dfrac{2}{3}U_{CC}$、$U_{\overline{TR}}<\dfrac{1}{3}U_{CC}$ 时，电路的工作状态不确定，在实际应用中不允许使用，应避免之。

【思考与练习】

1. 简述 555 时基电路的组成和引脚功能。
2. 简述 555 时基电路的逻辑功能。

9.3　单稳态触发器

单稳态触发器是具有一个稳定状态和一个暂稳状态的波形变换电路。在没有外界信号时，电路将保持稳定状态；在外来触发信号作用下，电路将会从原来的稳态翻转到另一个状态，但这一状态是暂时的，在经过一段时间后，电路将自动返回到原来的稳定状态。暂稳态时间的长短通常都是靠 RC 电路的充、放电过程来维持的，与触发脉冲无关。因此单稳态触发器常用于脉冲的整形和延时。

9.3.1　门电路组成的单稳态触发器

1. 电路组成

由门电路和 RC 元件组成的单稳态触发器电路形式较多。一个电阻元件和一个电容元件可以组成积分电路或者微分电路，因此，由门电路和 RC 元件可组成积分型单稳态触发器和微分型单稳态触发器。图 9.3.1 所示电路就是积分型单稳态触发器的电路形式之一，其由两个与非门和一个积分电路组成。

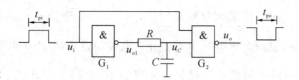

图 9.3.1　积分型单稳态触发器

2. 工作过程

（1）电路的稳态。输入信号 u_i 为低电平时，G_2 处于关闭状态，输出 u_o 为高电平，这是电路的稳态。

（2）外加触发信号，电路翻转为暂稳态。在电路中，门 G_2 开通的条件是输入信号 u_i 为高电平或者电容器两端的电压 u_C 大于门 G_2 的关门电平。设稳态时 u_i 为低电平，当输入信号 u_i 由低电平跳变到高电平时，G_1 开通，输出 u_{o1} 由高电平跳变到低电平，电容器 C 两端的电压 u_C 不能突变，即 u_C 仍为高电平，因此，此时门 G_2 开通，输出 u_o 从高电平跳变到低电平。u_{o1} 由高电平跳变到低电平后，已充电的电容器 C 就要通过 R 和门 G_1 放电。随着电容器 C 放电，u_C 逐渐下降，维持门 G_2 开通的条件被破坏，因此，G_2 开通的状态是暂时的，称为暂稳态。

（3）自动返回稳态。当电容器 C 放电使 u_C 下降到关门电平时，G_2 由开通状态返回到关闭状态，u_o 由低电平返回到高电平。

由普通门电路组成的单稳态触发器电路简单，广泛应用于定时精度不高的场合，如"声光双延时节点开关"就是采用这种电路实现延时的。单稳态电路在定时精度要求较高的场合，更多采用专用的集成电路构成。目前使用的集成单稳态触发器有不可重复触发和可重复触发之分。不可重复触发的单稳态触发器一旦被触发进入暂稳态之后，即使再有触发脉冲作用，电路的工作过程也不受其影响，直到该暂稳态结束后，它才接受下一个触发而再次进入暂稳态。可重复触发单稳态触发器在暂稳态期间，如有触发脉冲作用，电路会被重新触发，使暂稳态继续延迟一个 t_W 时间。

集成单稳态触发器中，74121、74LS121、74221、74LS221 等是不可重复触发的单稳态触发器，74122、74123、74LS123 等是可重复触发的单稳态触发器。

9.3.2　555 时基电路组成的单稳态触发器

1. 电路组成

如图 9.3.2(a)所示是由 555 时基电路组成的一个单稳态触发器，R、C 为外接定时元件；C_1 是滤波电容，其作用是防止干扰脉冲串入触发器内部，影响比较器的参考电压；输入信号 u_i 加在第 2 脚 $\overline{TR}$ 端，低电平触发；第 6 脚 TH 端与第 7 脚放电三极管 V 的集电极相连，并接在 R、C 之间。

2. 工作过程

（1）稳态。接通电源后，U_{CC} 通过 R、C 对电容器充电，使得 $u_C > \dfrac{2}{3} U_{CC}$，而 u_i 的负触发脉冲未到，555 时基电路的 3 脚（OUT 输出端）为低电平，即 $u_o = 0$，电路处于稳定状态。这时，放电三极管 V 导通，电容 C 被旁路，$u_C = 0$，电路仍处于原稳定状态，输出为低电平。

（2）暂稳态。当 u_i 的负触发脉冲到来时，$u_i < \frac{1}{3} U_{CC}$，电路状态翻转，进入暂稳态，输出为高电平，$u_o = U_{CC}$。这时，放电三极管截止，电源通过电阻 R 向电容 C 充电，u_C 逐渐升高。当 $u_C \geqslant \frac{2}{3} U_{CC}$ 时（负脉冲触发已结束，$u_i > \frac{1}{3} U_{CC}$），电路状态翻转，输出低电平，$u_o = 0$，电路由暂稳态变为稳态，此时，放电三极管 V 导通，电容 C 被旁路，$u_C = 0$，电路一直处于原稳定状态，输出为低电平。

到下一个触发脉冲到来时，电路重复上述过程。电路的工作波形如图 9.3.2(b) 所示。其中输出 u_o 脉冲的持续时间 $t_1 = 1.1RC$，一般取 $R = 1\ \text{k}\Omega \sim 10\ \text{M}\Omega$，$C > 1000\ \text{pF}$。

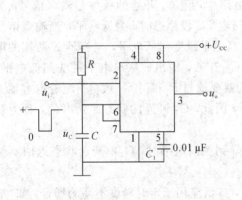
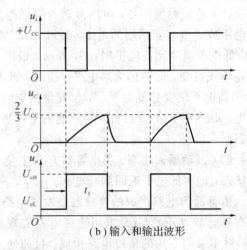

（a）555 时基电路组成的单稳态触发器电路　　　　（b）输入和输出波形

图 9.3.2　单稳态电路的电路图和波形图

9.3.3　单稳态触发器的应用

1. 波形整形

通过单稳态电路可将不规则的输入信号 u_i 整形为幅度和宽度都相同或规则的矩形脉冲波 u_o，如图 9.3.3 所示。

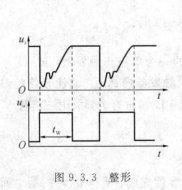
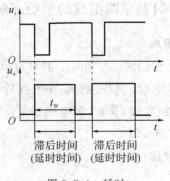

图 9.3.3　整形　　　　　　　　　　图 9.3.4　延时

2. 延时器

单稳态电路的输出信号 u_o 的下降沿总是滞后于输入信号 u_i 的下降沿，而且滞后时间就是脉冲的宽度,如图 9.3.4 所示。因此,可利用这种滞后作用来达到延时的目的。

3. 定时器

利用单稳态电路输出的脉冲信号,可作为定时控制信号,脉冲宽度就是控制(定时)时间。

【思考与练习】

1. 单稳态触发器的特点有哪些?
2. 简述由 555 时基电路组成的单稳态触发器的工作原理。
3. 简述单稳态触发器的用途。

9.4 多谐振荡器

多谐振荡器用来产生矩形波,又称脉冲发生器。多谐振荡器是一种无稳态电路,它有两个暂时稳定状态(简称暂稳态),只要接通电源,无需外加触发信号,多谐振荡器便能自动输出一定频率和脉宽的矩形脉冲。由于矩形脉冲波含丰富的多次谐波,所以习惯上又把矩形波振荡器称为多谐振荡器。

9.4.1 门电路组成的多谐振荡器

1. 电路组成

图 9.4.1 所示是用非门组成的一种环形多谐振荡器。图中,非门 G_1、G_2 接成阻容耦合正反馈电路,使之产生振荡。G_1 的输出端通过电容器 C_1 耦合至 G_2 的输入端。非门的输出端与输入端之间连接的偏置电阻 R_1、R_2,其作用一是可为非门内的三极管提供偏置,使之处于正常工作状态;二是与 C_1、C_2 组成定时电路,决定多谐振荡器的振荡频率和脉冲宽度。CMOS 门电路一般取 R_1、R_2 为 10~100 kΩ,TTL 门电路一般取 R_1、R_2 为 850 Ω~2 kΩ。

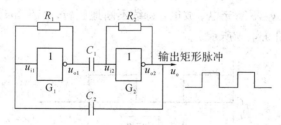

图 9.4.1 非门组成的多谐振荡器

2. 工作过程

(1) 初始暂稳态。接通电源后,由于非门 G_1、G_2 存在差异,假设 G_2 输出电压 u_{o2} 较 G_1 输出电压 u_{o1} 高些,u_{o2} 通过电容 C_2 耦合使 G_1 的输入端电压升高,经反相后输出电压 u_{o1} 下降,u_{o1} 经电容 C_1 耦合使 G_2 的输入端电压降低,经 G_2 的反相作用,输出电压 u_{o2} 进一步升高。通过以上正反馈过程使 G_1 输出低电平(0 态),G_2 输出高电平(1 态),使电路进入第一暂稳态。

(2) 翻转到第二暂稳态。在第一暂稳态,非门 G_2 输出高电平,通过 R_2 向 C_1 充电,如图 9.4.2 所示,导致 G_2 输入端电位逐渐上升,非门 G_1 输出低电平,电容器 C_2 将通过 R_1 放电,导致 G_1 的输入端电位逐渐下降,最后使 G_1 输出高电平(1 态),G_2 输出低电平(0 态),

自动翻转进入第二暂稳态。

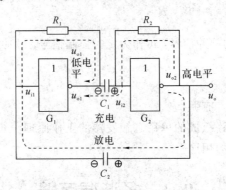

图 9.4.2　非门组成的多谐振荡器 C_1 充电、C_2 放电

（3）翻转回第一暂稳态。在第二暂稳态时，非门 G_1 输出高电平，将通过 R_1 对 C_2 充电，如图 9.4.3 所示，导致 G_1 输入端电位逐渐上升。电容器 C_1 则通过 R_2 放电，G_2 输入端电位逐渐下降，最后使电路又从第二暂稳态翻转回第一暂稳态。

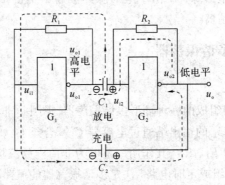

图 9.4.3　非门组成的多谐振荡器 C_2 充电、C_1 放电

此后，电容器 C_1、C_2 不断充电、放电，持续不断地翻转，产生矩形脉冲，非门组成的多谐振荡器工作波形如图 9.4.4 所示。

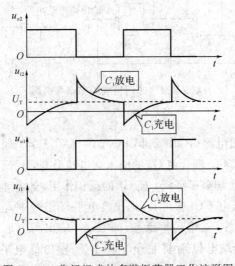

图 9.4.4　非门组成的多谐振荡器工作波形图

实际应用中可以通过集成电路来实现多谐振荡，如 T081 型四非门或 SN74S04 型六非门集成块，也可用一块 CC4011 型四 2 输入与非门或 SN74S00 型四 2 输入与非门，把每个与非门的输入端并接后改为非门来实现。实用的多谐振荡器电路中，为了提高频率的稳定性，可采用带石英晶体的振荡器。

9.4.2　555 时基电路组成的多谐振荡器

1. 电路组成

如图 9.4.5(a)所示为 555 时基电路组成的多谐振荡器。图中 R_1、R_2、C 为外接定时元件，C_1 是滤波电容，其作用是防止干扰脉冲串入触发器内部，影响比较器的参考电压。第 2 脚 $\overline{TR}$ 端与第 6 脚 TH 端短接在一起，由电容器两端的电压控制，R_1、R_2 之间连接放电端。接通电源后不需要外加触发信号，输出端输出矩形波，其工作波形图如图 9.4.5(b)所示。

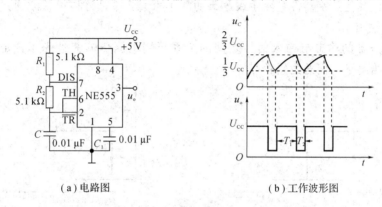

(a) 电路图　　　　　　　　(b) 工作波形图

图 9.4.5　555 时基电路组成的多谐振荡器

2. 工作过程

(1) 暂稳态一。合上电源瞬间，$u_C = 0$，即 $U_{\overline{TR}} = U_{TH} < \dfrac{1}{3}U_{CC}$，$\overline{TR}$ 端有效，电路输出 $u_o = 1$，为高电平。此时，放电三极管截止，定时电容器 C 开始充电，充电回路为：$U_{CC} \to R_1 \to R_2 \to C \to$ 地，充电时间常数 $\tau_1 = (R_1 + R_2)C$。u_C 逐渐上升，电路处于第一暂稳态。

(2) 暂稳态二。当 u_C 上升到超过 $\dfrac{2}{3}U_{CC}$，即 $U_{\overline{TR}} = U_{TH} > \dfrac{2}{3}U_{CC}$ 时，TH 端有效，电路输出 $u_o = 0$，为低电平，第一暂稳态结束。与此同时，放电三极管导通，电容器 C 开始放电，放电回路为：$C \to R_2 \to V \to$ 地，放电时间常数为 $\tau_2 = R_2C$。u_C 逐渐下降但未低于 $\dfrac{1}{3}U_{CC}$ 时，$\overline{TR}$ 端与 TH 端均无效，输出不变，电路将保持第二暂稳态。

(3) 当 u_C 下降到 $u_C < \dfrac{1}{3}U_{CC}$，即 $U_{\overline{TR}} = U_{TH} < \dfrac{1}{3}U_{CC}$ 时，$\overline{TR}$ 端有效，电路输出 $u_o = 1$，为高电平。第二暂稳态结束，放电三极管截止。电容器又开始充电，然后重复上述过程，在输出端得到连续的矩形波。

图 9.4.5(a)中，定时元件 R_1、R_2 和 C 决定了电路的充放电时间，故振荡周期为
$$T_1 \approx 0.7(R_1 + R_2)C, \quad T_2 \approx 0.7R_2C$$
$$T = T_1 + T_2 \approx 0.7(R_1 + 2R_2)C$$

在多谐振荡电路的实际应用中，可以用电位器来代替电路中的定时电阻，便可构成频率可调的多谐振荡器。

【思考与练习】

1. 试说明多谐振荡器的工作特点。
2. 简述由 555 时基电路组成的多谐振荡器的工作过程。

9.5　施密特触发器

施密特触发器是脉冲数字系统中常用的电路，可以由门电路组成，也可以是集成电路。施密特触发器能够把不规则的输入波形变成良好的矩形波。如：用正弦波去驱动一般的门电路、计数器或其他数字器件，将导致逻辑功能不可靠，这时可将正弦波通过施密特触发器变成矩形波输出。

施密特触发器的输出与输入信号之间的关系可用电压传输特性表示，如图 9.5.1 所示，图中同时给出了它们的逻辑符号。

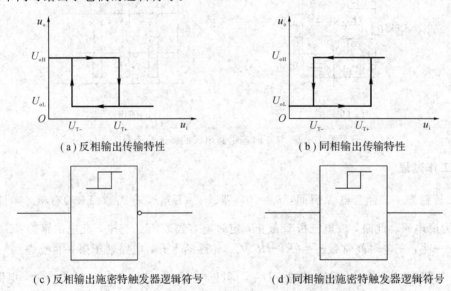

（a）反相输出传输特性　　　　　　（b）同相输出传输特性

（c）反相输出施密特触发器逻辑符号　　　（d）同相输出施密特触发器逻辑符号

图 9.5.1　施密特触发器的输出特性及逻辑符号

由图 9.5.1(a)、(b)可见，传输特性的最大特点是：该电路有两个稳态，一个稳态输出高电平 U_{oH}，另一个稳态输出低电平 U_{oL}。但是这两个稳态要靠输入信号电平来维持。

施密特触发器的另一个特点是输入输出信号的回差特性。当输入信号幅值增大或者减少时，电路状态的翻转对应不同的阈值电压 U_{T+} 和 U_{T-}，而且 $U_{T+} > U_{T-}$，U_{T+} 与 U_{T-} 的差值被称做回差电压。

9.5.1　门电路组成的施密特触发器

1. 电路组成

如图 9.5.2 所示是由两个非门组成的同相输出施密特触发器。

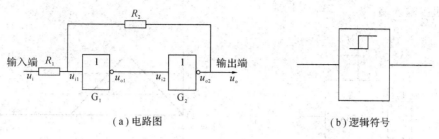

（a）电路图　　　　　　　　　　　（b）逻辑符号

图 9.5.2　门电路组成的施密特触发器

2. 工作过程

施密特触发器输入三角波和正弦波时，对应的输出波形如图 9.5.3 所示。

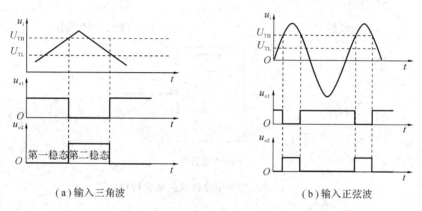

（a）输入三角波　　　　　　　　（b）输入正弦波

图 9.5.3　门电路组成的施密特触发器工作波形

（1）第一稳态。当输入电压 $u_i = 0$ 时，非门 G_1 关闭，输出高电平；非门 G_2 开通，输出低电平，电路处于第一稳态。

（2）翻转至第二稳态。随着输入端电压 u_i 的上升，加到非门 G_1 的 u_{i1} 逐渐上升，当 u_{i1} 大于 G_1 的门槛电压 U_{TH} 时，G_1 导通，输出变为低电平；G_2 关闭，输出高电平，电路由第一稳态翻转为第二稳态。此后 u_i 继续上升，电路仍然保持该稳态。

（3）返回第一稳态。输入从高电平处开始下降，加到非门 G_1 的 u_{i1} 也随着下降，当 u_{i1} 低于非门 G_1 的门槛电压 U_{TL} 时，G_1 关闭，输出跳变为高电平；G_2 开通，输出低电平，电路由第二稳态返回第一稳态。

由门电路组成的施密特触发器，具有阈值电压稳定性差、抗干扰能力弱等缺点，不能满足实际数字系统的需要。而集成施密特触发器以其性能一致性好、触发阈值电压稳定、可靠性高等优点，在实际中得到广泛的应用。TTL 集成施密特触发器有 74LS13、74LS14、74LS132 等。74LS13 为施密特触发的双 4 输入与非门，74LS14 为施密特触发的六反相器，74LS132 为施密特触发的四 2 输入与非门。CMOS 集成施密特触发器有 74C14、74HC14 等。

9.5.2　555 时基电路组成的施密特触发器

1. 电路组成

如图 9.5.4 所示为 555 时基电路组成的施密特触发器，第 2 脚 $\overline{TR}$ 端与第 6 脚 TH 端短接在一起接输入端。

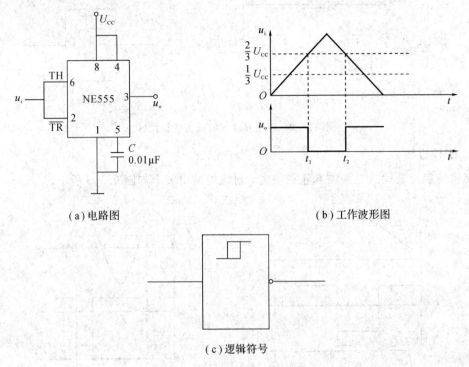

（a）电路图   （b）工作波形图

（c）逻辑符号

图 9.5.4　555 时基电路组成的施密特触发器

2．工作过程

电压控制端外接一抗干扰电容，低电平触发端 2 脚（$\overline{\text{TR}}$）的比较电压为 $\frac{1}{3}U_{cc}$，高电平触发端 6 脚（TH）的比较电压为 $\frac{2}{3}U_{cc}$。设输入端加一个已知幅度大于 $\frac{2}{3}U_{cc}$ 的三角波，其工作波形如图 9.5.4(b)所示。

（1）当 $u_i<\frac{1}{3}U_{cc}$，即 $U_{\overline{\text{TR}}}=U_{\text{TH}}<\frac{1}{3}U_{cc}$ 时，$\overline{\text{TR}}$ 端有效，电路输出 $u_o=1$ 为高电平，处于第一稳态。当 u_i 上升但未超过 $\frac{2}{3}U_{cc}$ 时，将保持这一状态。

（2）当 u_i 上升到超过 $\frac{2}{3}U_{cc}$，即 $u_i>\frac{2}{3}U_{cc}$ 时，TH 端有效，电路输出 $u_o=0$ 为低电平，处于第二稳态。当 u_i 下降但未低于 $\frac{1}{3}U_{cc}$ 时，将保持这一状态。

（3）当 u_i 由最高值下降到超过 $\frac{1}{3}U_{cc}$，即 $u_i<\frac{1}{3}U_{cc}$ 时，$\overline{\text{TR}}$ 端有效（如 t_2 时刻），电路输出 $u_o=1$ 为高电平，电路又回到第一稳态。

9.5.3　施密特触发器的应用

1．波形变换

利用施密特触发器可以把正弦波、三角波等变化缓慢的波形变换成矩形波，如图9.5.3

所示。

2. 脉冲整形

有些信号在传输过程中或在放大时往往会发生畸变，通过施密特触发器电路，可对这些信号进行整形，整形波形如图 9.5.5(a)所示。作为整形电路时，如果要求输出与输入同相，则可在上述施密特触发器之后再接一个反相器，如图 9.5.5(b)所示。

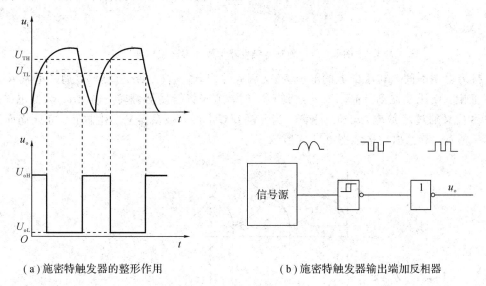

（a）施密特触发器的整形作用　　　（b）施密特触发器输出端加反相器

图 9.5.5　脉冲整形

3. 幅度鉴别

施密特触发器的翻转取决于输入信号是否大于 U_{T+} 或是否小于 U_{T-}，利用这一特点可将它作为幅度鉴别电路。如：一串幅度不等的脉冲信号输入到施密特触发器，则只有那些幅度大于 U_{T+} 的信号才会在输出端形成一个脉冲，而幅度小于 U_{T+} 的输入信号则被消去，如图 9.5.6 所示。

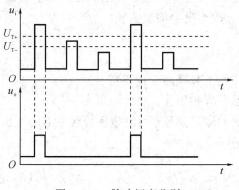

图 9.5.6　脉冲幅度鉴别

4. 构成多谐振荡器

如图 9.5.7 给出了由 7414 施密特触发器构成的多谐振荡器。该电路非常简单，仅由两个施密特触发器、一个电阻和一个电容组成。该电路的工作原理如下：

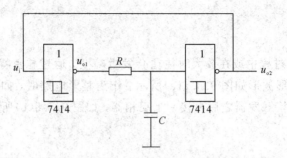

图 9.5.7　施密特触发器构成的多谐振荡器

接通电源瞬间，电容 C 上的电压为 0，因此输出 u_{o1} 为高电平。此时 u_{o1} 通过电阻 R 对电容 C 充电，电压 u_i 逐渐升高。当 u_i 达到 U_{T+} 时，施密特触发器翻转，输出 u_{o1} 为低电平。此后电容 C 又通过 R 放电，u_i 随之下降。当 u_i 降到 U_{T-} 时，触发器又发生翻转。如此周而复始地形成振荡。其输出波形如图 9.5.8 所示。

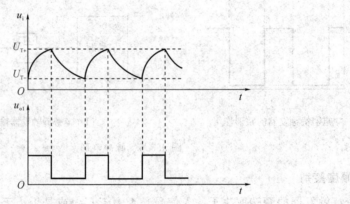

图 9.5.8　多谐振荡器输出波形

该电路的工作频率由充放电回路的电阻和电容值确定。由于 TTL 反相器具有一定的输入阻抗，它对电容的放电影响较大，因此放电回路的电阻值不能太大，否则放电电压将不会低于触发器的下限触发电平 U_{T-}。通常放电回路的电阻取值小于 1 kΩ，如果需要改变输出信号的频率，可以通过改变电容值来实现。

【思考与练习】

1. 施密特触发器在性能上有哪两个重要特点？
2. 简述施密特触发器有哪些用途。
3. 根据图 9.5.9 所示的输入信号，画出施密特触发器的输出波形。

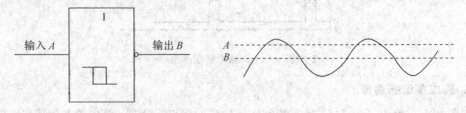

图 9.5.9　第 3 题图

9.6 技能实训

技能实训 1 单稳态触发器的搭建与测试

【实训目的】

（1）学会搭建由 555 时基电路组成的单稳态触发器。

（2）进一步理解由 555 时基电路组成的单稳态触发器的工作原理。

【实训工具及器材】

（1）焊接工具及材料、直流稳压电源、万用表、连孔板等。

（2）所需元器件清单见表 9.6.1。

表 9.6.1 单稳态触发器电路所需元器件清单

序号	名　称	图　号	规　格	数量
1	三极管	V	9015	1
2	发光二极管	LED_1	$\phi 5$ 红色	1
3	发光二极管	LED_2	$\phi 5$ 绿色	1
4	电阻	R_1	100 kΩ	1
5	电阻	R_3、R_5	220 Ω	2
6	电阻	R_2	1 kΩ	1
7	电阻	R_4	470 kΩ	1
8	电解电容	C_1	100 μF/25 V	1
9	瓷片电容	C_2	0.01 μF	1
10	光敏电阻	R_G		1
11	电位器	R_P	3296W - 100 kΩ	1
12	集成块	U1	8 脚 NE555	1
13	集成块插座		DIP8	1
14	单排针		1pin、2.54 间距	4
15	防反接线座子和防反线		2pin、2.54 间距	各 1
16	单股导线		0.5 mm×200 mm	1
17	连孔板		8.3 cm×5.2 cm	1

【实训内容】

（1）对照电路原理图 9.6.1，在连孔板上用元器件搭建单稳态触发器。

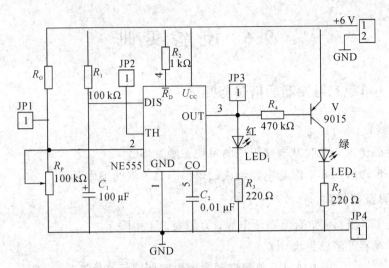

图 9.6.1 单稳态触发器电路原理图

(2) 验证搭建的单稳态触发器的电路功能。

(3) 结合所学理论知识，分析电路工作过程。

【实训操作步骤】

1. 清点与检查元器件

根据表 9.6.1 所示清点元器件，最好将元器件放在一个盒子内。对元器件进行检查，看有无损坏的元器件，如果有，应立即进行更换，将元器件的检测结果记录在表 9.6.2 中。

表 9.6.2 元器件检测记录表

序号	名称	位号	元器件检测结果
1	三极管	V	类型_____，引脚排列_____，质量及放大倍数_____
2	发光二极管	LED$_1$	长脚为_____极，检测时应选用的万用表挡位是_____，红表笔接二极管_____极测量时，可使它微弱发光
3	发光二极管	LED$_2$	长脚为_____极，检测时应选用的万用表挡位是_____，红表笔接二极管_____极测量时，可使它微弱发光
4	电阻	R_1	测量值为_____kΩ，选用的万用表挡位是_____
5	电阻	R_3、R_5	测量值为_____kΩ，选用的万用表挡位是_____
6	电阻	R_2	测量值为_____kΩ，选用的万用表挡位是_____
7	电阻	R_4	测量值为_____kΩ，选用的万用表挡位是_____
8	电解电容	C_1	长引脚为_____极，耐压值为_____V
9	瓷片电容	C_2	容量标称值是_____；检测容量时，应选用万用表的挡位是_____
10	光敏电阻	R_G	有光照时，阻值为_____；无光照时，阻值为_____
11	电位器	R_P	测量值为_____kΩ，选用的万用表挡位是_____
12	集成块	U1	型号是_____

2. 电路搭建

1）搭建步骤

（1）按电路原理图 9.6.1 所示在电路板上对元器件进行合理的布局。

（2）按照元器件的插装顺序依次插装元器件。

（3）按焊接工艺要求对元器件进行焊接，直到所有元器件焊完为止。

（4）将元器件之间用导线进行连接。

（5）焊接电源输入线和信号输入、输出引线。

2）搭建注意事项

（1）操作平台不要放置其他器件、工具与杂物。

（2）操作结束后，收拾好器材和工具，清理操作平台和地面。

（3）插装元器件前须按工艺要求对元器件的引脚进行成形加工。

（4）元器件排列要整齐，布局要合理并符合工艺要求。

（5）555 芯片的引脚顺序、二极管和电解电容器的正负极、三极管的引脚不要接错。

（6）不漏装、错装，不损坏元器件。

（7）焊点表面要光滑、干净，无虚焊、漏焊和桥接。

（8）正确选用合适的导线进行器件之间的连接，同一焊点的连接导线不能超过 2 根。

3）搭建实物图

单稳态触发器电路装接实物图如图 9.6.2 所示。

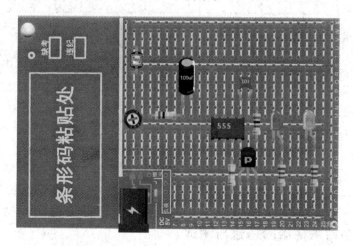

图 9.6.2　单稳态触发器电路装接实物图

3. 电路通电

装接完毕，检查无误后，用万用表测量电路的电源两端有无短路，电路正常方可接入 6 V 直流电源。在接入电源时，注意电源与电路板极性一定要连接正确。当接入电源后，要随时观察电路有无异常现象，若有，应立即断电，对电路进行检查。

4. 电路功能测试与分析

（1）用万用表测量电路板上电源电压 U_{CC}，大小为_____。

（2）让自然光照射光敏电阻，用万用表监测 JP1 的电位，调节 R_P，使 JP1 电位调至略大于 $U_{CC}/3$，使 NE555 的 2 脚处于高电平，用手在光敏电阻的上方划过，使照射光被遮挡一下。若红色 LED_1 被触发发光，同时绿色 LED_2 熄灭，则表明搭建和调试成功。

（3）在有光照射光敏电阻时，测量并记录以下数值：2 脚的电位是_____，JP2 的电位是_____，JP3 的电位是_____。

（4）遮挡照射光敏电阻的光，用万用表测得 2 脚的电位是_____；JP2 的电位是_____；JP3 刚开始的电位是_____，过一段时间后翻转为_____，翻转后的电位_____（是/否）保持不变。

【实训评价】

"单稳态触发器的搭建与测试"实训评价如表 9.6.3 所示。

表 9.6.3 "单稳态触发器的搭建与测试"实训评价表

项　目	考核内容	配分/分	评分标准	得分/分
元器件检测	在表 9.6.2 中填写检测结果	20	每错一空扣 2 分，扣完为止	
电路焊接	焊点光滑无毛刺，焊锡量适中	10	每错一处扣 2 分	
电路布局	电路布局美观，无短路、开路	10	每错一处扣 2 分	
电路功能	R_G 不遮光功能正常	20	每错一个扣 2.5 分	
	R_G 遮光功能正常	20	每错一个扣 2.5 分	
安全文明操作	工作台上工具物品摆放整齐	10	工作台上物品随意摆放、脏乱，扣 1~5 分	
	严格遵照安全操作规程	10	违反安全操作规程扣 1~5 分	
合　计		100		
实训体会	学到的知识			
	学到的技能			
	收获			

技能实训 2　多谐振荡器的搭建与测试

【实训目的】

（1）学会搭建和调试由 555 时基电路组成的多谐振荡器。

（2）进一步理解由 555 时基电路组成的多谐振荡器的工作原理。

【实训工具及器材】

（1）焊接工具及材料、示波器、直流稳压电源、万用表、连孔板等。

（2）所需元器件清单见表 9.6.4。

表 9.6.4 多谐振荡器电路所需元器件清单

序号	名 称	位 号	规 格	数量
1	二极管	VD	1N4001	1
2	开关	S		1
3	发光二极管	LED$_1$	ϕ5 红色	1
4	发光二极管	LED$_2$	ϕ5 绿色	1
5	电阻	R_1	5 kΩ	1
6	电阻	R_2	10 kΩ	1
7	电阻	R_3	1 kΩ	1
8	电阻	R_4、R_5	220 Ω	2
9	电解电容	C_1	10 μF/25 V	1
10	电解电容	C_2	4.7 μF/25 V	1
11	瓷片电容	C_3	0.01 μF	1
12	电位器	R_P	3296W $-$ 5 kΩ	1
13	集成块	U1	8 脚 NE555	1
14	集成块插座		DIP8	1
15	单排针		1pin、2.54 间距	5
16	防反接线座子和防反线		2pin、2.54 间距	各 1
17	单股导线		0.5 mm$\times$200 mm	1
18	连孔板		8.3 cm$\times$5.2 cm	1

【实训内容】

(1) 对照电路原理图 9.6.3,在连孔板上用元器件搭建电路。

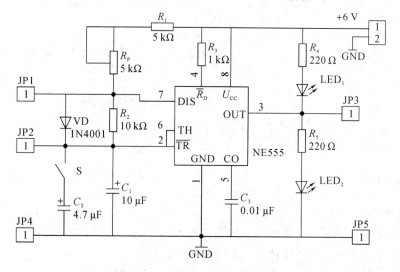

图 9.6.3 多谐振荡器电路原理图

（2）验证 555 时基电路组成的多谐振荡器的电路功能。

（3）结合所学理论知识，分析电路工作过程。

【实训操作步骤】

1. 清点与检查元器件

根据表 9.6.4 所示清点元器件，最好将元器件放在一个盒子内。对元器件进行检查，看有无损坏的元器件，如果有，应立即进行更换，将元器件的检测结果记录在表 9.6.5 中。

表 9.6.5　元器件检测记录表

序号	名称	位号	元器件检测结果
1	二极管	VD	检测质量时，应选用的万用表挡位是_____；正向导通的那次测量中，黑表笔所接的是_____极，所测得的阻值为_____
2	发光二极管	LED_1	长脚为_____极，检测时应选用的万用表挡位是_____，红表笔接二极管_____极测量时，可使它微弱发光
3	发光二极管	LED_2	长脚为_____极，检测时应选用的万用表挡位是_____，红表笔接二极管_____极测量时，可使它微弱发光
4	电阻	R_1	测量值为_____kΩ，选用的万用表挡位是_____
5	电阻	R_2	测量值为_____kΩ，选用的万用表挡位是_____
6	电阻	R_3	测量值为_____kΩ，选用的万用表挡位是_____
7	电阻	R_4、R_5	测量值为_____kΩ，选用的万用表挡位是_____
8	电解电容	C_1	长引脚为_____极，耐压值为_____V
9	电解电容	C_2	长引脚为_____极，耐压值为_____V
10	瓷片电容	C_3	容量标称值是_____；检测容量时，应选用万用表的挡位是_____
11	电位器	R_P	测量值为_____kΩ，选用的万用表挡位是_____
12	集成块	U1	型号是_____

2. 电路搭建

1）搭建步骤

（1）按电路原理图 9.6.3 所示在电路板上对元器件进行合理的布局。

（2）按照元器件的插装顺序依次插装元器件。

（3）按焊接工艺要求对元器件进行焊接，直到所有元器件焊完为止。

（4）将元器件之间用导线进行连接。

（5）焊接电源输入线和信号输入、输出引线。

2）搭建注意事项

（1）操作平台不要放置其他器件、工具与杂物。

（2）操作结束后，收拾好器材和工具，清理操作平台和地面。

（3）插装元器件前须按工艺要求对元器件的引脚进行成形加工。

（4）元器件排列要整齐，布局要合理并符合工艺要求。

（5）555 芯片的引脚顺序、二极管和电解电容器的正负极不要接错。

（6）不漏装、错装，不损坏元器件。

（7）焊点表面要光滑、干净，无虚焊、漏焊和桥接。

（8）正确选用合适的导线进行器件之间的连接，同一焊点的连接导线不能超过 2 根。

3）搭建实物图

多谐振荡器电路装接实物图如图 9.6.4 所示。

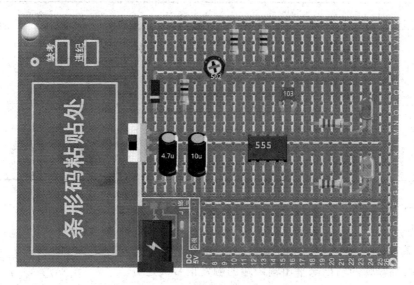

图 9.6.4　多谐振荡器电路装接实物图

3. 电路通电

装接完毕，检查无误后，用万用表测量电路的电源两端有无短路，电路正常方可接入 6 V直流电源。在接入电源时，注意电源与电路板极性一定要连接正确。当接入电源后，要随时观察电路有无异常现象，若有，应立即断电，对电路进行检查。

4. 电路功能测试与分析

通电后：

（1）用万用表测集成电路 4 脚的电位是_____，逻辑值为_____。

（2）开关 S 断开，用数字双踪示波器同步测量 JP2、JP3 的波形，将结果填入表 9.6.6 中。

表 9.6.6 开关 S 断开时示波器监测信号表

	示波器波形	频率	峰峰值 U_{PP}
JP2 信号			
JP3 信号			

（3）开关 S 闭合，C_2 与 C_1 并联使用，用数字双踪示波器同步测量 JP2、JP3 的波形，将结果填入表 9.6.7 中。

表 9.6.7 开关 S 闭合时示波器监测信号表

	示波器波形	频率	峰峰值 U_{PP}
JP2 信号			
JP3 信号			

（4）结合所学理论知识分析电路工作过程。

断开 S：

① 电源通过 R_3 给 NE555 的 4 脚加上＿＿＿＿＿＿＿电平，解除 4 脚的＿＿＿＿＿＿＿功能，使 NE555 输出端 3 脚的输出电平由输入端的触发信号决定。

② 刚上电时，因电容 C_1 两端电压不能突变，2、6 脚都为＿＿＿＿＿＿＿电平，输出端 3 脚为 ＿＿＿＿＿＿＿电平，LED$_2$＿＿＿＿＿＿＿，LED$_1$＿＿＿＿＿＿＿。

③ 电源通过充电回路 R_1、R_P 及 VD 对电容 C_1 充电，C_1 两端电压逐渐升高。当 C_1 两端电压升至大于 $2U_{CC}/3$ 时，2、6 脚都为＿＿＿＿＿＿＿电平，输出端 3 脚为＿＿＿＿＿＿＿电平，LED$_1$ ＿＿＿＿＿＿＿，LED$_2$＿＿＿＿＿＿＿。

④ 当输出端 3 脚为＿＿＿＿＿＿＿电平时，7 脚放电端对地接通（7 脚与 3 脚关联），充电结束，同时电容 C_1 通过 R_2 对 7 脚放电，C_1 两端电压逐渐下降；当 C_1 两端电压降至小于 $U_{CC}/3$ 时，2、6 脚都重回＿＿＿＿＿＿＿电平，输出端 3 脚重回＿＿＿＿＿＿＿电平，LED$_2$＿＿＿＿＿＿＿，LED$_1$＿＿＿＿＿＿＿。如此不断循环，输出端 3 脚不断在高、低电平之间转换，即形成矩形波信号。

【实训评价】

"多谐振荡器的搭建与测试"实训评价如表 9.6.8 所示。

表 9.6.8　"多谐振荡器的搭建与测试"实训评价表

项　目	考核内容	配分/分	评分标准	得分/分
元器件检测	在表 9.6.5 中填写检测结果	20	每错一空扣 2 分，扣完为止	
电路焊接	焊点光滑无毛刺，焊锡量适中	10	每错一处扣 2 分	
电路布局	电路布局美观，无短路、开路	10	每错一处扣 2 分	
电路功能	测 4 脚复位判断	10	每错一个扣 3 分	
	S 断开时功能正常	15	每错一个扣 3 分	
	S 闭合时功能正常	15	每错一个扣 3 分	
安全文明操作	工作台上工具物品摆放整齐	10	工作台上物品随意摆放、脏乱，扣 1~5 分	
	严格遵照安全操作规程	10	违反安全操作规程扣 1~5 分	
合　计		100		
实训体会	学到的知识			
	学到的技能			
	收获			

技能实训 3　施密特触发器的搭建与测试

【实训目的】

（1）学会搭建与调试由 555 时基电路组成的施密特触发器。

（2）进一步理解由 555 时基电路组成的施密特触发器的工作原理。

【实训工具及器材】

（1）焊接工具及材料、示波器、直流稳压电源、万用表、连孔板等。

（2）所需元器件清单见表 9.6.9。

表 9.6.9　施密特触发器所需元器件清单

序号	名　称	位　号	规　格	数量
1	开关	S		1
2	发光二极管	LED_1	$\phi5$ 红色	1
3	发光二极管	LED_2	$\phi5$ 黄色	1
4	电阻	R_1、R_3	470 Ω	1
5	电阻	R_2	1 kΩ	1
6	瓷片电容	C	0.01 μF	1

续表

序号	名　称	位　号	规　格	数量
7	电位器	R_P	3296W－5 kΩ	1
8	集成块	U1	8 脚 NE555	1
9	集成块插座		DIP8	1
10	单排针		1pin、2.54 间距	3
11	防反接线座子和防反线		2pin、2.54 间距	各 1
12	单股导线		0.5 mm×200 mm	1
13	连孔板		8.3 cm×5.2 cm	1

【实训内容】

（1）对照电路原理图 9.6.5，在连孔板上用元器件搭建电路。

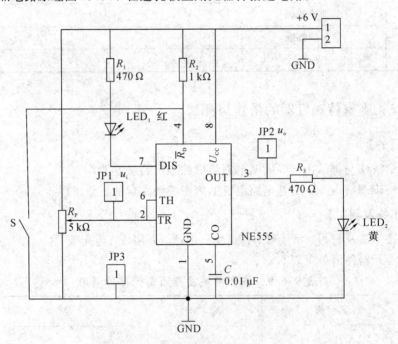

图 9.6.5　施密特触发器电路原理图

（2）验证 555 时基电路组成的施密特触发器的电路功能。

（3）结合所学理论知识，分析电路工作过程。

【实训操作步骤】

1. 清点与检查元器件

根据表 9.6.9 所示清点元器件，最好将元器件放在一个盒子内。对元器件进行检查，看有无损坏的元器件，如果有，应立即进行更换，将元器件的检测结果记录在表 9.6.10 中。

表 9.6.10 元器件检测记录表

序号	名称	位号	元器件检测结果
1	发光二极管	LED$_1$	长脚为_____极，检测时应选用的万用表挡位是_____，红表笔接二极管_____极测量时，可使它微弱发光
2	发光二极管	LED$_2$	长脚为_____极，检测时应选用的万用表挡位是_____，红表笔接二极管_____极测量时，可使它微弱发光
3	电阻	R_1、R_3	测量值为_____kΩ，选用的万用表挡位是_____
4	电阻	R_2	测量值为_____kΩ，选用的万用表挡位是_____
5	瓷片电容	C	容量标称值是_____；检测容量时，应选用万用表的挡位是_____
6	电位器	R_P	测量值为_____kΩ，选用的万用表挡位是_____
7	集成块	U1	型号是_____

2. 电路搭建

1）搭建步骤

（1）按电路原理图 9.6.5 所示在电路板上对元器件进行合理的布局。

（2）按照元器件的插装顺序依次插装元器件。

（3）按焊接工艺要求对元器件进行焊接，直到所有元器件焊完为止。

（4）将元器件之间用导线进行连接。

（5）焊接电源输入线和信号输入、输出引线。

2）搭建注意事项

（1）操作平台不要放置其他器件、工具与杂物。

（2）操作结束后，收拾好器材和工具，清理操作平台和地面。

（3）插装元器件前须按工艺要求对元器件的引脚进行成形加工。

（4）元器件排列要整齐，布局要合理并符合工艺要求。

（5）555 芯片的引脚顺序和二极管的正负极不要接错。

（6）不漏装、错装，不损坏元器件。

（7）焊点表面要光滑、干净，无虚焊、漏焊和桥接。

（8）正确选用合适的导线进行器件之间的连接，同一焊点的连接导线不能超过 2 根。

3）搭建实物图

施密特触发器电路装接实物图如图 9.6.6 所示。

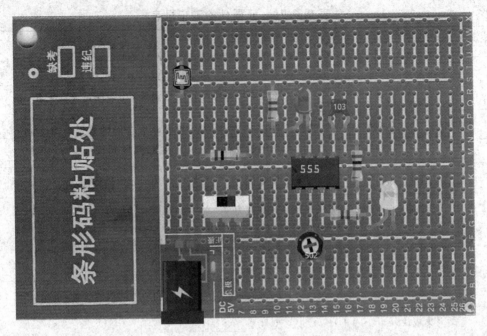

图 9.6.6　施密特触发器电路装接实物图

3. 电路通电

装接完毕，检查无误后，用万用表测量电路的电源两端有无短路，电路正常方可接入 6 V 直流电源。在接入电源时，注意电源与电路板极性一定要连接正确。当接入电源后，要随时观察电路有无异常现象，若有，应立即断电，对电路进行检查。

4. 电路功能测试与分析

（1）当开关 S 处于断开状态时，调节 R_P 改变输入电压，用万用表测试 2、6 和 4 脚电压，观察电路中发光二极管的状态，将结果填入表 9.6.11 中。

表 9.6.11　开关 S 断开时测试结果记录表

JP1 端输入电压		2、6 脚电平	JP2 端输出电平（黄灯状态）	7 脚电平（红灯状态）	4 脚电平
0 V ↓ 6 V	0 V→2 V				
	2 V→4 V				
	4 V→6 V				
6 V ↓ 0 V	6 V→4 V				
	4 V→2 V				
	2 V→0 V				

红灯亮时，7 脚状态是_____（0 或 1）；红灯不亮时，7 脚状态是_____（0 或 1）。

黄灯亮时，3 脚状态是_____（0 或 1），黄灯不亮时，3 脚状态是_____（0 或 1）。

（2）当开关 S 处于闭合状态时，调节 R_P 改变输入电压，用万用表测试 2、6 和 4 脚电压，观察电路发光二极管的状态，将结果填入表 9.6.12 中。

表 9.6.12　开关 S 闭合时测试结果记录表

JP1 端输入电压		2、6 脚电平	绿灯状态（JP3 端输出状态）	4 脚电平
0 V ↓ 6 V	0 V→2 V			
	2 V→4 V			
	4 V→6 V			
6 V ↓ 0 V	6 V→4 V			
	4 V→2 V			
	2 V→0 V			

表 9.6.12 中的数据说明，NE555 的 4 脚的功能是_____。

（3）结合所学理论知识分析电路工作过程。

① R_2、S 可改变 NE555 4 脚的状态：开关断开时，4 脚被加上_____电平，3 脚的输出电平由输入端的触发电平决定；开关闭合时，4 脚加_____电平，使 NE555 输出端 3 脚复位，3 脚的输出状态被锁定为 0 态。

② NE555 放电端 7 脚的电平状态用_____来显示；NE555 输出端的输出状态用_____来显示。

③ NE555 的 6 脚（TH 端）和 2 脚（$\overline{\text{TR}}$ 端）都是输入端，但它们的高低电平对应的电位不一样。6 脚为高电平所需的电位是_____，低电平对应的电位是_____；2 脚为高电平所需的电位是_____，低电平对应的电位是_____。

④ 结合原理图，总结电路的功能，并在表 9.6.13 中空白的地方填入对应的逻辑值（1 为高电平，0 为低电平）。

表 9.6.13　施密特触发器功能表

4 脚 $\overline{R}_D$	输入端 u_i	6 脚（TH 端）	2 脚（$\overline{\text{TR}}$端）	3 脚输出端 OUT	7 脚 DIS 端
0	×	×	×	0（复位）	接地
1	0 至 $U_{CC}/3$			1（置 1）	悬空
1	U_{CC} 至 $2U_{CC}/3$			保持	保持
1	$2U_{CC}/3$ 至 U_{CC}			0（置 0）	接地

【实训评价】

"施密特触发器的搭建与测试"实训评价如表 9.6.14 所示。

表 9.6.14 "施密特触发器的搭建与测试"实训评价表

项目	考核内容	配分/分	评分标准	得分/分
元器件检测	在表 9.6.11 中填写检测结果	20	每错一空扣 2 分，扣完为止	
电路焊接	焊点光滑无毛刺，焊锡量适中	10	每错一处扣 2 分	
电路布局	电路布局美观，无短路、开路	10	每错一处扣 2 分	
电路功能	开关 S 断开时电路功能	20	每错一个扣 2 分	
	开关 S 闭合时电路功能	20	每错一个扣 2 分	
安全文明操作	工作台上工具物品摆放整齐	10	工作台上物品随意摆放、脏乱，扣 1～5 分	
	严格遵照安全操作规程	10	违反安全操作规程扣 1～5 分	
合　计		100		
实训体会	学到的知识			
	学到的技能			
	收获			

本 章 小 结

（1）单稳态触发器是一个在外部脉冲触发下输出固定宽度脉冲的电路。单稳态触发器的输出脉冲宽度与外接电阻和电容有关。

（2）可重复触发单稳态触发器在暂稳态期间，如有触发脉冲作用，电路会被重新触发，使暂稳态继续延迟一个 t_w 时间。不可重复触发的单稳态触发器一旦被触发进入暂稳态之后，即使再有触发脉冲作用，电路的工作过程也不受其影响，直到该暂稳态结束后，它才接受下一个触发而再次进入暂稳态。

（3）在要求驱动电流较小的场合，可以直接使用集成电路单稳态触发器。常用的集成单稳态触发器有 74LS121、74LS122、74LS123 等。如果要求较大的驱动电流，则可以利用555 时基电路组成单稳态触发器。

（4）施密特触发器的回差电压特性用途非常广泛，可以用它将正弦波转换为方波，用来消除信号中存在的干扰信号以及构成多谐振荡器等。

（5）在使用 TTL 施密特触发器集成电路设计振荡器时，应该考虑门电路输入阻抗的影响；而使用 CMOS 施密特触发器设计振荡器时，则无需考虑这个问题。

（6）555 定时器是一个多用途集成电路，经常使用该器件构成单稳态触发器和多谐振荡器等电路。

（7）555 定时器驱动能力较强，可以吸收和输出 200 mA 的电流，因此它可直接用于驱动继电器、发光二极管、扬声器、指示灯等。

自我测评

一、判断题(共 20 分,每小题 2 分)

1. 多谐振荡器电路没有稳定状态,只有两个暂稳态。( )

2. 555 时基电路的功能主要由两个比较器决定。( )

3. 对称式多谐振荡器的振荡频率与决定电路充放电时间的电阻值、电容值及门电路转换电平无关。( )

4. 施密特触发器可用于将三角波变换成正弦波。( )

5. 施密特触发器有两个稳态。( )

6. RC 积分电路的主要功能是将矩形波转换成正弦波。( )

7. 单稳态触发器的暂稳态时间与输入触发脉冲宽度成正比。( )

8. 施密特触发器的正向阈值电压大于负向阈值电压。( )

9. 555 定时器只需要外接几个电阻、电容,就可以实现多谐振荡器、单稳态触发器以及施密特触发器等脉冲产生与变换电路。( )

10. 对于施密特触发器,使电路输出信号从 0 翻转到 1 的电平与从 1 翻转到 0 的电平是不同的。( )

二、填空题(共 48 分,每空 2 分)

1. 矩形脉冲的获取方法通常有两种:一种是_____;另一种是_____。

2. 多谐振荡器电路没有_____,电路不停地在_____之间转换,因此又称为_____。

3. 施密特触发器具有_____现象;单稳触发器只有_____个稳定状态。

4. 常见的脉冲产生电路有_____,常见的脉冲整形电路有_____、_____。

5. 在触发脉冲作用下,单稳态触发器从_____转换到_____后,依靠自身电容的放电作用,又能自行回到_____。

6. 在数字系统中,单稳态触发器一般用于_____、_____、_____等。

7. 施密特触发器除了可作矩形脉冲整形电路外,还可以作为_____、_____。

8. 多谐振荡器在工作过程中不存在稳定状态,故又称为_____。

9. 单稳态触发器的工作原理是:没有触发信号时,电路处于一种_____。外加触发信号,电路由_____翻转到_____。电容充电时,电路由_____自动返回至_____。

三、选择题(共 20 分,每小题 2 分)

1. 下面是脉冲整形电路的有( )。

   A. 多谐振荡器　　　B. JK 触发器　　　C. 施密特触发器　　　D. D 触发器

2. 多谐振荡器可产生( )。

   A. 正弦波　　　　　B. 矩形脉冲　　　　C. 三角波　　　　　D. 锯齿波

3. 理想的矩形波都有一个上升沿和下降沿,中间为( )部分。

   A. 平顶　　　　　　B. 锯齿　　　　　　C. 梯形波　　　　　D. 钟形波

4. 单稳态触发器有( )个稳定状态。

   A. 0　　　　　　　　B. 1　　　　　　　　C. 2　　　　　　　　D. 3

5. 555 定时器不可以组成（　　　）。

    A. 多谐振荡器 　　　　　　　　　　B. 单稳态触发器

    C. 施密特触发器 　　　　　　　　　D. JK 触发器

6. 用 555 定时器组成施密特触发器，当输入控制端 CO 外接 10 V 电压时，回差电压为（　　　）。

    A. 3.33 V 　　　　B. 5 V 　　　　C. 6.66 V 　　　　D. 10 V

7. 以下各电路中，（　　　）可以产生脉冲定时。

    A. 多谐振荡器 　　　　　　　　　　B. 单稳态触发器

    C. 施密特触发器 　　　　　　　　　D. 石英晶体多谐振荡器

8. 锯齿波电压通常是利用（　　　）的充放电原理产生的。

    A. 电感器 　　　　B. 变压器 　　　　C. 电容器 　　　　D. 充电器

9. 脉冲频率 f 与脉冲周期 T 的关系是（　　　）。

    A. $f=T$ 　　　　B. $f=1/T$ 　　　　C. $f=2T$ 　　　　D. $f=0.1T$

10. 脉冲周期为 0.01 s，那么它的脉冲频率为（　　　）Hz。

    A. 0.01 　　　　B. 1 　　　　C. 100 　　　　D. 500

四、分析题（共 12 分，每小题 6 分）

1. 图 9-1 所示是占空比可调的方波发生器，试简单说明其工作过程。

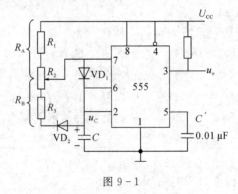

图 9-1

2. 555 定时器应用很广，图 9-2 是一种对其的外接电路，这种电路名称是什么？有什么基本功能？

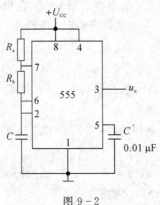

图 9-2

参 考 文 献

[1] 陈其纯. 电子线路. 北京：高等教育出版社，2014.

[2] 陈振源. 电子技术基础. 北京：高等教育出版社，2012.

[3] 张金华. 电子技术基础与技能. 2 版. 北京：高等教育出版社，2014.

[4] 张道平. 电子技术基础与技能. 北京：高等教育出版社，2015.

[5] 王晔. 电子技能实训. 北京：机械工业出版社，2016.

[6] 顾涵. 电工电子技能实训教程. 西安：西安电子科技大学出版社，2017.

[7] 胡峥. 电子技术基础与技能. 北京：机械工业出版社，2016.

[8] 史娟芬. 电子技术基础与技能. 江苏：江苏教育出版社，2017.

[9] 崔陵. 电子基本电路安装与测试. 北京：高等教育出版社，2016.

[10] 任大宝. 电子技术基础. 北京：北京邮电大学出版社，2017.